天津市安装工程预算基价

第八册　给排水、采暖、燃气工程

DBD 29-308-2020

天津市住房和城乡建设委员会
天津市建筑市场服务中心　主编

中国计划出版社

目 录

册　说　明

一、本册基价包括给排水、采暖管道安装,管道支架制作、安装,管道附件安装,卫生器具制作、安装,供暖器具安装,燃气管道、附件、器具安装,人防设备安装7章,1274条基价子目。

二、本册基价适用于新建、扩建工程中的生活用给水、排水、燃气、采暖热源管道以及附件配件安装、小型容器制作与安装。

三、下列项目按系数分别计取:

1.脚手架措施费按人工费的4%计取,其中人工费占35%。

2.采暖工程系统调整费按采暖系统工程人工费的10%计取,其中人工费占35%。

3.空调水系统调整费按空调水系统工程(含冷凝水管)人工费的10%计取,其中人工费占35%。

4.设置于管道间、管廊、管道井内的管道、阀门、法兰、支架,人工乘以系数1.30。

5.建筑物超高增加费,是指在高度为6层或20m以上的工业与民用建筑施工时增加的费用,用包括6层或20m以内(不包括地下室)的分部分项工程费中人工费为计算基数,乘以下表系数(其中人工费占65%)。

建筑物超高增加费系数表

层　　　　数	9层以内(30m)	12层以内(40m)	15层以内(50m)	18层以内(60m)	21层以内(70m)	24层以内(80m)	27层以内(90m)	30层以内(100m)	33层以内(110m)	36层以内(120m)
以人工费为计算基数	0.01	0.02	0.03	0.05	0.07	0.09	0.11	0.13	0.15	0.17

注:120m以外可参照此表相应递增。

6.本册基价的操作高度是按距离楼地面3.6m考虑的。操作高度距离楼地面超过3.6m时,操作高度增加费按超过部分人工费乘以系数0.15计取,全部为人工费。

7.安装与生产同时进行降效增加费按分部分项工程费中人工费的10%计取,全部为人工费。

8.在有害身体健康的环境中施工降效增加费按分部分项工程费中人工费的10%计取,全部为人工费。

第一章　给排水、采暖管道安装

说　明

一、本章适用范围：室外管道,室内管道,管道消毒冲洗,管道水压试验,剔堵槽、沟,机械钻孔,预留孔洞,堵洞,警示带,示踪线,地面警示标志桩安装。

二、界线划分：

1.给水管道：

(1)室内外界线以距建筑物外墙皮1.5m处为界,入口处设阀门者以阀门为界。

(2)与市政管道界线以水表井为界,无水表井者以与市政管道碰头点为界。

2.排水管道：

(1)室内外以出户第一个排水检查井为界。

(2)室外管道与市政管道以室外管道与市政管道碰头点为界。

3.采暖热源管道：

(1)室内外以入口阀门或距建筑物外墙皮1.5m处为界。

(2)与工业管道界线以锅炉房或泵站外墙皮为界。

(3)工厂车间内采暖管道以采暖系统与工业管道碰头点为界。

(4)设在高层建筑物内的加压泵间管道与本章界线以泵间外墙皮为界。

三、本章基价包括以下工作内容：

1.管道及接头零件安装。

2.水压试验、灌水试验或通球实验。

3.DN32以内钢管包括管卡及托钩制作、安装。

4.钢管包括弯管制作与安装,无论是现场煨制或成品弯管均不得换算。

5.铸铁排水管、雨水管及塑料排水管均包括管卡及托吊支架、臭气帽、雨水漏斗制作与安装。

6.穿墙及过楼板铁皮套管安装人工。

四、本章基价不包括以下工作内容：

1.室外管道沟土方及管道基础,参照《天津市建筑工程预算基价》DBD 29-101-2020相应子目。

2.管道安装中不包括法兰、阀门及补偿器的制作、安装。

3.室内外给水、雨水铸铁管包括接头零件所需的人工,接头零件价格另计。

五、本章所列堵洞项目,适用于管道在穿墙、楼板不安装套管时的洞口封堵。

六、水压试验项目仅适用于因工程需要而发生的管道水压试验。管道安装基价中包括一次水压试验,不得重复计算。

七、机械钻孔项目是按混凝土墙体及混凝土楼板考虑的,厚度系综合取定。如实际墙体厚度超过300mm,楼板厚度超过220mm时,基价乘以系数1.20。砖墙及砌体墙钻孔按机械钻孔项目乘以系数0.40。

工程量计算规则

一、给排水、采暖管道：

镀锌钢管、钢管、承插铸铁管、柔性抗震铸铁管、塑料管、塑料复合管、不锈钢管、铜管，按设计图示管道中心线长度以延长米计算，不扣除阀门、管件（包括减压器、疏水器、水表、补偿器等组成安装）及各种井类所占长度；方形补偿器以其所占长度按管道安装工程量计算。

二、钢管（沟槽连接）安装不包括管件安装，管件安装应根据不同的管径，按设计图示数量计算。

三、金属软管，按设计图示数量计算。

四、一般套管，按介质管道的公称直径执行基价子目。

五、管道消毒、冲洗、管道水压试验，依据不同的管径，按管道延长米计算。

六、剔堵槽沟项目，区分砖结构及混凝土结构，按截面尺寸计算。

七、机械钻孔项目，区分混凝土楼板钻孔及混凝土墙体钻孔，按钻孔直径计算。

八、预留孔洞、堵洞项目，按工作介质管道直径，分规格计算。

九、警示带、示踪线安装按设计图示长度计算。

十、地面警示标志桩安装设计图示数量计算。

一、室 外 管 道

1.镀锌钢管(螺纹连接)

工作内容：切管、套丝、上零件、调直、管道安装、水压试验。

单位：10m

编 号			8-1	8-2	8-3	8-4	8-5	8-6
项 目			公称直径(mm以内)					
			15	20	25	32	40	50
预算基价	总 价(元)		**91.30**	**92.39**	**94.57**	**96.94**	**107.88**	**126.94**
	人 工 费(元)		87.75	87.75	87.75	87.75	95.85	110.70
	材 料 费(元)		3.55	4.64	6.21	8.36	11.20	14.85
	机 械 费(元)		—	—	0.61	0.83	0.83	1.39
组 成 内 容	单位	单价	数 量					
人工 综合工	工日	135.00	0.65	0.65	0.65	0.65	0.71	0.82
材料 镀锌钢管	m	—	(10.15)	(10.15)	(10.15)	(10.15)	(10.15)	(10.15)
镀锌钢管接头零件 *DN*15	个	0.93	1.90	—	—	—	—	—
镀锌钢管接头零件 *DN*20	个	1.35	—	1.92	—	—	—	—
镀锌钢管接头零件 *DN*25	个	1.96	—	—	1.92	—	—	—
镀锌钢管接头零件 *DN*32	个	2.85	—	—	—	1.92	—	—
镀锌钢管接头零件 *DN*40	个	3.92	—	—	—	—	1.86	—
镀锌钢管接头零件 *DN*50	个	5.47	—	—	—	—	—	1.85
水	m³	7.62	0.05	0.06	0.08	0.10	0.13	0.16
锯条	根	0.42	0.37	0.42	0.38	0.47	0.64	0.32
机油	kg	7.21	0.02	0.03	0.03	0.03	0.04	0.03
铅油	kg	11.17	0.02	0.02	0.02	0.03	0.04	0.04
线麻	kg	11.36	0.002	0.002	0.002	0.003	0.004	0.004
镀锌钢丝 *D*2.8～4.0	kg	6.91	0.05	0.05	0.06	0.07	0.08	0.09
破布	kg	5.07	0.10	0.12	0.12	0.13	0.22	0.25
砂轮片 *D*400	片	19.56	—	—	0.01	0.01	0.01	0.04
机械 管子切断机 *D*60	台班	16.87	—	—	0.01	0.01	0.01	0.03
管子套丝机 *D*159	台班	21.98	—	—	0.02	0.03	0.03	0.04

工作内容：切管、套丝、上零件、调直、管道安装、水压试验。 单位：10m

编　号			8-7	8-8	8-9	8-10	8-11
项　目			公称直径(mm以内)				
			65	80	100	125	150
预算基价	总　　　价(元)		**143.78**	**160.07**	**229.77**	**312.48**	**343.34**
	人　工　费(元)		118.80	128.25	153.90	198.45	214.65
	材　料　费(元)		23.64	30.26	48.52	71.98	97.92
	机　械　费(元)		1.34	1.56	27.35	42.05	30.77
组　成　内　容	单位	单价	数　　　　量				
人工 综合工	工日	135.00	0.88	0.95	1.14	1.47	1.59
材料 镀锌钢管	m	—	(10.15)	(10.15)	(10.15)	(10.15)	(10.15)
镀锌钢管接头零件 DN65	个	10.06	1.76	—	—	—	—
镀锌钢管接头零件 DN80	个	13.69	—	1.72	—	—	—
镀锌钢管接头零件 DN100	个	24.33	—	—	1.63	—	—
镀锌钢管接头零件 DN125	个	38.70	—	—	—	1.59	—
镀锌钢管接头零件 DN150	个	58.61	—	—	—	—	1.51
水	m³	7.62	0.22	0.25	0.31	0.39	0.47
砂轮片 D400	片	19.56	0.07	0.08	0.10	0.12	—
机油	kg	7.21	0.03	0.03	0.02	0.02	0.02
铅油	kg	11.17	0.04	0.05	0.06	0.08	0.10
线麻	kg	11.36	0.010	0.010	0.010	0.010	0.020
镀锌钢丝 D2.8~4.0	kg	6.91	0.10	0.12	0.13	0.14	0.16
破布	kg	5.07	0.28	0.30	0.35	0.38	0.40
皂化冷却液	kg	13.54	—	—	0.07	0.08	0.09
机械 管子切断机 D150	台班	33.97	0.02	0.02	0.02	0.03	—
管子套丝机 D159	台班	21.98	0.03	0.04	—	—	—
普通车床 400×1000	台班	205.13	—	—	0.13	0.20	0.15

9

2.焊接钢管（螺纹连接）

工作内容： 切管、套丝、上零件、调直、管道安装、水压试验。

单位：10m

	编　号			8-12	8-13	8-14	8-15	8-16	8-17
	项　目			公称直径（mm以内）					
				15	20	25	32	40	50
预算基价	总　　　　价（元）			**91.04**	**91.98**	**94.03**	**96.14**	**106.74**	**125.12**
	人　工　费（元）			87.75	87.75	87.75	87.75	95.85	110.70
	材　料　费（元）			3.29	4.23	5.67	7.56	10.06	13.37
	机　械　费（元）			—	—	0.61	0.83	0.83	1.05
组　成　内　容		单位	单价	数　　　　量					
人工	综合工	工日	135.00	0.65	0.65	0.65	0.65	0.71	0.82
材料	焊接钢管	m	—	(10.15)	(10.15)	(10.15)	(10.15)	(10.15)	(10.15)
	焊接钢管接头零件 $DN15$	个	0.79	1.90	—	—	—	—	—
	焊接钢管接头零件 $DN20$	个	1.13	—	1.92	—	—	—	—
	焊接钢管接头零件 $DN25$	个	1.67	—	—	1.92	—	—	—
	焊接钢管接头零件 $DN32$	个	2.43	—	—	—	1.92	—	—
	焊接钢管接头零件 $DN40$	个	3.34	—	—	—	—	1.86	—
	焊接钢管接头零件 $DN50$	个	4.66	—	—	—	—	—	1.85
	水	m³	7.62	0.05	0.06	0.08	0.10	0.13	0.16
	锯条	根	0.42	0.37	0.42	0.38	0.47	0.64	0.32
	机油	kg	7.21	0.02	0.03	0.03	0.03	0.03	0.03
	铅油	kg	11.17	0.02	0.02	0.02	0.03	0.04	0.04
	线麻	kg	11.36	0.002	0.002	0.002	0.003	0.004	0.004
	破布	kg	5.07	0.10	0.12	0.12	0.13	0.22	0.25
	钢丝 $D1.2\sim2.2$	kg	7.13	0.05	0.05	0.06	0.07	0.08	0.09
	砂轮片 $D400$	片	19.56	—	—	0.01	0.01	0.01	0.04
机械	管子切断机 $D60$	台班	16.87	0.01	0.01	0.01	0.01	0.01	0.01
	管子套丝机 $D159$	台班	21.98	—	—	0.02	0.03	0.03	0.04

工作内容：切管、套丝、上零件、调直、管道安装、水压试验。

单位：10m

编 号				8-18	8-19	8-20	8-21	8-22
项 目				公称直径（mm以内）				
				65	80	100	125	150
预算基价	总 价(元)			**141.14**	**156.58**	**223.85**	**303.27**	**330.26**
	人 工 费(元)			118.80	128.25	153.90	198.45	214.65
	材 料 费(元)			21.00	26.77	42.60	62.77	84.84
	机 械 费(元)			1.34	1.56	27.35	42.05	30.77
组 成 内 容		单位	单价	数 量				
人工	综合工	工日	135.00	0.88	0.95	1.14	1.47	1.59
材料	焊接钢管	m	—	(10.15)	(10.15)	(10.15)	(10.15)	(10.15)
	焊接钢管接头零件 DN65	个	8.55	1.76	—	—	—	—
	焊接钢管接头零件 DN80	个	11.65	—	1.72	—	—	—
	焊接钢管接头零件 DN100	个	20.68	—	—	1.63	—	—
	焊接钢管接头零件 DN125	个	32.89	—	—	—	1.59	—
	焊接钢管接头零件 DN150	个	49.83	—	—	—	—	1.51
	水	m³	7.62	0.22	0.25	0.31	0.39	0.47
	机油	kg	7.21	0.03	0.03	0.02	0.02	0.02
	铅油	kg	11.17	0.04	0.05	0.06	0.08	0.10
	线麻	kg	11.36	0.010	0.010	0.010	0.010	0.020
	破布	kg	5.07	0.28	0.30	0.35	0.38	0.40
	钢丝 D1.2~2.2	kg	7.13	0.10	0.12	0.13	0.14	0.18
	砂轮片 D400	片	19.56	0.07	0.08	0.10	0.12	—
	皂化冷却液	kg	13.54	—	—	0.07	0.08	0.09
机械	管子切断机 D150	台班	33.97	0.02	0.02	0.02	0.03	—
	管子套丝机 D159	台班	21.98	0.03	0.04	—	—	—
	普通车床 400×1000	台班	205.13	—	—	0.13	0.20	0.15

11

3.钢管（焊接）

工作内容： 切管、坡口、调直、撼弯、挖眼接管、异径管制作、对口、焊接、管道及管件安装、水压试验。　　　　　　　　　　　　　　单位：10m

编　号			8-23	8-24	8-25	8-26	8-27	8-28
项　目			公称直径（mm以内）					
			32	40	50	65	80	100
预算基价	总　　　价（元）		**102.25**	**106.56**	**126.93**	**165.47**	**186.23**	**206.45**
	人　工　费（元）		95.85	99.90	116.10	129.60	151.20	162.00
	材　料　费（元）		4.04	4.30	8.47	19.12	18.28	26.13
	机　械　费（元）		2.36	2.36	2.36	16.75	16.75	18.32
组成内容		单位	单价	数　　量				
人工	综合工	工日	135.00	0.71	0.74	0.86	0.96	1.12	1.20
材料	焊接钢管	m	—	(10.15)	(10.15)	(10.15)	(10.15)	(10.15)	(10.15)
	普碳钢板 Q195～Q235 δ3.5～4.0	t	3945.80	0.00009	0.00009	0.00009	0.00010	0.00010	0.00010
	水	m³	7.62	0.04	0.04	0.06	0.09	0.09	0.15
	电	kW·h	0.73	—	—	0.25	0.59	0.59	0.68
	石棉橡胶板 低压 δ0.8～6.0	kg	19.35	—	—	—	0.01	0.01	0.04
	压制弯头 DN65	个	11.05	—	—	—	0.39	—	—
	压制弯头 DN80	个	14.48	—	—	—	—	0.22	—
	压制弯头 DN100	个	22.53	—	—	—	—	—	0.26
	气焊条 D<2	kg	7.96	0.01	0.01	0.02	—	—	—
	氧气	m³	2.88	0.07	0.10	0.51	0.55	0.50	0.63
	乙炔气	kg	14.66	0.03	0.03	0.17	0.19	0.17	0.21
	锯条	根	0.42	0.18	0.22	0.28	—	—	—
	棉纱	kg	16.11	0.01	0.01	0.02	0.08	0.10	0.23
	砂轮片 D100	片	3.83	0.07	0.11	0.14	0.32	0.30	0.40
	砂轮片 D400	片	19.56	—	—	—	0.03	0.03	0.03
	钢丝 D4.0	kg	7.08	0.08	0.08	0.08	0.08	0.08	0.08
	破布	kg	5.07	0.22	0.22	0.25	0.28	0.30	0.35
	铅油	kg	11.17	0.01	0.01	0.01	0.01	0.01	0.01
	机油	kg	7.21	0.05	0.05	0.06	0.08	0.09	0.09
	电焊条 E4303 D3.2	kg	7.59	—	—	—	0.39	0.43	0.48
机械	弯管机 D108	台班	78.53	0.03	0.03	0.03	0.03	0.03	0.05
	直流弧焊机 20kW	台班	75.06	—	—	—	0.18	0.18	0.18
	管子切断机 D150	台班	33.97	—	—	—	0.01	0.01	0.01
	电焊条烘干箱 600×500×750	台班	27.16	—	—	—	0.02	0.02	0.02

工作内容： 切管、坡口、调直、撼弯、挖眼接管、异径管制作、对口、焊接、管道及管件安装、水压试验。　　　　　　　　　　　　　　　　　　　　　　　**单位：10m**

编　　号			8-29	8-30	8-31	8-32	8-33	8-34	8-35
项　　目			公称直径（mm以内）						
			125	150	200	250	300	350	400
预算基价	总　　价（元）		**269.18**	**316.00**	**504.86**	**657.18**	**774.95**	**1118.40**	**1441.00**
	人　工　费（元）		198.45	228.15	252.45	298.35	346.95	398.25	448.20
	材　料　费（元）		54.56	65.75	114.51	166.64	219.57	479.11	704.35
	机　械　费（元）		16.17	22.10	137.90	192.19	208.43	241.04	288.45
组　成　内　容		单价	数　　量						
人工	综合工	工日	135.00	1.47	1.69	1.87	2.21	2.57	2.95	3.32
材料	焊接钢管	m	—	(10.15)	(10.15)	(10.15)	(10.15)	(10.15)	(10.15)	(10.15)
	普碳钢板 Q195～Q235 δ3.5～4.0	t	3945.80	0.00014	0.00014	0.00021	0.00021	0.00030	0.00030	0.00038
	水	m³	7.62	0.20	0.25	0.45	0.50	0.70	0.90	1.00
	电	kW·h	0.73	0.85	1.10	1.69	2.11	2.45	3.21	3.72
	石棉橡胶板 低压 δ0.8～6.0	kg	19.35	0.06	0.07	0.09	0.10	0.10	0.12	0.14
	压制弯头 DN125	个	39.85	0.55	—	—	—	—	—	—
	压制弯头 DN150	个	60.86	—	0.57	—	—	—	—	—
	压制弯头 DN200	个	130.76	—	—	0.56	—	—	—	—
	压制弯头 DN250	个	295.35	—	—	—	0.37	—	—	—
	压制弯头 DN300	个	435.51	—	—	—	—	0.35	—	—
	压制弯头 DN350	个	706.45	—	—	—	—	—	0.54	—
	压制弯头 DN400	个	1040.24	—	—	—	—	—	—	0.57
	电焊条 E4303 D3.2	kg	7.59	0.81	1.01	1.76	3.04	3.59	5.79	6.76
	氧气	m³	2.88	0.76	0.97	1.47	2.02	2.28	3.18	3.60
	乙炔气	kg	14.66	0.25	0.33	0.49	0.67	0.75	1.06	1.20
	棉纱	kg	16.11	0.26	0.35	0.06	0.07	0.09	0.11	0.12
	砂轮片 D100	片	3.83	0.33	0.42	0.69	0.91	1.08	1.94	2.15
	砂轮片 D400	片	19.56	0.40	—	—	—	—	—	—
	钢丝 D4.0	kg	7.08	0.08	0.08	0.08	0.08	0.08	0.08	0.08
	破布	kg	5.07	0.38	0.40	0.48	0.53	0.55	0.58	0.60
	铅油	kg	11.17	0.02	0.02	0.03	0.04	0.06	0.08	0.10
	机油	kg	7.21	0.11	0.15	0.20	0.20	0.20	0.20	0.20
	热轧角钢 ＜60	t	3721.43	—	—	0.00024	0.00021	0.00028	0.00033	0.00034
机械	直流弧焊机 20kW	台班	75.06	0.20	0.28	0.72	0.90	1.05	1.47	1.93
	管子切断机 D150	台班	33.97	0.01	—	—	—	—	—	—
	电焊条烘干箱 600×500×750	台班	27.16	0.03	0.04	0.07	0.08	0.10	0.14	0.16
	载货汽车 5t	台班	443.55	—	—	0.02	0.02	0.03	0.03	0.04
	汽车式起重机 8t	台班	767.15	—	—	0.04	0.06	0.06	0.06	0.07
	汽车式起重机 10t	台班	838.68	—	—	0.05	0.08	0.08	0.08	0.08
	试压泵 30MPa	台班	23.45	—	—	0.02	0.02	0.02	0.02	0.03

4.塑料给水管
(1)热 熔 连 接

工作内容:切管、组对、预热、熔接,管道及管件连接,水压试验。

单位:10m

	编 号			8-36	8-37	8-38	8-39	8-40	8-41
	项 目			公称外径(mm以内)					
				32	40	50	63	75	90
预算基价	总 价(元)			**68.85**	**75.85**	**84.18**	**92.72**	**97.13**	**104.39**
	人 工 费(元)			67.50	74.25	82.35	90.45	94.50	101.25
	材 料 费(元)			1.22	1.45	1.61	2.05	2.38	2.89
	机 械 费(元)			0.13	0.15	0.22	0.22	0.25	0.25
组 成 内 容		单位	单价	数 量					
人工	综合工	工日	135.00	0.50	0.55	0.61	0.67	0.70	0.75
材料	塑料给水管	m	—	(10.200)	(10.200)	(10.200)	(10.200)	(10.150)	(10.150)
	室外塑料给水管热熔管件	个	—	(2.830)	(2.960)	(2.860)	(2.810)	(2.810)	(2.730)
	锯条	根	0.42	0.078	0.093	0.127	0.146	0.241	0.306
	铁砂布	张	1.56	0.027	0.038	0.050	0.057	0.070	0.075
	电	kW·h	0.73	0.562	0.675	0.788	1.122	1.254	1.670
	热轧厚钢板 $\delta 8.0\sim15$	kg	5.16	0.034	0.037	0.039	0.042	0.044	0.047
	氧气	m³	2.88	0.003	0.006	0.006	0.006	0.006	0.006
	乙炔气	kg	14.66	0.001	0.002	0.002	0.002	0.002	0.002
	低碳钢焊条 J422 D3.2	kg	3.60	0.002	0.002	0.002	0.002	0.002	0.003
	水	m³	7.62	0.007	0.012	0.016	0.026	0.044	0.061
	橡胶板 $\delta 1\sim3$	kg	11.26	0.008	0.009	0.010	0.010	0.011	0.011
	六角螺栓	kg	8.39	0.004	0.005	0.005	0.005	0.006	0.006
	螺纹截止阀 J11T-16 DN20	个	15.30	0.004	0.005	0.005	0.005	0.005	0.006
	焊接钢管 DN20	m	6.32	0.015	0.016	0.016	0.017	0.019	0.020
	橡胶软管 DN20	m	11.10	0.007	0.007	0.007	0.008	0.008	0.008
	弹簧压力表 0~1.6MPa	块	48.67	0.002	0.002	0.002	0.003	0.003	0.003
	压力表弯管 DN15	个	11.36	0.002	0.002	0.002	0.003	0.003	0.003
机械	电焊机(综合)	台班	74.17	0.001	0.001	0.002	0.002	0.002	0.002
	试压泵 3MPa	台班	18.08	0.001	0.002	0.002	0.002	0.002	0.002
	电动单级离心清水泵 D100	台班	34.80	0.001	0.001	0.001	0.001	0.002	0.002

工作内容：切管、组对、预热、熔接，管道及管件连接，水压试验。 单位：10m

编　　号				8-42	8-43	8-44	8-45	8-46	8-47
项　　目				公称外径(mm以内)					
				110	125	160	200	250	315
预算基价	总　　　　价(元)			**117.21**	**171.50**	**178.93**	**223.64**	**288.00**	**346.47**
	人　工　费(元)			113.40	126.90	130.95	163.35	198.45	226.80
	材　料　费(元)			3.56	2.54	3.31	4.96	7.35	10.10
	机　械　费(元)			0.25	42.06	44.67	55.33	82.20	109.57
组 成 内 容		单位	单价	数　　　　　量					
人工	综合工	工日	135.00	0.84	0.94	0.97	1.21	1.47	1.68
材料	塑料给水管	m	—	(10.150)	(10.150)	(10.150)	(10.220)	(10.220)	(10.220)
	室外塑料给水管热熔管件	个	—	(2.730)	(0.810)	(0.790)	(0.740)	(0.720)	(0.720)
	锯条	根	0.42	0.583	—	—	—	—	—
	铁砂布	张	1.56	0.076	0.079	0.081	0.086	0.093	0.098
	电	kW·h	0.73	1.902	—	—	—	—	—
	热轧厚钢板 δ8.0~15	kg	5.16	0.049	0.073	0.110	0.148	0.231	0.330
	氧气	m³	2.88	0.006	0.006	0.006	0.009	0.009	0.009
	乙炔气	kg	14.66	0.002	0.002	0.002	0.003	0.003	0.003
	低碳钢焊条 J422 D3.2	kg	3.60	0.003	0.003	0.003	0.003	0.003	0.004
	水	m³	7.62	0.106	0.164	0.229	0.404	0.642	0.911
	橡胶板 δ1~3	kg	11.26	0.012	0.014	0.016	0.018	0.021	0.024
	六角螺栓	kg	8.39	0.006	0.008	0.012	0.018	0.028	0.038
	螺纹截止阀 J11T-16 DN20	个	15.30	0.006	0.006	0.006	0.007	0.007	0.007
	焊接钢管 DN20	m	6.32	0.021	0.022	0.023	0.024	0.025	0.026
	橡胶软管 DN20	m	11.10	0.009	0.009	0.010	0.010	0.011	0.011
	弹簧压力表 0~1.6MPa	块	48.67	0.003	0.003	0.003	0.003	0.003	0.004
	压力表弯管 DN15	个	11.36	0.003	0.003	0.003	0.003	0.003	0.004
机械	载货汽车 5t	台班	443.55	—	0.004	0.005	0.012	0.021	0.027
	汽车式起重机 8t	台班	767.15	—	0.049	0.051	0.057	0.085	0.102
	热熔对接焊机	台班	—	—	0.120×17.71	0.150×17.71	0.260×20.99	0.320×20.99	0.400×45.58
	木工圆锯机 D500	台班	26.53	—	0.010	0.011	0.014	0.016	0.018
	电焊机（综合）	台班	74.17	0.002	0.002	0.002	0.002	0.002	0.002
	试压泵 3MPa	台班	18.08	0.002	0.003	0.003	0.003	0.004	0.004
	电动单级离心清水泵 D100	台班	34.80	0.002	0.003	0.005	0.007	0.009	0.012

15

(2) 电 熔 连 接

工作内容：切管、组对、熔接，管道及管件连接，水压试验。

单位：10m

编 号			8-48	8-49	8-50	8-51	8-52	8-53
项 目			公称外径（mm以内）					
			32	40	50	63	75	90
预算基价	总 价（元）		**73.11**	**82.00**	**90.47**	**100.36**	**103.72**	**112.30**
	人 工 费（元）		70.20	78.30	86.40	95.85	98.55	106.65
	材 料 费（元）		0.81	0.95	1.04	1.23	1.47	1.67
	机 械 费（元）		2.10	2.75	3.03	3.28	3.70	3.98
组 成 内 容	单位	单价	数 量					
人工 综合工	工日	135.00	0.52	0.58	0.64	0.71	0.73	0.79
塑料给水管	m	—	(10.200)	(10.200)	(10.200)	(10.200)	(10.150)	(10.150)
室外塑料给水管电熔管件	个	—	(2.830)	(2.960)	(2.860)	(2.810)	(2.810)	(2.730)
锯条	根	0.42	0.078	0.093	0.127	0.146	0.241	0.306
铁砂布	张	1.56	0.027	0.038	0.050	0.057	0.070	0.075
材 热轧厚钢板 $\delta 8.0 \sim 15$	kg	5.16	0.034	0.037	0.039	0.042	0.044	0.047
氧气	m³	2.88	0.003	0.006	0.006	0.006	0.006	0.006
乙炔气	kg	14.66	0.001	0.002	0.002	0.002	0.002	0.002
低碳钢焊条 J422 D3.2	kg	3.60	0.002	0.002	0.002	0.002	0.002	0.003
水	m³	7.62	0.007	0.012	0.016	0.026	0.044	0.061
橡胶板 $\delta 1 \sim 3$	kg	11.26	0.008	0.009	0.010	0.010	0.011	0.011
六角螺栓	kg	8.39	0.004	0.005	0.005	0.005	0.006	0.006
螺纹截止阀 J11T-16 DN20	个	15.30	0.004	0.005	0.005	0.005	0.005	0.006
料 焊接钢管 DN20	m	6.32	0.015	0.016	0.016	0.017	0.019	0.020
橡胶软管 DN20	m	11.10	0.007	0.007	0.007	0.008	0.008	0.008
弹簧压力表 0~1.6MPa	块	48.67	0.002	0.002	0.002	0.003	0.003	0.003
压力表弯管 DN15	个	11.36	0.002	0.002	0.002	0.003	0.003	0.003
机 电焊机（综合）	台班	74.17	0.001	0.001	0.002	0.002	0.002	0.002
电熔焊接机 3.5kW	台班	35.19	0.056	0.074	0.080	0.087	0.098	0.106
械 试压泵 3MPa	台班	18.08	0.001	0.002	0.002	0.002	0.002	0.002
电动单级离心清水泵 D100	台班	34.80	0.001	0.001	0.001	0.001	0.002	0.002

工作内容：切管、组对、熔接，管道及管件连接，水压试验。　　　　　　　　　　　　　　　　　　　　　　　　　　　　　**单位：**10m

编　号			8-54	8-55	8-56	8-57	8-58	8-59
项　目			公称外径(mm以内)					
			110	125	160	200	250	315
预算基价	总　　　价(元)		**123.75**	**180.35**	**188.30**	**235.43**	**304.69**	**353.14**
	人　工　费(元)		117.45	133.65	137.70	171.45	210.60	237.60
	材　料　费(元)		2.17	2.54	3.31	4.96	7.35	10.12
	机　械　费(元)		4.13	44.16	47.29	59.02	86.74	105.42
组　成　内　容	单位	单价	数　　量					
人工 综合工	工日	135.00	0.87	0.99	1.02	1.27	1.56	1.76
材料 塑料给水管	m	—	(10.150)	(10.150)	(10.150)	(10.170)	(10.170)	(10.170)
室外塑料给水管电熔管件	个	—	(2.730)	(1.860)	(1.740)	(1.710)	(1.690)	(1.690)
锯条	根	0.42	0.583	—	—	—	—	—
铁砂布	张	1.56	0.075	0.079	0.081	0.086	0.093	0.098
热轧厚钢板 $\delta8.0\sim15$	kg	5.16	0.049	0.073	0.110	0.148	0.231	0.333
氧气	m^3	2.88	0.006	0.006	0.006	0.009	0.009	0.009
乙炔气	kg	14.66	0.002	0.002	0.002	0.003	0.003	0.003
低碳钢焊条 J422 D3.2	kg	3.60	0.003	0.003	0.003	0.003	0.004	0.004
水	m^3	7.62	0.106	0.164	0.229	0.404	0.642	0.911
橡胶板 $\delta1\sim3$	kg	11.26	0.012	0.014	0.016	0.018	0.021	0.024
六角螺栓	kg	8.39	0.006	0.008	0.012	0.018	0.028	0.038
螺纹截止阀 J11T-16 DN20	个	15.30	0.006	0.006	0.006	0.007	0.007	0.007
焊接钢管 DN20	m	6.32	0.021	0.022	0.023	0.024	0.025	0.026
橡胶软管 DN20	m	11.10	0.009	0.009	0.009	0.010	0.011	0.011
弹簧压力表 0~1.6MPa	块	48.67	0.003	0.003	0.003	0.003	0.003	0.004
压力表弯管 DN15	个	11.36	0.003	0.003	0.003	0.003	0.003	0.004
机械 载货汽车 5t	台班	443.55	—	0.004	0.005	0.012	0.021	0.027
汽车式起重机 8t	台班	767.15	—	0.049	0.051	0.057	0.085	0.102
木工圆锯机 D500	台班	26.53	—	0.010	0.011	0.014	0.016	0.018
电焊机（综合）	台班	74.17	0.002	0.002	0.002	0.002	0.002	0.002
电熔焊接机 3.5kW	台班	35.19	0.110	0.120	0.150	0.260	0.320	0.400
试压泵 3MPa	台班	18.08	0.002	0.003	0.003	0.003	0.004	0.004
电动单级离心清水泵 D100	台班	34.80	0.002	0.003	0.005	0.007	0.009	0.012

(3) 粘 接

工作内容： 切管、组对、粘接,管道及管件连接,水压试验。   **单位：10m**

编　号			8-60	8-61	8-62	8-63	8-64	8-65
项　目			公称外径（mm以内）					
			32	40	50	63	75	90
预算基价	总　　价（元）		**64.52**	**71.51**	**85.27**	**86.87**	**91.26**	**98.37**
	人　工　费（元）		62.10	68.85	82.35	83.70	87.75	94.50
	材　料　费（元）		2.29	2.51	2.70	2.95	3.26	3.62
	机　械　费（元）		0.13	0.15	0.22	0.22	0.25	0.25
组　成　内　容		单位	单价	数　　量				
人工	综合工	工日	135.00	0.46	0.51	0.61	0.62	0.65	0.70
材料	塑料给水管	m	—	(10.200)	(10.200)	(10.200)	(10.200)	(10.150)	(10.150)
	室外塑料给水管粘接管件	个	—	(2.830)	(2.960)	(2.860)	(2.810)	(2.810)	(2.730)
	锯条	根	0.42	0.078	0.093	0.127	0.146	0.241	0.306
	胶粘剂	kg	18.17	0.067	0.070	0.075	0.077	0.079	0.086
	铁砂布	张	1.56	0.027	0.038	0.050	0.057	0.070	0.075
	丙酮	kg	9.89	0.026	0.029	0.030	0.033	0.036	0.039
	热轧厚钢板 $\delta 8.0 \sim 15$	kg	5.16	0.034	0.037	0.039	0.042	0.044	0.047
	氧气	m³	2.88	0.003	0.006	0.006	0.006	0.006	0.006
	乙炔气	kg	14.66	0.001	0.002	0.002	0.002	0.002	0.002
	低碳钢焊条 J422 D3.2	kg	3.60	0.002	0.002	0.002	0.002	0.003	0.002
	水	m³	7.62	0.007	0.012	0.016	0.026	0.044	0.061
	橡胶板 $\delta 1 \sim 3$	kg	11.26	0.008	0.009	0.010	0.010	0.011	0.011
	六角螺栓	kg	8.39	0.004	0.005	0.005	0.005	0.006	0.006
	螺纹截止阀 J11T-16 DN20	个	15.30	0.004	0.005	0.005	0.005	0.005	0.006
	焊接钢管 DN20	m	6.32	0.015	0.016	0.016	0.017	0.019	0.020
	橡胶软管 DN20	m	11.10	0.007	0.007	0.007	0.008	0.008	0.008
	弹簧压力表 0～1.6MPa	块	48.67	0.002	0.002	0.002	0.003	0.003	0.003
	压力表弯管 DN15	个	11.36	0.002	0.002	0.002	0.003	0.003	0.003
机械	电焊机（综合）	台班	74.17	0.001	0.001	0.002	0.002	0.002	0.002
	试压泵 3MPa	台班	18.08	0.001	0.002	0.002	0.002	0.002	0.002
	电动单级离心清水泵 D100	台班	34.80	0.001	0.001	0.001	0.001	0.002	0.002

18

工作内容：切管、组对、粘接,管道及管件连接,水压试验。　　　　　　　　　　　　　　　　　　　　　　　　　　　　　　单位：10m

编　号			8-66	8-67	8-68	8-69	8-70	8-71
项　目			公称外径(mm以内)					
			110	125	160	200	250	315
预算基价	总　价(元)		**108.46**	**162.42**	**169.69**	**208.92**	**266.68**	**313.73**
	人　工　费(元)		103.95	117.45	121.50	151.20	180.90	209.25
	材　料　费(元)		4.26	5.03	6.18	7.85	10.30	13.14
	机　械　费(元)		0.25	39.94	42.01	49.87	75.48	91.34
组　成　内　容		单位	单价			数　　量		
人工	综合工	工日	135.00	0.77	0.87	0.90	1.12	1.34	1.55
材料	塑料给水管	m	—	(10.150)	(10.150)	(10.150)	(10.170)	(10.170)	(10.170)
	室外塑料给水管粘接管件	个	—	(2.730)	(1.860)	(1.740)	(1.710)	(1.690)	(1.690)
	锯条	根	0.42	0.583	—	—	—	—	—
	铁砂布	张	1.56	0.076	0.078	0.081	0.086	0.093	0.098
	胶粘剂	kg	18.17	0.115	0.137	0.158	0.159	0.162	0.166
	热轧厚钢板 δ8.0～15	kg	5.16	0.049	0.073	0.110	0.148	0.231	0.333
	氧气	m³	2.88	0.006	0.006	0.006	0.009	0.009	0.009
	乙炔气	kg	14.66	0.002	0.002	0.002	0.003	0.003	0.003
	低碳钢焊条 J422 D3.2	kg	3.60	0.003	0.003	0.003	0.003	0.004	0.004
	水	m³	7.62	0.106	0.164	0.229	0.404	0.642	0.911
	橡胶板 δ1～3	kg	11.26	0.012	0.014	0.016	0.018	0.021	0.024
	六角螺栓	kg	8.39	0.006	0.008	0.012	0.018	0.028	0.038
	螺纹截止阀 J11T-16 DN20	个	15.30	0.006	0.006	0.006	0.007	0.007	0.007
	焊接钢管 DN20	m	6.32	0.021	0.022	0.023	0.024	0.025	0.026
	橡胶软管 DN20	m	11.10	0.009	0.009	0.010	0.010	0.011	0.011
	弹簧压力表 0～1.6MPa	块	48.67	0.003	0.003	0.003	0.003	0.003	0.004
	压力表弯管 DN15	个	11.36	0.003	0.003	0.003	0.003	0.003	0.004
机械	载货汽车 5t	台班	443.55	—	0.004	0.005	0.012	0.021	0.027
	汽车式起重机 8t	台班	767.15	—	0.049	0.051	0.057	0.085	0.102
	木工圆锯机 D500	台班	26.53	—	0.010	0.011	0.014	0.016	0.018
	电焊机（综合）	台班	74.17	0.002	0.002	0.002	0.002	0.002	0.002
	试压泵 3MPa	台班	18.08	0.002	0.003	0.003	0.003	0.004	0.004
	电动单级离心清水泵 D100	台班	34.80	0.002	0.003	0.005	0.007	0.009	0.012

5.塑铝稳态管（热熔连接）

工作内容： 切管、卷削、组对、预热、熔接，管道及管件安装，水压试验。

单位：10m

编　号			8-72	8-73	8-74	8-75	8-76	8-77	8-78	8-79	8-80
项　目			公称外径（mm以内）								
			32	40	50	63	75	90	110	125	160
预算基价	总　　　价（元）		**79.80**	**86.80**	**97.78**	**107.70**	**110.71**	**118.10**	**133.63**	**185.85**	**197.26**
	人　工　费（元）		78.30	85.05	95.85	105.30	108.00	114.75	129.60	145.80	153.90
	材　料　费（元）		1.37	1.60	1.71	2.18	2.49	3.10	3.78	2.82	3.71
	机　械　费（元）		0.13	0.15	0.22	0.22	0.22	0.25	0.25	37.23	39.65
组　成　内　容		单位	单价	数　　　量							
人工	综合工	工日	135.00	0.58	0.63	0.71	0.78	0.80	0.85	0.96	1.08	1.14
材料	复合管	m	—	(10.200)	(10.200)	(10.200)	(10.200)	(10.150)	(10.150)	(10.150)	(10.150)	(10.150)
	给水室外塑铝稳态管热熔管件	个	—	(2.830)	(2.960)	(2.860)	(2.810)	(2.810)	(2.730)	(2.730)	(0.810)	(0.790)
	锯条	根	0.42	0.086	0.102	0.140	0.161	0.265	0.337	0.641	—	—
	热轧厚钢板 $\delta 8.0\sim15$	kg	5.16	0.034	0.037	0.039	0.042	0.044	0.047	0.049	0.073	0.110
	氧气	m³	2.88	0.003	0.006	0.006	0.006	0.006	0.006	0.006	0.006	0.006
	乙炔气	kg	14.66	0.001	0.002	0.002	0.002	0.002	0.002	0.002	0.002	0.002
	低碳钢焊条 J422 D3.2	kg	3.60	0.002	0.002	0.002	0.002	0.002	0.003	0.003	0.003	0.003
	铁砂布	张	1.56	0.027	0.038	0.050	0.057	0.070	0.075	0.076	0.079	0.081
	水	m³	7.62	0.007	0.012	0.016	0.026	0.044	0.061	0.106	0.164	0.229
	电	kW•h	0.73	0.724	0.833	0.858	1.242	1.338	1.873	2.110	0.324	0.488
	橡胶板 $\delta 1\sim3$	kg	11.26	0.008	0.009	0.010	0.010	0.011	0.011	0.012	0.014	0.016
	六角螺栓	kg	8.39	0.004	0.005	0.005	0.005	0.006	0.006	0.006	0.008	0.012
	螺纹阀门 DN20	个	22.72	0.004	0.005	0.005	0.005	0.005	0.006	0.006	0.006	0.006
	焊接钢管 DN20	m	6.32	0.015	0.016	0.016	0.017	0.019	0.020	0.021	0.022	0.023
	橡胶软管 DN20	m	11.10	0.007	0.007	0.007	0.008	0.008	0.008	0.009	0.009	0.010
	弹簧压力表 0~1.6MPa	块	48.67	0.002	0.002	0.002	0.003	0.003	0.003	0.003	0.003	0.003
	压力表弯管 DN15	个	11.36	0.002	0.002	0.002	0.003	0.003	0.003	0.003	0.003	0.003
机械	载货汽车 5t	台班	443.55	—	—	—	—	—	—	—	0.004	0.005
	吊装机械（综合）	台班	664.97	—	—	—	—	—	—	—	0.049	0.051
	管子切断机 D250	台班	43.71	—	—	—	—	—	—	—	0.010	0.011
	热熔对接焊机 160mm	台班	17.71	—	—	—	—	—	—	—	0.120	0.150
	电焊机（综合）	台班	74.17	0.001	0.001	0.002	0.002	0.002	0.002	0.002	0.002	0.002
	试压泵 3MPa	台班	18.08	0.001	0.002	0.002	0.002	0.002	0.002	0.002	0.003	0.003
	电动单级离心清水泵 D100	台班	34.80	0.001	0.001	0.001	0.001	0.001	0.002	0.002	0.003	0.005

6.钢骨架塑料复合管（电熔连接）

工作内容：切管、打磨、组对、熔接，管道及管件安装，水压试验。

单位：10m

编号			8-81	8-82	8-83	8-84	8-85	8-86	8-87	8-88	8-89
项 目			公称外径（mm以内）								
			32	40	50	63	75	90	110	125	160
预算基价	总 价（元）		**85.62**	**93.26**	**104.54**	**114.48**	**118.05**	**133.55**	**142.40**	**193.33**	**201.11**
	人 工 费（元）		82.35	89.10	99.90	109.35	112.05	126.90	135.00	151.20	155.25
	材 料 费（元）		0.97	1.17	1.30	1.54	1.93	2.23	2.80	2.59	3.35
	机 械 费（元）		2.30	2.99	3.34	3.59	4.07	4.42	4.60	39.54	42.51
组 成 内 容	单位	单价	数 量								
人工 综合工	工日	135.00	0.61	0.66	0.74	0.81	0.83	0.94	1.00	1.12	1.15
材料 复合管	m	—	(10.200)	(10.200)	(10.200)	(10.200)	(10.150)	(10.150)	(10.150)	(10.150)	(10.150)
给水室外钢骨架塑料复合管电熔管件	个	—	(2.830)	(2.960)	(2.860)	(2.810)	(2.810)	(2.730)	(2.730)	(1.860)	(1.740)
锯条	根	0.42	0.094	0.112	0.152	0.175	0.289	0.367	0.700	—	—
尼龙砂轮片 D400	片	15.64	0.008	0.011	0.014	0.017	0.026	0.031	0.034	—	—
铁砂布	张	1.56	0.027	0.038	0.050	0.057	0.070	0.075	0.076	0.079	0.081
热轧厚钢板 δ8.0～15	kg	5.16	0.034	0.037	0.039	0.042	0.044	0.047	0.049	0.073	0.110
氧气	m³	2.88	0.003	0.006	0.006	0.006	0.006	0.006	0.006	0.006	0.006
乙炔气	kg	14.66	0.001	0.002	0.002	0.002	0.002	0.002	0.002	0.002	0.002
低碳钢焊条 J422 D3.2	kg	3.60	0.002	0.002	0.002	0.002	0.002	0.003	0.003	0.003	0.003
水	m³	7.62	0.007	0.012	0.016	0.026	0.044	0.061	0.106	0.164	0.229
橡胶板 δ1～3	kg	11.26	0.008	0.009	0.010	0.010	0.011	0.011	0.012	0.014	0.016
六角螺栓	kg	8.39	0.004	0.005	0.005	0.006	0.006	0.006	0.006	0.008	0.012
螺纹阀门 DN20	个	22.72	0.004	0.005	0.005	0.005	0.005	0.006	0.006	0.006	0.006
焊接钢管 DN20	m	6.32	0.015	0.016	0.016	0.017	0.019	0.020	0.021	0.022	0.023
橡胶软管 DN20	m	11.10	0.007	0.007	0.007	0.008	0.008	0.008	0.009	0.009	0.010
弹簧压力表 0～1.6MPa	块	48.67	0.002	0.002	0.002	0.003	0.003	0.003	0.003	0.003	0.003
压力表弯管 DN15	个	11.36	0.002	0.002	0.002	0.003	0.003	0.003	0.003	0.003	0.003
机械 载货汽车 5t	台班	443.55	—	—	—	—	—	—	—	0.004	0.005
吊装机械（综合）	台班	664.97	—	—	—	—	—	—	—	0.049	0.051
砂轮切割机 D400	台班	32.78	0.003	0.004	0.005	0.005	0.007	0.008	0.009	—	—
管子切断机 D250	台班	43.71	—	—	—	—	—	—	—	0.010	0.011
电焊机（综合）	台班	74.17	0.001	0.001	0.002	0.002	0.002	0.002	0.002	0.002	0.002
电熔焊接机 3.5kW	台班	35.19	0.059	0.077	0.084	0.091	0.103	0.111	0.115	0.126	0.157
试压泵 3MPa	台班	18.08	0.001	0.002	0.002	0.002	0.002	0.002	0.002	0.003	0.003
电动单级离心清水泵 D100	台班	34.80	0.001	0.001	0.001	0.001	0.001	0.002	0.002	0.003	0.005

7.承插铸铁给水管(青铅接口)

工作内容: 切管、管道及管件安装、挖工作坑、熔化接口材料、接口、水压试验。

单位:10m

编 号			8-90	8-91	8-92	8-93	8-94	8-95	8-96	8-97	8-98	8-99
项 目			公称直径(mm以内)									
			75	100	150	200	250	300	350	400	450	500
预算基价	总 价(元)		**453.29**	**578.12**	**691.48**	**908.96**	**1249.43**	**1468.05**	**1524.36**	**1619.70**	**1958.83**	**2264.32**
	人 工 费(元)		179.55	237.60	280.80	332.10	376.65	398.25	407.70	440.10	595.35	642.60
	材 料 费(元)		273.74	340.52	410.21	529.16	825.08	978.33	1025.19	1073.75	1253.20	1511.44
	机 械 费(元)		—	—	0.47	47.70	47.70	91.47	91.47	105.85	110.28	110.28
组 成 内 容	单位	单价	数 量									
人工 综合工	工日	135.00	1.33	1.76	2.08	2.46	2.79	2.95	3.02	3.26	4.41	4.76
材料 承插铸铁管	m	—	(10)	(10)	(10)	(10)	(10)	(10)	(10)	(10)	(10)	(10)
青铅	kg	22.81	11.26	14.02	16.84	21.67	34.04	40.22	42.10	43.97	51.30	62.00
水	m³	7.62	0.1	0.1	0.3	0.5	0.5	1.0	1.0	1.4	1.8	2.2
油麻	kg	16.48	0.41	0.51	0.62	0.80	1.25	1.48	1.55	1.61	1.88	2.28
焦炭	kg	1.25	4.76	5.61	6.57	8.43	11.97	14.55	15.24	15.93	18.33	20.70
木柴	kg	1.03	0.38	0.48	0.78	0.78	1.29	1.72	1.72	1.72	1.89	2.06
氧气	m³	2.88	0.11	0.18	0.20	0.35	0.48	0.58	0.77	0.86	0.99	1.09
乙炔气	kg	14.66	0.04	0.07	0.08	0.15	0.20	0.24	0.32	0.36	0.41	0.45
钢丝 D4.0	kg	7.08	0.08	0.08	0.08	0.08	0.08	0.08	0.08	0.08	0.08	0.08
破布	kg	5.07	0.29	0.35	0.40	0.48	0.53	0.55	0.58	0.60	0.68	0.77
棉纱	kg	16.11	0.006	0.010	0.014	0.020	0.022	0.025	0.030	0.034	0.038	0.042
机械 试压泵 30MPa	台班	23.45	—	—	0.02	0.02	0.02	0.02	0.02	0.03	0.03	0.03
汽车式起重机 8t	台班	767.15	—	—	0.05	0.05	—	—	—	—	—	—
汽车式起重机 16t	台班	971.12	—	—	—	—	—	0.08	0.08	0.09	0.09	0.09
载货汽车 5t	台班	443.55	—	—	—	0.02	0.02	0.03	0.03	0.04	0.05	0.05

8.承插铸铁给水管（膨胀水泥接口）

工作内容：管口除沥青、切管、管道及管件安装、挖工作坑、调制接口材料、接口、养护、水压试验。

单位：10m

	编　号			8-100	8-101	8-102	8-103	8-104	8-105	8-106	8-107	8-108	8-109
	项　目			公称直径(mm以内)									
				75	100	150	200	250	300	350	400	450	500
预算基价	总　　　价(元)			**167.80**	**218.76**	**272.27**	**369.91**	**405.57**	**476.39**	**491.13**	**532.47**	**685.96**	**749.63**
	人　工　费(元)			153.90	201.15	248.40	290.25	313.20	326.70	332.10	346.95	476.55	514.35
	材　料　费(元)			13.90	17.61	23.40	31.96	44.67	58.22	67.56	79.67	99.13	125.00
	机　械　费(元)			—	—	0.47	47.70	47.70	91.47	91.47	105.85	110.28	110.28
	组 成 内 容	单位	单价	数　　量									
人工	综合工	工日	135.00	1.14	1.49	1.84	2.15	2.32	2.42	2.46	2.57	3.53	3.81
材料	承插铸铁管	m	—	(10)	(10)	(10)	(10)	(10)	(10)	(10)	(10)	(10)	(10)
	水	m³	7.62	0.1	0.1	0.3	0.5	0.5	1.0	1.0	1.4	1.8	2.2
	硅酸盐膨胀水泥	kg	0.85	3.17	3.94	4.73	6.08	9.55	11.28	11.81	12.34	14.40	17.41
	普碳钢板 Q195~Q235 δ3.5~4.0	t	3945.80	0.00007	0.00008	0.00011	0.00025	0.00040	0.00095	0.00180	0.00280	0.00400	0.00500
	油麻	kg	16.48	0.41	0.51	0.62	0.80	1.25	1.48	1.55	1.61	1.88	2.28
	氧气	m³	2.88	0.11	0.18	0.20	0.35	0.48	0.58	0.77	0.86	0.99	1.09
	乙炔气	kg	14.66	0.04	0.07	0.08	0.15	0.20	0.24	0.32	0.36	0.41	0.45
	钢丝 D4.0	kg	7.08	0.08	0.08	0.08	0.08	0.08	0.08	0.08	0.08	0.08	0.08
	破布	kg	5.07	0.29	0.35	0.40	0.48	0.53	0.55	0.58	0.60	0.68	0.77
	棉纱	kg	16.11	0.006	0.009	0.014	0.018	0.022	0.025	0.030	0.034	0.034	0.042
	铁砂布 0#~2#	张	1.15	0.20	0.40	0.70	0.90	1.00	1.25	1.50	1.96	2.00	3.00
	草绳	kg	7.12	0.02	0.04	0.15	0.18	0.21	0.35	0.65	0.95	1.50	2.50
机械	试压泵 30MPa	台班	23.45	—	—	0.02	0.02	0.02	0.02	0.02	0.03	0.03	0.03
	汽车式起重机 8t	台班	767.15	—	—	—	0.05	0.05	—	—	—	—	—
	汽车式起重机 16t	台班	971.12	—	—	—	—	—	0.08	0.08	0.09	0.09	0.09
	载货汽车 5t	台班	443.55	—	—	—	0.02	0.02	0.03	0.03	0.04	0.05	0.05

23

9.承插铸铁给水管(石棉水泥接口)

工作内容： 管口除沥青、切管、管道及管件安装、挖工作坑、调制接口材料、接口、养护、水压试验。

单位：10m

编　号			8-110	8-111	8-112	8-113	8-114	8-115	8-116	8-117	8-118	8-119
项　目			公称直径(mm以内)									
			75	100	150	200	250	300	350	400	450	500
预算基价	总　价(元)		**190.42**	**248.91**	**296.58**	**403.52**	**454.51**	**535.76**	**553.38**	**601.54**	**770.48**	**846.74**
	人　工　费(元)		167.40	220.05	259.20	306.45	334.80	353.70	360.45	380.70	519.75	561.60
	材　料　费(元)		23.02	28.86	36.91	49.37	72.01	90.59	101.46	114.99	140.45	174.86
	机　械　费(元)		—	—	0.47	47.70	47.70	91.47	91.47	105.85	110.28	110.28
组　成　内　容			单位	单价		数　量						
人工	综合工	工日	135.00	1.24	1.63	1.92	2.27	2.48	2.62	2.67	2.82	3.85	4.16
材料	承插铸铁管	m	—	(10)	(10)	(10)	(10)	(10)	(10)	(10)	(10)	(10)	(10)
	石棉绒(综合)	kg	12.32	0.89	1.10	1.32	1.70	2.67	3.16	3.31	3.45	4.03	4.87
	硅酸盐水泥 42.5级	kg	0.41	2.07	2.57	3.09	3.97	6.24	7.37	7.72	8.06	9.40	11.37
	水	m³	7.62	0.10	0.10	0.30	0.50	0.50	1.00	1.00	1.40	1.80	2.20
	普碳钢板 Q195～Q235 δ3.5～4.0	t	3945.80	0.00007	0.00008	0.00011	0.00025	0.00040	0.00095	0.00180	0.00280	0.00400	0.00500
	油麻	kg	16.48	0.41	0.51	0.62	0.80	1.25	1.48	1.55	1.61	1.88	2.28
	氧气	m³	2.88	0.11	0.18	0.20	0.35	0.48	0.58	0.77	0.86	0.99	1.09
	乙炔气	kg	14.66	0.04	0.07	0.08	0.15	0.20	0.24	0.32	0.36	0.41	0.45
	钢丝 D4.0	kg	7.08	0.08	0.08	0.08	0.08	0.08	0.08	0.08	0.08	0.08	0.08
	破布	kg	5.07	0.29	0.35	0.40	0.48	0.53	0.55	0.58	0.60	0.68	0.77
	棉纱	kg	16.11	0.006	0.009	0.014	0.018	0.022	0.025	0.030	0.034	0.038	0.042
	铁砂布 0#～2#	张	1.15	0.20	0.40	0.70	0.90	1.00	1.25	1.50	1.96	2.00	3.00
	草绳	kg	7.12	0.02	0.04	0.15	0.18	0.21	0.35	0.65	0.95	1.50	2.50
机械	试压泵 30MPa	台班	23.45	—	—	0.02	0.02	0.02	0.02	0.02	0.03	0.03	0.03
	汽车式起重机 8t	台班	767.15	—	—	—	0.05	0.05	—	—	—	—	—
	汽车式起重机 16t	台班	971.12	—	—	—	—	—	0.08	0.08	0.09	0.09	0.09
	载货汽车 5t	台班	443.55	—	—	—	0.02	0.02	0.03	0.03	0.04	0.05	0.05

10.承插铸铁给水管（胶圈接口）

工作内容： 切管、上胶圈、接口、管道及管件安装、水压试验。

单位：10m

编 号				8-120	8-121	8-122	8-123	8-124	8-125	8-126	8-127	8-128
项 目				公称直径(mm以内)								
				100	150	200	250	300	350	400	450	500
预算基价	总 价(元)			**200.68**	**266.36**	**372.90**	**460.01**	**481.38**	**482.13**	**532.67**	**681.22**	**729.80**
	人 工 费(元)			167.40	224.10	272.70	345.60	353.70	360.45	380.70	519.75	561.60
	材 料 费(元)			33.28	41.79	52.50	66.71	36.21	30.21	46.12	51.19	57.92
	机 械 费(元)			—	0.47	47.70	47.70	91.47	91.47	105.85	110.28	110.28
组 成 内 容		单位	单价	数 量								
人工	综合工	工日	135.00	1.24	1.66	2.02	2.56	2.62	2.67	2.82	3.85	4.16
材料	承插铸铁管	m	—	(10)	(10)	(10)	(10)	(10)	(10)	(10)	(10)	(10)
	橡胶圈 *DN*100	个	9.48	3.35	—	—	—	—	—	—	—	—
	橡胶圈 *DN*150	个	13.09	—	2.96	—	—	—	—	—	—	—
	橡胶圈 *DN*200	个	17.41	—	—	2.75	—	—	—	—	—	—
	橡胶圈 *DN*250	个	23.52	—	—	—	2.64	—	—	—	—	—
	橡胶圈 *DN*300	个	12.79	—	—	—	—	2.16	—	—	—	—
	橡胶圈 *DN*350	个	12.95	—	—	—	—	—	1.67	—	—	—
	橡胶圈 *DN*400	个	20.65	—	—	—	—	—	—	1.67	—	—
	橡胶圈 *DN*450	个	21.86	—	—	—	—	—	—	—	1.67	—
	橡胶圈 *DN*500	个	24.07	—	—	—	—	—	—	—	—	1.67
	水	m³	7.62	0.1	0.3	0.5	0.5	1.0	1.0	1.4	1.8	2.2
	破布	kg	5.07	0.15	0.15	0.16	0.16	0.19	0.19	0.19	0.19	0.19
机械	试压泵 30MPa	台班	23.45	—	0.02	0.02	0.02	0.02	0.02	0.03	0.03	0.03
	载货汽车 5t	台班	443.55	—	—	0.02	0.02	0.03	0.03	0.04	0.05	0.05
	汽车式起重机 8t	台班	767.15	—	—	0.05	0.05	—	—	—	—	—
	汽车式起重机 16t	台班	971.12	—	—	—	—	0.08	0.08	0.09	0.09	0.09

11.承插铸铁排水管(石棉水泥接口)

工作内容：切管、管道及管件安装、调制接口材料、接口、养护、灌水试验。

单位：10m

	编　号			8-129	8-130	8-131	8-132	8-133	8-134
	项　目			公称直径(mm以内)					
				50	75	100	125	150	200
预算基价	总　价(元)			**178.18**	**224.65**	**277.44**	**323.74**	**337.99**	**431.87**
	人工费(元)			149.85	183.60	224.10	252.45	255.15	303.75
	材料费(元)			28.33	41.05	53.34	71.29	82.84	128.12
组成内容		单位	单价	数　量					
人工	综合工	工日	135.00	1.11	1.36	1.66	1.87	1.89	2.25
材料	承插铸铁管	m	—	(10.3)	(10.3)	(10.3)	(10.3)	(10.3)	(10.3)
	铸铁接轮 DN50	个	8.21	1	—	—	—	—	—
	铸铁接轮 DN75	个	12.47	—	1	—	—	—	—
	铸铁接轮 DN100	个	14.10	—	—	1	—	—	—
	铸铁接轮 DN125	个	20.55	—	—	—	1	—	—
	铸铁接轮 DN150	个	23.02	—	—	—	—	1	—
	铸铁接轮 DN200	个	43.14	—	—	—	—	—	1
	硅酸盐水泥 42.5级	kg	0.41	1.89	2.80	3.78	5.04	5.88	8.19
	石棉绒（综合）	kg	12.32	0.81	1.20	1.62	2.16	2.52	3.51
	水	m³	7.62	0.02	0.04	0.08	0.12	0.18	0.31
	油麻	kg	16.48	0.40	0.59	0.88	1.08	1.26	1.77
	氧气	m³	2.88	0.3	0.3	0.3	0.4	0.5	0.8
	乙炔气	kg	14.66	0.12	0.12	0.12	0.15	0.19	0.31

12.承插铸铁排水管（水泥接口）

工作内容：切管、管道及管件安装、调制接口材料、接口、养护、灌水试验。

单位：10m

编　号				8-135	8-136	8-137	8-138	8-139	8-140
项　目				公称直径（mm以内）					
				50	75	100	125	150	200
预算基价	总　价(元)			**152.00**	**189.62**	**233.19**	**270.13**	**279.94**	**356.23**
	人工费(元)			133.65	163.35	199.80	225.45	228.15	271.35
	材料费(元)			18.35	26.27	33.39	44.68	51.79	84.88
组成内容		单位	单价	数　量					
人工	综合工	工日	135.00	0.99	1.21	1.48	1.67	1.69	2.01
材料	承插铸铁管	m	—	(10.3)	(10.3)	(10.3)	(10.3)	(10.3)	(10.3)
	铸铁接轮 DN50	个	8.21	1	—	—	—	—	—
	铸铁接轮 DN75	个	12.47	—	1	—	—	—	—
	铸铁接轮 DN100	个	14.10	—	—	1	—	—	—
	铸铁接轮 DN125	个	20.55	—	—	—	1	—	—
	铸铁接轮 DN150	个	23.02	—	—	—	—	1	—
	铸铁接轮 DN200	个	43.14	—	—	—	—	—	1
	硅酸盐水泥 42.5级	kg	0.41	1.89	2.80	3.78	5.04	5.88	8.19
	水	m³	7.62	0.02	0.04	0.08	0.12	0.18	0.31
	油麻	kg	16.48	0.40	0.59	0.88	1.08	1.26	1.77
	氧气	m³	2.88	0.30	0.30	0.30	0.40	0.50	0.80
	乙炔气	kg	14.66	0.12	0.12	0.12	0.15	0.19	0.31

13.直埋式预制保温管

（1）直埋式预制保温管

工作内容： 切割外保护管及拆除保温材料,介质管切割、坡口,管道及管件安装,管口组对、焊接,水压试验。

单位：10m

编　号			8-141	8-142	8-143	8-144	8-145	8-146	8-147	8-148	8-149
项　目			公称直径(mm以内)								
			32	40	50	65	80	100	125	150	200
预算基价	总　　价(元)		**96.63**	**110.54**	**141.80**	**163.99**	**176.29**	**263.63**	**326.62**	**393.51**	**482.21**
	人　工　费(元)		87.75	98.55	116.10	130.95	139.05	156.60	178.20	213.30	260.55
	材　料　费(元)		3.94	4.50	7.19	9.50	12.12	13.52	20.27	25.03	34.21
	机　械　费(元)		4.94	7.49	18.51	23.54	25.12	93.51	128.15	155.18	187.45
组　成　内　容	单位	单价	数　　量								
人工	综合工	工日	135.00	0.65	0.73	0.86	0.97	1.03	1.16	1.32	1.58	1.93
材料	预制直埋保温管	m	—	(10.180)	(10.180)	(10.180)	(10.120)	(10.120)	(10.120)	(9.980)	(9.980)	(9.980)
	采暖室外预制直埋保温焊接管件	个	—	(0.890)	(0.980)	(0.960)	(0.990)	(0.740)	(0.820)	(0.770)	(0.760)	(0.760)
	电	kW·h	0.73	0.039	0.052	0.329	0.380	0.218	0.278	0.360	0.470	0.652
	乙炔气	kg	14.66	0.015	0.020	0.035	0.074	0.119	0.147	0.291	0.289	0.371
	氧气	m³	2.88	0.045	0.060	0.105	0.222	0.357	0.441	0.873	0.867	1.113
	尼龙砂轮片 $D100×16×3$	片	3.92	0.010	0.017	0.315	0.426	0.471	0.482	0.647	0.959	1.376
	尼龙砂轮片 $D400$	片	15.64	0.013	0.016	0.020	0.023	0.026	0.030	—	—	—
	锯条	根	0.42	0.070	0.089	0.101	—	—	—	—	—	—
	低碳钢焊条 J422 $D3.2$	kg	3.60	0.098	0.148	0.266	0.350	0.352	0.460	0.773	1.207	1.678
	镀锌钢丝 $D4.0$	kg	7.08	0.075	0.079	0.083	0.085	0.089	0.101	0.107	0.112	0.131
	破布	kg	5.07	0.205	0.209	0.237	0.266	0.282	0.327	0.352	0.370	0.444

续前

单位：10m

编　号			8-141	8-142	8-143	8-144	8-145	8-146	8-147	8-148	8-149
项　目			公称直径(mm以内)								
			32	40	50	65	80	100	125	150	200
组 成 内 容	单位	单价	数　量								
材 料	弹簧压力表 0～1.6MPa	块	48.67	0.002	0.002	0.003	0.003	0.003	0.003	0.003	0.003	0.003
	压力表弯管 DN15	个	11.36	0.002	0.002	0.003	0.003	0.003	0.003	0.003	0.003	0.003
	水	m³	7.62	0.012	0.016	0.026	0.044	0.061	0.106	0.164	0.229	0.404
	机油	kg	7.21	0.050	0.050	0.060	0.080	0.090	0.090	0.110	0.150	0.200
	橡胶板 δ1～3	kg	11.26	0.009	0.010	0.010	0.011	0.011	0.012	0.014	0.016	0.018
	六角螺栓	kg	8.39	0.005	0.005	0.005	0.006	0.006	0.006	0.008	0.012	0.018
	柔性吊装带	kg	69.22	0.003	0.004	0.005	0.007	0.011	0.016	0.032	0.043	0.062
	螺纹截止阀 J11T-16 DN20	个	15.30	0.005	0.005	0.005	0.005	0.060	0.006	0.006	0.006	0.007
	热轧厚钢板 δ8.0～15	kg	5.16	0.037	0.039	0.042	0.044	0.047	0.049	0.073	0.110	0.148
	焊接钢管 DN20	m	6.32	0.016	0.016	0.017	0.019	0.020	0.021	0.022	0.023	0.024
	橡胶软管 DN20	m	11.10	0.007	0.007	0.008	0.008	0.008	0.009	0.009	0.010	0.010
机 械	砂轮切割机 D400	台班	32.78	0.004	0.005	0.005	0.006	0.006	0.007	0.008	—	—
	直流弧焊机 20kW	台班	75.06	0.061	0.093	0.157	0.206	0.220	0.271	0.369	0.465	0.646
	试压泵 3MPa	台班	18.08	0.002	0.002	0.002	0.002	0.002	0.002	0.003	0.003	0.003
	载货汽车 5t	台班	443.55	—	—	0.005	0.006	0.007	0.019	0.033	0.043	0.051
	汽车式起重机 8t	台班	767.15	—	—	0.005	0.006	0.006	0.083	0.110	0.130	0.149
	电焊条烘干箱 600×500×750	台班	27.16	0.006	0.009	0.016	0.020	0.022	0.027	0.037	0.046	0.064
	电动单级离心清水泵 D100	台班	34.80	0.001	0.002	0.001	0.001	0.002	0.002	0.003	0.005	0.007

工作内容： 切割外保护管及拆除保温材料,介质管切割、坡口,管道及管件安装,管口组对、焊接,水压试验。

单位：10m

编　　号			8-150	8-151	8-152	8-153
项　　目			公称直径(mm以内)			
			250	300	350	400
预算基价	总　　　价(元)		**677.13**	**786.63**	**926.41**	**1020.29**
	人　工　费(元)		337.50	386.10	448.20	500.85
	材　料　费(元)		50.88	61.90	75.79	83.54
	机　械　费(元)		288.75	338.63	402.42	435.90
组　成　内　容		单位	单价	数　　量		
人工	综合工	工日	135.00	2.50	2.86	3.32	3.71
材料	预制直埋保温管	m	—	(9.850)	(9.850)	(9.780)	(9.780)
	采暖室外预制直埋保温焊接管件	个	—	(0.750)	(0.730)	(0.730)	(0.710)
	电	kW·h	0.73	0.913	1.056	1.225	1.355
	乙炔气	kg	14.66	0.537	0.623	0.815	0.884
	氧气	m³	2.88	1.611	1.869	2.445	2.652
	尼龙砂轮片 D100×16×3	片	3.92	2.254	2.950	3.887	3.918
	低碳钢焊条 J422 D3.2	kg	3.60	3.269	3.899	4.556	5.090
	镀锌钢丝 D4.0	kg	7.08	0.140	0.144	0.148	0.153
	破布	kg	5.07	0.490	0.508	0.535	0.553
	弹簧压力表 0~1.6MPa	块	48.67	0.003	0.004	0.004	0.004
	压力表弯管 DN15	个	11.36	0.003	0.004	0.004	0.004
	水	m³	7.62	0.642	0.911	1.214	1.568
	机油	kg	7.21	0.200	0.200	0.200	0.200
	橡胶板 δ1~3	kg	11.26	0.021	0.024	0.033	0.042
	六角螺栓	kg	8.39	0.028	0.038	0.046	0.054
	柔性吊装带	kg	69.22	0.073	0.088	0.093	0.104
	螺纹截止阀 J11T-16 DN20	个	15.30	0.007	0.007	0.008	0.008
	热轧厚钢板 δ8.0~15	kg	5.16	0.231	0.333	0.380	0.426
	焊接钢管 DN20	m	6.32	0.025	0.026	0.027	0.028
	橡胶软管 DN20	m	11.10	0.011	0.011	0.011	0.012
机械	汽车式起重机 12t	台班	864.36	0.206	0.236	0.285	0.299
	载货汽车 5t	台班	443.55	0.078	0.099	0.113	0.133
	直流弧焊机 20kW	台班	75.06	0.909	1.084	1.266	1.415
	电焊条烘干箱 600×500×750	台班	27.16	0.091	0.108	0.126	0.141
	试压泵 3MPa	台班	18.08	0.004	0.004	0.005	0.006
	电动单级离心清水泵 D100	台班	34.80	0.009	0.012	0.014	0.016
	电焊条恒温箱 600×500×750	台班	55.04	0.091	0.108	0.126	0.141

(2) 直埋式预制保温管热缩套袖补口

工作内容: 管端除锈、清理、烘干,连接套管就位、固定、塑料焊接、钻孔、气密试验,收缩带热熔粘贴。注料发泡、封堵标识。 单位:个

	编 号			8-154	8-155	8-156	8-157	8-158	8-159	8-160
	项 目			公称直径(mm以内)						
				32	40	50	65	80	100	125
预算基价	总 价(元)			**41.54**	**56.57**	**61.37**	**72.56**	**85.50**	**93.97**	**103.78**
	人 工 费(元)			32.40	37.80	39.15	41.85	51.30	52.65	58.05
	材 料 费(元)			9.06	18.69	22.14	30.59	34.08	41.17	45.42
	机 械 费(元)			0.08	0.08	0.08	0.12	0.12	0.15	0.31
组 成 内 容		单位	单价	数 量						
人工	综合工	工日	135.00	0.24	0.28	0.29	0.31	0.38	0.39	0.43
材料	高密度聚乙烯连接套管	m	—	(0.653)	(0.653)	(0.653)	(0.653)	(0.653)	(0.653)	(0.653)
	收缩带	m²	37.21	0.136	0.167	0.206	0.229	0.261	0.322	0.341
	硬聚氯乙烯焊条 $D4$	kg	11.23	0.009	0.010	0.011	0.012	0.014	0.016	0.027
	组合聚醚(白料)	kg	10.82	0.062	0.093	0.154	0.185	0.247	0.309	0.370
	异氰酸酯(黑料)	kg	1.73	0.068	0.102	0.170	0.204	0.272	0.339	0.407
	钢丝刷	把	6.20	0.001	0.001	0.001	0.001	0.001	0.001	0.001
	丙酮	kg	9.89	0.028	0.039	0.046	0.056	0.072	0.082	0.140
	钻头 $D6\sim13$	个	6.78	0.006	0.006	0.006	0.006	0.006	0.006	0.006
	肥皂	块	1.34	0.021	0.021	0.021	0.021	0.032	0.032	0.033
	汽油 $70^{\#}\sim90^{\#}$	kg	8.08	0.09	1.07	1.21	2.08	2.24	2.72	2.97
	电	kW·h	0.73	0.314	0.376	0.386	0.469	0.500	0.542	0.614
	PE封堵塞	个	0.90	2.000	2.000	2.000	2.000	2.000	2.000	2.000
机械	电动空气压缩机 0.6m³	台班	38.51	0.002	0.002	0.002	0.003	0.003	0.004	0.008

31

工作内容：管端除锈、清理、烘干，连接套管就位、固定、塑料焊接、钻孔、气密试验，收缩带热熔粘贴。注料发泡、封堵标识。　　　　　　　　　　　　**单位：个**

编　号			8-161	8-162	8-163	8-164	8-165	8-166
项　目			公称直径（mm以内）					
			150	200	250	300	350	400
预算基价	总　价（元）		**122.31**	**142.27**	**194.31**	**225.20**	**243.12**	**277.68**
	人　工　费（元）		62.10	67.50	87.75	97.20	103.95	112.05
	材　料　费（元）		49.78	62.18	90.38	109.65	118.31	142.61
	机　械　费（元）		10.43	12.59	16.18	18.35	20.86	23.02
组　成　内　容		单位	单价	数　量				
人工	综合工	工日	135.00	0.46	0.50	0.65	0.72	0.77	0.83
材料	高密度聚乙烯连接套管	m	—	(0.653)	(0.653)	(0.653)	(0.653)	(0.653)	(0.653)
	收缩带	m²	37.21	0.379	0.478	0.607	0.682	0.758	0.889
	硬聚氯乙烯焊条 D4	kg	11.23	0.032	0.045	—	—	—	—
	塑料焊条	kg	13.07	—	—	0.068	0.111	0.134	0.149
	组合聚醚（白料）	kg	10.82	0.432	0.555	0.926	1.049	1.141	1.728
	异氰酸酯（黑料）	kg	1.73	0.475	0.611	1.018	1.154	1.256	1.697
	钢丝刷	把	6.20	0.001	0.002	0.002	0.002	0.003	0.003
	丙酮	kg	9.89	0.158	0.201	0.241	0.275	0.313	0.356
	钻头 D6～13	个	6.78	0.006	0.006	0.006	0.006	0.006	0.006
	肥皂	块	1.34	0.033	0.041	0.042	0.042	0.062	0.063
	汽油 70#～90#	kg	8.08	3.200	4.000	6.200	7.920	8.400	9.840
	电	kW·h	0.73	0.698	0.834	1.010	1.172	1.262	1.347
	PE封堵塞	个	0.90	2.000	2.000	2.000	2.000	2.000	2.000
机械	载货汽车 2.5t	台班	347.63	0.029	0.035	0.045	0.051	0.058	0.064
	电动空气压缩机 0.6m³	台班	38.51	0.009	0.011	0.014	0.016	0.018	0.020

(3)直埋式预制保温管电热熔套补口

工作内容: 管端除锈、清理、烘干,电热熔套就位、固定、钻孔、气密试验,卡紧热熔接缝、通电焊接,注料发泡、封堵标识。　　　　　　　　　　　　　　　　　　　　**单位:** 个

编　号			8-167	8-168	8-169	8-170	8-171	8-172
项　目			公称直径(mm以内)					
			150	200	250	300	350	400
预算基价	总　　价(元)		**110.42**	**125.10**	**169.65**	**191.86**	**207.42**	**230.15**
	人　工　费(元)		62.10	67.50	95.85	108.00	116.10	125.55
	材　料　费(元)		13.33	15.66	22.08	24.27	26.05	34.18
	机　械　费(元)		34.99	41.94	51.72	59.59	65.27	70.42
组 成 内 容	单位	单价	数　　　量					
人工 综合工	工日	135.00	0.46	0.50	0.71	0.80	0.86	0.93
材料 电热熔套	个	—	(1.000)	(1.000)	(1.000)	(1.000)	(1.000)	(1.000)
电热熔套卡具	套	153.64	0.020	0.020	0.020	0.020	0.020	0.020
组合聚醚(白料)	kg	10.82	0.432	0.555	0.926	1.049	1.141	1.728
异氰酸酯(黑料)	kg	1.73	0.475	0.611	1.018	1.154	1.256	1.697
汽油 70#～90#	kg	8.08	0.160	0.200	0.360	0.396	0.420	0.492
丙酮	kg	9.89	0.158	0.201	0.241	0.275	0.313	0.356
钢丝刷	把	6.20	0.001	0.002	0.002	0.002	0.003	0.003
钻头 D6～13	个	6.78	0.006	0.006	0.006	0.006	0.006	0.006
肥皂	块	1.34	0.033	0.041	0.042	0.042	0.062	0.063
电	kW·h	0.73	0.018	0.024	0.030	0.036	0.042	0.047
PE封堵塞	个	0.90	2.000	2.000	2.000	2.000	2.000	2.000
机械 载货汽车 2.5t	台班	347.63	0.029	0.035	0.045	0.051	0.058	0.064
电动空气压缩机 0.6m³	台班	38.51	0.009	0.011	0.014	0.016	0.018	0.020
电熔焊接机 3.5kW	台班	35.19	0.698	0.834	1.010	1.172	1.262	1.347

二、室 内 管 道

1.镀锌钢管（螺纹连接）

工作内容：打堵洞眼、切管、套丝、上零件、调直、栽钩卡及管件安装、水压试验。

单位：10m

编　号			8-173	8-174	8-175	8-176	8-177	8-178
项　目			公称直径（mm以内）					
			15	20	25	32	40	50
预算基价	总　　价(元)		**275.72**	**276.92**	**334.91**	**339.76**	**389.95**	**415.59**
	人　工　费(元)		247.05	247.05	297.00	297.00	353.70	361.80
	材　料　费(元)		28.67	29.87	36.91	41.76	35.25	51.02
	机　械　费(元)		—	—	1.00	1.00	1.00	2.77
组 成 内 容		单位	单价	数　　量				
人工	综合工	工日	135.00	1.83	1.83	2.20	2.20	2.62	2.68
材料	镀锌钢管	m	—	(10.2)	(10.2)	(10.2)	(10.2)	(10.2)	(10.2)
	镀锌钢管接头零件 DN15	个	1.12	16.37	—	—	—	—	—
	镀锌钢管接头零件 DN20	个	1.57	—	11.52	—	—	—	—
	镀锌钢管接头零件 DN25	个	2.26	—	—	9.78	—	—	—
	镀锌钢管接头零件 DN32	个	3.35	—	—	—	8.03	—	—
	镀锌钢管接头零件 DN40	个	3.96	—	—	—	—	7.16	—
	镀锌钢管接头零件 DN50	个	6.42	—	—	—	—	—	6.51
	管子托钩 DN15	个	0.22	1.46	—	—	—	—	—
	管子托钩 DN20	个	0.23	—	1.44	—	—	—	—
	管子托钩 DN25	个	0.32	—	—	1.16	1.16	—	—
	管卡子(单立管) DN25以内	个	1.64	1.64	1.29	2.06	—	—	—
	管卡子(单立管) DN50以内	个	2.60	—	—	—	2.06	—	—
	砂子	t	87.03	0.014	0.014	0.014	0.014	0.003	0.001
	水	m³	7.62	0.05	0.06	0.08	0.09	0.13	0.16
	锯条	根	0.42	0.77	0.57	0.38	0.55	0.60	0.29
	机油	kg	7.21	0.23	0.17	0.17	0.16	0.17	0.20
	铅油	kg	11.17	0.14	0.12	0.13	0.12	0.14	0.14
	线麻	kg	11.36	0.014	0.012	0.013	0.012	0.014	0.014
	硅酸盐水泥 42.5级	kg	0.41	1.34	3.71	4.20	4.50	0.69	0.39
	镀锌钢丝 D2.8～4.0	kg	6.91	0.14	0.39	0.44	0.15	0.01	0.04
	破布	kg	5.07	0.10	0.10	0.10	0.10	0.22	0.25
	砂轮片 D400	片	19.56	—	—	0.05	0.05	0.05	0.15
机械	管子切断机 D60	台班	16.87	—	—	0.02	0.02	0.02	0.06
	管子套丝机 D159	台班	21.98	—	—	0.03	0.03	0.03	0.08

工作内容:打堵洞眼、切管、套丝、上零件、调直、栽钩卡及管件安装、水压试验。

单位:10m

编　号				8-179	8-180	8-181	8-182	8-183
项　目				公称直径(mm以内)				
				65	80	100	125	150
预算基价	总　　　　价(元)			**439.41**	**464.43**	**565.45**	**620.34**	**741.41**
	人　工　费(元)			369.90	391.50	444.15	492.75	564.30
	材　料　费(元)			65.83	69.03	93.61	107.43	152.49
	机　械　费(元)			3.68	3.90	27.69	20.16	24.62
组 成 内 容		单位	单价	数　　　　量				
人工	综合工	工日	135.00	2.74	2.90	3.29	3.65	4.18
材料	镀锌钢管	m	—	(10.2)	(10.2)	(10.2)	(10.2)	(10.2)
	镀锌钢管接头零件 DN65	个	12.82	4.25	—	—	—	—
	镀锌钢管接头零件 DN80	个	14.88	—	3.91	—	—	—
	镀锌钢管接头零件 DN100	个	29.56	—	—	2.68	—	—
	镀锌钢管接头零件 DN125	个	40.81	—	—	—	2.30	—
	镀锌钢管接头零件 DN150	个	61.84	—	—	—	—	2.30
	砂子	t	87.03	0.006	0.006	0.003	0.006	0.003
	水	m³	7.62	0.18	0.20	0.31	0.39	0.47
	砂轮片 D400	片	19.56	0.22	0.21	0.21	0.19	—
	机油	kg	7.21	0.13	0.11	0.04	0.03	0.03
	铅油	kg	11.17	0.12	0.12	0.11	0.11	0.16
	线麻	kg	11.36	0.015	0.020	0.020	0.020	0.020
	硅酸盐水泥 42.5级	kg	0.41	1.43	1.49	0.99	1.74	0.63
	镀锌钢丝 D2.8~4.0	kg	6.91	0.10	0.03	0.07	0.08	0.02
	破布	kg	5.07	0.28	0.30	0.35	0.38	0.40
	皂化冷却液	kg	13.54	—	—	0.24	0.11	0.13
机械	管子切断机 D150	台班	33.97	0.05	0.05	0.03	0.05	—
	管子套丝机 D159	台班	21.98	0.09	0.10	—	—	—
	普通车床 400×1000	台班	205.13	—	—	0.13	0.09	0.12

2.焊接钢管（螺纹连接）

工作内容：打堵洞眼、切管、套丝、上零件、调直、栽钩卡、管道及管件安装、水压试验。

单位：10m

	编　号			8-184	8-185	8-186	8-187	8-188	8-189
	项　目			公称直径（mm以内）					
				15	20	25	32	40	50
预算基价	总　　　价（元）			**267.13**	**278.22**	**339.23**	**347.31**	**393.55**	**409.77**
	人　工　费（元）			247.05	247.05	297.00	297.00	353.70	361.80
	材　料　费（元）			20.08	31.17	41.23	49.31	38.52	44.81
	机　械　费（元）			—	—	1.00	1.00	1.33	3.16
	组　成　内　容	单位	单价	数　　量					
人工	综合工	工日	135.00	1.83	1.83	2.20	2.20	2.62	2.68
材料	焊接钢管	m	—	(10.2)	(10.2)	(10.2)	(10.2)	(10.2)	(10.2)
	焊接钢管接头零件 DN15	个	0.78	16.96	—	—	—	—	—
	焊接钢管接头零件 DN20	个	1.18	—	16.19	—	—	—	—
	焊接钢管接头零件 DN25	个	1.76	—	—	15.14	—	—	—
	焊接钢管接头零件 DN32	个	2.92	—	—	—	10.88	—	—
	焊接钢管接头零件 DN40	个	3.70	—	—	—	—	7.84	—
	焊接钢管接头零件 DN50	个	5.45	—	—	—	—	—	6.21
	管子托钩 DN15	个	0.22	1.10	—	—	—	—	—
	管子托钩 DN20	个	0.23	—	1.37	—	—	—	—
	管子托钩 DN25	个	0.32	—	—	1.05	1.05	—	—
	管卡子（单立管）DN25以内	个	1.64	0.71	2.19	1.93	—	—	—
	管卡子（单立管）DN50以内	个	2.60	—	—	—	1.93	—	—
	硅酸盐水泥 42.5级	kg	0.41	0.78	4.84	3.89	3.89	—	—
	砂子	t	87.03	0.014	0.014	0.014	0.014	—	—
	水	m³	7.62	0.05	0.06	0.08	0.10	0.13	0.16
	锯条	根	0.42	0.43	0.61	0.52	0.61	0.61	0.36
	机油	kg	7.21	0.16	0.20	0.13	0.15	0.14	0.14
	铅油	kg	11.17	0.11	0.15	0.17	0.16	0.17	0.14
	线麻	kg	11.36	0.010	0.015	0.017	0.016	0.016	0.014
	破布	kg	5.07	0.10	0.12	0.12	0.13	0.20	0.25
	镀锌钢丝 D2.8~4.0	kg	6.91	0.05	0.05	0.06	0.07	0.08	0.09
	砂轮片 D400	片	19.56	—	—	0.06	0.07	0.07	0.15
	氧气	m³	2.88	—	—	0.26	0.36	0.27	0.25
	乙炔气	kg	14.66	—	—	0.10	0.12	0.10	0.09
机械	管子切断机 D60	台班	16.87	—	—	0.02	0.02	0.04	0.07
	管子套丝机 D159	台班	21.98	—	—	0.03	0.03	0.03	0.09

36

工作内容：打堵洞眼、切管、套丝、上零件、调直、裁钩卡、管道及管件安装、水压试验。

编　号				8-190	8-191	8-192	8-193	8-194
项　目				公称直径（mm以内）				
				65	80	100	125	150
预算基价	总　　价（元）			**432.97**	**455.20**	**569.37**	**670.08**	**779.89**
	人　工　费（元）			369.90	391.50	444.15	492.75	564.30
	材　料　费（元）			58.51	60.24	102.67	119.57	169.80
	机　械　费（元）			4.56	3.46	22.55	57.76	45.79
组　成　内　容		单位	单价	数　　量				
人工	综合工	工日	135.00	2.74	2.90	3.29	3.65	4.18
材料	焊接钢管	m	—	(10.2)	(10.2)	(10.2)	(10.2)	(10.2)
	焊接钢管接头零件 DN65	个	10.46	4.35	—	—	—	—
	焊接钢管接头零件 DN80	个	13.39	—	3.54	—	—	—
	焊接钢管接头零件 DN100	个	24.41	—	—	3.50	—	—
	焊接钢管接头零件 DN125	个	39.48	—	—	—	2.60	—
	焊接钢管接头零件 DN150	个	57.81	—	—	—	—	2.60
	水	m³	7.62	0.22	0.25	0.31	0.39	0.47
	砂轮片 D400	片	19.56	0.23	0.21	0.26	0.23	0.23
	机油	kg	7.21	0.13	0.14	0.05	0.03	0.03
	铅油	kg	11.17	0.12	0.11	0.14	0.14	0.19
	线麻	kg	11.36	0.020	0.020	0.014	0.020	0.030
	破布	kg	5.07	0.28	0.30	0.35	0.38	0.40
	镀锌钢丝 D2.8~4.0	kg	6.91	0.10	0.12	0.18	0.14	0.18
	氧气	m³	2.88	0.26	0.24	0.31	0.31	0.38
	乙炔气	kg	14.66	0.10	0.09	0.12	0.12	0.15
	皂化冷却液	kg	13.54	—	—	0.15	0.14	0.16
机械	管子切断机 D150	台班	33.97	0.05	0.05	0.06	0.07	0.08
	管子套丝机 D159	台班	21.98	0.13	0.08	—	—	—
	普通车床 400×1000	台班	205.13	—	—	0.10	0.27	0.21

3. 钢管（焊接）

工作内容：预留管洞、切管、坡口、调直、撼弯、挖眼接管、异型管制作、对口、焊接、管道及管件安装、水压试验。

单位：10m

编　号			8-195	8-196	8-197	8-198	8-199	8-200
项　目			公称直径（mm以内）					
			32	40	50	65	80	100
预算基价	总　　　价(元)		**237.14**	**259.39**	**290.40**	**377.21**	**430.48**	**548.93**
	人　工　费(元)		224.10	244.35	268.65	302.40	342.90	423.90
	材　料　费(元)		6.08	7.33	13.29	33.50	39.76	59.36
	机　械　费(元)		6.96	7.71	8.46	41.31	47.82	65.67
组 成 内 容	单位	单价	数　　　量					
人工 综合工	工日	135.00	1.66	1.81	1.99	2.24	2.54	3.14
材料 焊接钢管	m	—	(10.2)	(10.2)	(10.2)	(10.2)	(10.2)	(10.2)
普碳钢板 Q195～Q235 δ3.5～4.0	t	3945.80	0.00009	0.00009	0.00009	0.00010	0.00010	0.00010
水	m³	7.62	0.04	0.04	0.06	0.09	0.10	0.15
电	kW•h	0.73	0.25	0.42	0.51	1.27	1.27	1.69
压制弯头 DN65	个	11.05	—	—	—	0.70	—	—
压制弯头 DN80	个	14.48	—	—	—	—	0.74	—
压制弯头 DN100	个	22.53	—	—	—	—	—	0.99
气焊条 D<2	kg	7.96	0.02	0.02	0.02	0.02	—	—
电焊条 E4303 D3.2	kg	7.59	0.008	0.010	0.010	0.810	0.920	1.240
氧气	m³	2.88	0.24	0.34	1.01	1.32	1.41	1.74
乙炔气	kg	14.66	0.08	0.12	0.34	0.45	0.47	0.59
锯条	根	0.42	0.26	0.38	0.45	—	—	—
棉纱	kg	16.11	0.024	0.024	0.035	0.046	0.058	0.070
钢丝 D4.0	kg	7.08	0.08	0.08	0.08	0.08	0.08	0.08
破布	kg	5.07	0.22	0.22	0.25	0.28	0.30	0.35
铅油	kg	11.17	0.01	0.01	0.01	0.02	0.02	0.02
机油	kg	7.21	0.04	0.05	0.06	0.08	0.10	0.10
砂轮片 D100	片	3.83	0.15	0.18	0.22	0.41	0.76	1.01
砂轮片 D400	片	19.56	—	—	—	0.10	0.11	0.15
机械 直流弧焊机 20kW	台班	75.06	0.03	0.04	0.05	0.47	0.52	0.69
弯管机 D108	台班	78.53	0.06	0.06	0.06	0.05	0.06	0.13
管子切断机 D150	台班	33.97	—	—	—	0.03	0.08	0.06
电焊条烘干箱 600×500×750	台班	27.16	—	—	—	0.04	0.05	0.06

工作内容: 预留管洞、切管、坡口、调直、搣弯、挖眼接管、异型管制作、对口、焊接、管道及管件安装、水压试验。　　　　　　　　　　　　　　　　　　　　　单位: 10m

编　　号				8-201	8-202	8-203	8-204	8-205
项　　目				公称直径(mm以内)				
				125	150	200	250	300
预算基价	总　　　　　　价(元)			**645.11**	**758.75**	**1160.97**	**1763.19**	**2260.34**
	人　　工　　费(元)			469.80	533.25	642.60	819.45	974.70
	材　　料　　费(元)			111.73	153.52	314.58	663.76	967.11
	机　　械　　费(元)			63.58	71.98	203.79	279.98	318.53
组 成 内 容		单位	单价	数　　　　　　量				
人工	综合工	工日	135.00	3.48	3.95	4.76	6.07	7.22
材料	焊接钢管	m	—	(10.2)	(10.2)	(10.2)	(10.2)	(10.2)
	普碳钢板 Q195～Q235 δ3.5～4.0	t	3945.80	0.00014	0.00014	0.00021	0.00021	0.00021
	水	m³	7.62	0.20	0.25	0.35	0.45	0.45
	电	kW·h	0.73	1.78	2.28	3.55	4.99	6.09
	压制弯头 DN125	个	39.85	1.75	—	—	—	—
	压制弯头 DN150	个	60.86	—	1.80	—	—	—
	压制弯头 DN200	个	130.76	—	—	1.85	—	—
	压制弯头 DN250	个	295.35	—	—	—	1.90	—
	压制弯头 DN300	个	435.51	—	—	—	—	1.91
	电焊条 E4303 D3.2	kg	7.59	1.680	2.040	3.780	5.130	8.870
	氧气	m³	2.88	1.57	1.97	3.27	4.83	5.47
	乙炔气	kg	14.66	0.53	0.67	1.15	1.76	1.82
	棉纱	kg	16.11	0.070	0.080	0.070	0.140	0.170
	钢丝 D4.0	kg	7.08	0.08	0.08	0.08	0.08	0.08
	破布	kg	5.07	0.38	0.44	0.48	0.53	0.55
	铅油	kg	11.17	0.03	0.04	0.05	0.05	0.05
	机油	kg	7.21	0.15	0.15	0.17	0.20	0.20
	砂轮片 D100	片	3.83	0.34	0.85	1.49	2.23	2.28
	砂轮片 D400	片	19.56	0.37	—	—	—	—
机械	直流弧焊机 20kW	台班	75.06	0.79	0.93	1.54	2.16	2.60
	管子切断机 D150	台班	33.97	0.07	—	—	—	—
	电焊条烘干箱 600×500×750	台班	27.16	0.07	0.08	0.14	0.20	0.24
	载货汽车 5t	台班	443.55	—	—	0.02	0.02	0.03
	汽车式起重机 8t	台班	767.15	—	—	0.04	0.06	0.06
	卷扬机 单筒慢速 50kN	台班	211.29	—	—	0.21	0.27	0.27
	试压泵 30MPa	台班	23.45	—	—	0.02	0.02	0.02

39

4.钢管(沟槽连接)

(1)钢 管

工作内容:打堵洞眼、切管、场内搬运、检查及清扫管材、管道安装、调直、水压试验。

单位:10m

编　号			8-206	8-207	8-208	8-209	8-210	8-211	8-212
项　目			公称直径(mm以内)						
			65	80	100	125	150	200	250
预算基价	总　价(元)		**175.54**	**194.54**	**206.60**	**249.40**	**273.37**	**365.87**	**450.86**
	人　工　费(元)		172.80	191.70	203.85	245.70	270.00	295.65	353.70
	材　料　费(元)		2.74	2.84	2.75	3.70	3.37	4.13	4.89
	机　械　费(元)		—	—	—	—	—	66.09	92.27
组　成　内　容	单位	单价	数　　量						
人工	综合工	工日	135.00	1.28	1.42	1.51	1.82	2.00	2.19	2.62
材料	钢管	m	—	(10.20)	(10.20)	(10.20)	(10.20)	(10.20)	(10.20)	(10.20)
	普碳钢板 Q195~Q235 δ8~12	kg	3.88	0.10	0.10	0.10	0.10	0.10	0.10	0.10
	镀锌钢丝 D2.8~4.0	kg	6.91	0.08	0.08	0.08	0.08	0.08	0.08	0.08
	砂子	t	87.03	0.006	0.006	0.003	0.006	0.003	0.003	0.003
	硅酸盐水泥 42.5级	kg	0.41	1.430	1.490	0.990	1.740	0.630	0.630	0.630
	水	m³	7.62	0.09	0.10	0.15	0.20	0.25	0.35	0.45
机械	汽车式起重机 8t	台班	767.15	—	—	—	—	—	0.01	0.02
	载货汽车 8t	台班	521.59	—	—	—	—	—	0.01	0.02
	吊装机械(综合)	台班	664.97	—	—	—	—	—	0.08	0.10

(2) 管　件

工作内容： 打堵洞眼、切管、场内搬运、检查及清扫管材、管道安装、调直、水压试验。　　　　　　　　　　　　　　　**单位：** 10个

编　号				8-213	8-214	8-215	8-216	8-217	8-218	8-219
项　目				开孔连接						
				公称直径(mm以内)						
				65	80	100	125	150	200	250
预算基价	总　价(元)			274.05	294.30	307.80	360.45	436.05	540.00	680.40
	人　工　费(元)			274.05	294.30	307.80	360.45	436.05	540.00	680.40
组成内容		单位	单价	数　量						
人工	综合工	工日	135.00	2.03	2.18	2.28	2.67	3.23	4.00	5.04
材料	沟槽连接件	个	—	(10.10)	(10.10)	(10.10)	(10.10)	(10.10)	(10.10)	(10.10)

41

工作内容： 打堵洞眼、切管、场内搬运、检查及清扫管材、管道安装、调直、水压试验。 **单位：** 10个

编 号				8-220	8-221	8-222	8-223	8-224	8-225	8-226
项 目				钢管沟槽连接管件						
				公称直径(mm以内)						
				65	80	100	125	150	200	250
预算基价	总 价(元)			**300.13**	**314.91**	**345.46**	**433.32**	**540.43**	**706.32**	**904.82**
	人 工 费(元)			294.30	307.80	336.15	422.55	526.50	669.60	858.60
	材 料 费(元)			5.83	7.11	9.31	10.77	13.93	36.72	46.22
组 成 内 容		单位	单价	数 量						
人工	综合工	工日	135.00	2.18	2.28	2.49	3.13	3.90	4.96	6.36
材料	沟槽连接件	个	—	(10.10)	(10.10)	(10.10)	(10.10)	(10.10)	(10.10)	(10.10)
	氧气	m³	2.88	0.68	0.79	1.05	1.22	1.59	4.18	5.24
	乙炔气	m³	16.13	0.24	0.30	0.39	0.45	0.58	1.53	1.93

5.铝塑复合管
(1)卡 压 连 接

工作内容：打堵洞眼,场内搬运,检查及清扫管材,剪管,弯管调直,上管件,管道排布及安装,管架安装,水压试验。

单位：10m

编 号			8-227	8-228	8-229	8-230	8-231	8-232
项 目			公称外径(mm以内)					
			20	25	32	40	50	63
预算基价	总 价(元)		**111.46**	**125.89**	**143.44**	**158.66**	**168.93**	**191.82**
	人 工 费(元)		108.00	121.50	137.70	152.55	167.40	190.35
	材 料 费(元)		3.46	4.39	5.74	6.11	1.53	1.47
组 成 内 容		单位	单价	数 量					
人工	综合工	工日	135.00	0.80	0.90	1.02	1.13	1.24	1.41
材料	铝塑复合管	m	—	(10.05)	(10.05)	(10.05)	(10.05)	(10.05)	(10.05)
	塑料管卡子 15	个	0.18	14.10	—	—	—	—	—
	塑料管卡子 20	个	0.24	—	14.10	—	—	—	—
	塑料管卡子 25	个	0.37	—	—	12.40	—	—	—
	塑料管卡子 32	个	0.46	—	—	—	10.60	—	—
	砂子	t	87.03	0.003	0.003	0.003	0.003	0.003	0.001
	硅酸盐水泥 42.5级	kg	0.41	0.690	0.690	0.690	0.690	0.690	0.390
	水	m³	7.62	0.05	0.06	0.08	0.09	0.13	0.16

(2)卡 套 连 接

工作内容: 打堵洞眼、调直、切管、对口、紧丝口,管道及管件连接,水压试验。

单位:10m

编 号				8-233	8-234	8-235	8-236	8-237	8-238
项 目				公称外径(mm以内)					
				20	25	32	40	50	63
预算基价	总 价(元)			**103.97**	**117.53**	**132.45**	**147.45**	**161.09**	**182.59**
	人 工 费(元)			102.60	116.10	130.95	145.80	159.30	180.90
	材 料 费(元)			1.24	1.30	1.37	1.50	1.57	1.47
	机 械 费(元)			0.13	0.13	0.13	0.15	0.22	0.22
组 成 内 容		单位	单价	—			数 量		
人工	综合工	工日	135.00	0.76	0.86	0.97	1.08	1.18	1.34
材料	铝塑复合管	m	—	(9.960)	(9.960)	(9.960)	(9.960)	(9.960)	(9.960)
	给水室内铝塑复合管卡套管件	个	—	(14.710)	(12.250)	(10.810)	(8.870)	(7.420)	(6.590)
	锯条	根	0.42	0.132	0.158	0.201	0.248	0.295	0.359
	热轧厚钢板 $\delta 8.0 \sim 15$	kg	5.16	0.030	0.032	0.034	0.037	0.039	0.042
	氧气	m³	2.88	0.003	0.003	0.003	0.006	0.006	0.006
	乙炔气	kg	14.66	0.001	0.001	0.001	0.002	0.002	0.002
	低碳钢焊条 J422 D3.2	kg	3.60	0.002	0.002	0.002	0.002	0.002	0.002
	砂子	t	87.03	0.003	0.003	0.003	0.003	0.003	0.001
	硅酸盐水泥 42.5级	kg	0.41	0.690	0.690	0.690	0.690	0.690	0.390
	水	m³	7.62	0.002	0.004	0.007	0.012	0.016	0.026
	橡胶板 $\delta 1 \sim 3$	kg	11.26	0.007	0.008	0.008	0.009	0.010	0.010
	六角螺栓	kg	8.39	0.004	0.004	0.004	0.005	0.005	0.005
	螺纹截止阀 J11T-16 DN20	个	15.30	0.004	0.004	0.004	0.005	0.005	0.005
	焊接钢管 DN20	m	6.32	0.013	0.014	0.015	0.016	0.016	0.017
	橡胶软管 DN20	m	11.10	0.006	0.006	0.007	0.007	0.007	0.008
	弹簧压力表 $0 \sim 1.6$MPa	块	48.67	0.002	0.002	0.002	0.002	0.002	0.003
	压力表弯管 DN15	个	11.36	0.002	0.002	0.002	0.002	0.002	0.003
机械	电焊机(综合)	台班	74.17	0.001	0.001	0.001	0.001	0.002	0.002
	试压泵 3MPa	台班	18.08	0.001	0.001	0.001	0.002	0.002	0.002
	电动单级离心清水泵 D100	台班	34.80	0.001	0.001	0.001	0.001	0.001	0.001

(3)热 熔 连 接

工作内容：打堵洞眼、切管、卷削、组对、预热、熔接,管道及管件安装,水压试验。

单位：10m

编 号			8-239	8-240	8-241	8-242	8-243	8-244
项 目			公称外径（mm以内）					
			20	25	32	40	50	63
预算基价	总 价(元)		**156.26**	**173.92**	**187.77**	**216.40**	**250.45**	**266.72**
	人 工 费(元)		153.90	171.45	184.95	213.30	247.05	263.25
	材 料 费(元)		2.23	2.34	2.69	2.95	3.18	3.25
	机 械 费(元)		0.13	0.13	0.13	0.15	0.22	0.22
组 成 内 容	单位	单价	数 量					
人工	综合工	工日	135.00	1.14	1.27	1.37	1.58	1.83	1.95
材料	铝塑复合管	m	—	(10.160)	(10.160)	(10.160)	(10.160)	(10.160)	(10.160)
	给水室内塑铝稳态管热熔管件	个	—	(15.200)	(12.250)	(10.810)	(8.870)	(7.420)	(6.590)
	锯条	根	0.42	0.132	0.158	0.201	0.248	0.295	0.359
	铁砂布	张	1.56	0.053	0.066	0.070	0.116	0.151	0.203
	电	kW·h	0.73	1.245	1.289	1.663	1.738	1.877	1.996
	热轧厚钢板 δ8.0～15	kg	5.16	0.030	0.032	0.034	0.037	0.039	0.042
	氧气	m³	2.88	0.003	0.003	0.003	0.006	0.006	0.006
	乙炔气	kg	14.66	0.001	0.001	0.001	0.002	0.002	0.002
	低碳钢焊条 J422 D3.2	kg	3.60	0.002	0.002	0.002	0.002	0.002	0.002
	砂子	t	87.03	0.003	0.003	0.003	0.003	0.003	0.001
	硅酸盐水泥 42.5级	kg	0.41	0.690	0.690	0.690	0.690	0.690	0.390
	水	m³	7.62	0.002	0.004	0.007	0.012	0.016	0.026
	橡胶板 δ1～3	kg	11.26	0.007	0.008	0.008	0.009	0.010	0.010
	六角螺栓	kg	8.39	0.004	0.004	0.004	0.005	0.005	0.005
	螺纹截止阀 J11T-16 DN20	个	15.30	0.004	0.004	0.004	0.005	0.005	0.005
	焊接钢管 DN20	m	6.32	0.013	0.014	0.015	0.016	0.016	0.017
	橡胶软管 DN20	m	11.10	0.006	0.006	0.007	0.007	0.007	0.008
	弹簧压力表 0～1.6MPa	块	48.67	0.002	0.002	0.002	0.002	0.002	0.003
	压力表弯管 DN15	个	11.36	0.002	0.002	0.002	0.002	0.002	0.003
机械	电焊机（综合）	台班	74.17	0.001	0.001	0.001	0.001	0.002	0.002
	试压泵 3MPa	台班	18.08	0.001	0.001	0.001	0.002	0.002	0.002
	电动单级离心清水泵 D100	台班	34.80	0.001	0.001	0.001	0.001	0.001	0.001

工作内容: 打堵洞眼、切管、卷削、组对、预热、熔接,管道及管件安装,水压试验。

单位:10m

编　号			8-245	8-246	8-247	8-248	8-249
项　目			公称外径(mm以内)				
			75	90	110	125	160
预算基价	总　　　价(元)		**276.19**	**300.90**	**311.75**	**347.37**	**363.76**
	人　工　费(元)		271.35	295.65	306.45	326.70	338.85
	材　料　费(元)		4.62	5.00	5.05	4.36	4.56
	机　械　费(元)		0.22	0.25	0.25	16.31	20.35
组　成　内　容		单位	单价	数　量			
人工	综合工	工日	135.00	2.01	2.19	2.27	2.42	2.51
材料	铝塑复合管	m	—	(10.160)	(10.160)	(10.160)	(10.160)	(10.160)
	给水室内塑铝稳态管热熔管件	个	—	(6.030)	(3.950)	(3.080)	(1.580)	(1.340)
	锯条	根	0.42	0.547	0.608	0.690	—	—
	铁砂布	张	1.56	0.210	0.226	0.229	0.240	0.254
	电	kW·h	0.73	2.333	2.511	2.635	0.454	0.612
	热轧厚钢板 $\delta 8.0 \sim 15$	kg	5.16	0.044	0.047	0.049	0.073	0.110
	氧气	m³	2.88	0.006	0.006	0.006	0.006	0.006
	乙炔气	kg	14.66	0.002	0.002	0.002	0.002	0.002
	低碳钢焊条 J422 D3.2	kg	3.60	0.002	0.003	0.003	0.003	0.003
	水	m³	7.62	0.044	0.061	0.106	0.164	0.229
	砂子	t	87.03	0.006	0.006	0.003	0.006	0.003
	硅酸盐水泥 42.5级	kg	0.41	1.430	1.490	0.990	1.740	0.630
	橡胶板 $\delta 1 \sim 3$	kg	11.26	0.011	0.011	0.012	0.014	0.016
	六角螺栓	kg	8.39	0.006	0.006	0.006	0.008	0.012
	螺纹截止阀 J11T-16 DN20	个	15.30	0.005	0.006	0.006	0.006	0.007
	焊接钢管 DN20	m	6.32	0.019	0.020	0.021	0.022	0.023
	橡胶软管 DN20	m	11.10	0.008	0.008	0.009	0.009	0.010
	弹簧压力表 0~1.6MPa	块	48.67	0.003	0.003	0.003	0.003	0.003
	压力表弯管 DN15	个	11.36	0.003	0.003	0.003	0.003	0.003
机械	载货汽车 5t	台班	443.55	—	—	—	0.004	0.005
	吊装机械(综合)	台班	664.97	—	—	—	0.012	0.017
	管子切断机 D250	台班	43.71	—	—	—	0.030	0.033
	热熔对接焊机 160mm	台班	17.71	—	—	—	0.279	0.283
	电焊机(综合)	台班	74.17	0.002	0.002	0.002	0.002	0.002
	试压泵 3MPa	台班	18.08	0.002	0.002	0.002	0.003	0.003
	电动单级离心清水泵 D100	台班	34.80	0.001	0.002	0.002	0.003	0.005

46

6.钢骨架塑料复合管（电熔连接）

工作内容： 打堵洞眼、切管、打磨、组对、熔接，管道及管件安装，水压试验。

单位：10m

编　号				8-250	8-251	8-252	8-253	8-254	8-255
项　目				公称外径（mm以内）					
				20	25	32	40	50	63
预算基价	总　　价（元）			**167.29**	**184.23**	**202.62**	**238.04**	**265.66**	**291.96**
	人　工　费（元）			160.65	175.50	191.70	225.45	252.45	278.10
	材　料　费（元）			1.67	1.83	2.39	2.86	3.03	3.47
	机　械　费（元）			4.97	6.90	8.53	9.73	10.18	10.39
组　成　内　容		单位	单价	数　　量					
人工	综合工	工日	135.00	1.19	1.30	1.42	1.67	1.87	2.06
材料	复合管	m	—	(10.160)	(10.160)	(10.160)	(10.160)	(10.160)	(10.160)
	给水室内钢骨架塑料复合管电熔管件	个	—	(15.200)	(12.250)	(10.810)	(8.870)	(7.420)	(6.590)
	锯条	根	0.42	0.144	0.173	0.220	0.270	0.322	0.391
	尼龙砂轮片 $D400$	片	15.64	0.020	0.025	0.056	0.072	0.075	0.104
	铁砂布	张	1.56	0.053	0.066	0.070	0.116	0.151	0.203
	热轧厚钢板 $\delta 8.0\sim15$	kg	5.16	0.030	0.032	0.034	0.037	0.039	0.042
	氧气	m³	2.88	0.003	0.003	0.003	0.006	0.006	0.006
	乙炔气	kg	14.66	0.001	0.001	0.001	0.002	0.002	0.002
	低碳钢焊条 J422 $D3.2$	kg	3.60	0.002	0.002	0.002	0.002	0.002	0.002
	砂子	t	87.03	0.003	0.003	0.003	0.003	0.003	0.001
	硅酸盐水泥 42.5级	kg	0.41	0.690	0.690	0.690	0.690	0.690	0.390
	水	m³	7.62	0.002	0.004	0.007	0.012	0.016	0.026
	橡胶板 $\delta 1\sim3$	kg	11.26	0.007	0.008	0.008	0.009	0.010	0.010
	六角螺栓	kg	8.39	0.004	0.004	0.004	0.005	0.005	0.005
	螺纹阀门 $DN20$	个	22.72	0.004	0.004	0.004	0.005	0.005	0.005
	焊接钢管 $DN20$	m	6.32	0.013	0.014	0.015	0.016	0.016	0.017
	橡胶软管 $DN20$	m	11.10	0.006	0.006	0.007	0.007	0.007	0.008
	弹簧压力表 0~1.6MPa	块	48.67	0.002	0.002	0.002	0.002	0.002	0.003
	压力表弯管 $DN15$	个	11.36	0.002	0.002	0.002	0.002	0.002	0.003
机械	砂轮切割机 $D400$	台班	32.78	0.005	0.008	0.016	0.025	0.028	0.030
	电熔焊接机 3.5kW	台班	35.19	0.133	0.185	0.224	0.249	0.257	0.261
	电焊机（综合）	台班	74.17	0.001	0.001	0.001	0.001	0.002	0.002
	试压泵 3MPa	台班	18.08	0.001	0.001	0.001	0.002	0.002	0.002
	电动单级离心清水泵 $D100$	台班	34.80	0.001	0.001	0.001	0.001	0.001	0.001

工作内容：打堵洞眼、切管、打磨、组对、熔接，管道及管件安装，水压试验。

单位：10m

编　号			8-256	8-257	8-258	8-259	8-260
项　目			公称外径(mm以内)				
			75	90	110	125	160
预算基价	总　　　价(元)		**298.94**	**326.62**	**340.45**	**368.16**	**393.94**
	人　工　费(元)		283.50	310.50	324.00	342.90	364.50
	材　料　费(元)		4.81	5.15	5.24	4.07	4.14
	机　械　费(元)		10.63	10.97	11.21	21.19	25.30
组　成　内　容		单位	单价	数　　　量			
人工	综合工	工日	135.00	2.10	2.30	2.40	2.54	2.70
材料	复合管	m	—	(10.160)	(10.160)	(10.160)	(10.160)	(10.160)
	给水室内钢骨架塑料复合管电熔管件	个	—	(6.030)	(3.950)	(3.080)	(2.680)	(2.320)
	锯条	根	0.42	0.602	0.669	0.759	—	—
	尼龙砂轮片 D400	片	15.64	0.117	0.122	0.131	—	—
	铁砂布	张	1.56	0.210	0.226	0.229	0.240	0.254
	热轧厚钢板 δ8.0～15	kg	5.16	0.044	0.047	0.049	0.073	0.110
	氧气	m³	2.88	0.006	0.006	0.006	0.006	0.006
	乙炔气	kg	14.66	0.002	0.002	0.002	0.002	0.002
	低碳钢焊条 J422 D3.2	kg	3.60	0.002	0.003	0.003	0.003	0.003
	砂子	t	87.03	0.006	0.006	0.003	0.006	0.003
	硅酸盐水泥 42.5级	kg	0.41	1.430	1.490	0.990	1.740	0.630
	水	m³	7.62	0.044	0.061	0.106	0.164	0.229
	橡胶板 δ1～3	kg	11.26	0.011	0.011	0.012	0.014	0.016
	六角螺栓	kg	8.39	0.006	0.006	0.006	0.008	0.012
	螺纹阀门 DN20	个	22.72	0.005	0.006	0.006	0.006	0.006
	焊接钢管 DN20	m	6.32	0.019	0.020	0.021	0.022	0.023
	橡胶软管 DN20	m	11.10	0.008	0.008	0.009	0.009	0.010
	弹簧压力表 0～1.6MPa	块	48.67	0.003	0.003	0.003	0.003	0.003
	压力表弯管 DN15	个	11.36	0.003	0.003	0.003	0.003	0.003
机械	载货汽车 5t	台班	443.55	—	—	—	0.004	0.005
	吊装机械（综合）	台班	664.97	—	—	—	0.012	0.017
	砂轮切割机 D400	台班	32.78	0.033	0.036	0.040	—	—
	管子切断机 D250	台班	43.71	—	—	—	0.030	0.033
	电焊机（综合）	台班	74.17	0.002	0.002	0.002	0.002	0.002
	电熔焊接机 3.5kW	台班	35.19	0.265	0.271	0.274	0.279	0.283
	试压泵 3MPa	台班	18.08	0.002	0.002	0.002	0.003	0.003
	电动单级离心清水泵 D100	台班	34.80	0.001	0.002	0.002	0.003	0.005

48

7.不锈钢管
(1)薄壁不锈钢管（卡压连接）

工作内容：打堵洞眼、调直、切管、管道及管件安装,水压试验。

单位：10m

编　号			8-261	8-262	8-263	8-264	8-265	8-266	8-267	8-268	8-269
项　目			公称直径（mm以内）								
			15	20	25	32	40	50	65	80	100
预算基价	总　　　价（元）		**151.43**	**166.51**	**182.93**	**190.85**	**209.51**	**227.37**	**243.98**	**254.11**	**297.62**
	人　工　费（元）		147.15	162.00	176.85	183.60	201.15	216.00	229.50	236.25	272.70
	材　料　费（元）		2.27	2.46	3.27	3.66	3.96	4.18	5.52	5.92	6.26
	机　械　费（元）		2.01	2.05	2.81	3.59	4.40	7.19	8.96	11.94	18.66
组 成 内 容	单位	单价	数　　　量								
人工 综合工	工日	135.00	1.09	1.20	1.31	1.36	1.49	1.60	1.70	1.75	2.02
材料 薄壁不锈钢管	m	—	(9.860)	(9.860)	(9.860)	(9.860)	(9.940)	(9.870)	(9.870)	(9.870)	(9.870)
给水室内不锈钢管卡压管件	个	—	(13.410)	(11.160)	(10.750)	(9.370)	(7.520)	(6.330)	(5.260)	(4.630)	(4.150)
树脂砂轮切割片 D400	片	9.69	0.038	0.045	0.075	0.089	0.101	0.120	0.137	0.145	0.158
镀锌钢丝 D2.8～4.0	kg	6.91	0.040	0.045	0.068	0.075	0.079	0.083	0.085	0.089	0.101
破布	kg	5.07	0.080	0.090	0.150	0.167	0.187	0.213	0.238	0.255	0.298
热轧厚钢板 δ8.0～15	kg	5.16	0.030	0.032	0.034	0.037	0.039	0.042	0.044	0.047	0.049
氧气	m³	2.88	0.003	0.003	0.003	0.006	0.006	0.006	0.006	0.006	0.006
乙炔气	kg	14.66	0.001	0.001	0.001	0.002	0.002	0.002	0.002	0.002	0.002
低碳钢焊条 J422 D3.2	kg	3.60	0.002	0.002	0.002	0.002	0.002	0.002	0.002	0.003	0.003
砂子	t	87.03	0.003	0.003	0.003	0.003	0.003	0.001	0.006	0.006	0.003
硅酸盐水泥 42.5级	kg	0.41	0.690	0.690	0.690	0.690	0.690	0.390	1.430	1.490	0.990
水	m³	7.62	0.002	0.004	0.007	0.012	0.016	0.026	0.044	0.061	0.106
橡胶板 δ1～3	kg	11.26	0.007	0.008	0.008	0.009	0.010	0.010	0.011	0.011	0.012
六角螺栓	kg	8.39	0.004	0.004	0.004	0.005	0.005	0.005	0.006	0.006	0.006
螺纹阀门 DN20	个	22.72	0.004	0.004	0.004	0.005	0.005	0.005	0.005	0.006	0.006
焊接钢管 DN20	m	6.32	0.013	0.014	0.015	0.016	0.016	0.017	0.019	0.020	0.021
橡胶软管 DN20	m	11.10	0.006	0.006	0.007	0.007	0.007	0.008	0.008	0.008	0.009
弹簧压力表 0～1.6MPa	块	48.67	0.002	0.002	0.002	0.002	0.002	0.003	0.003	0.003	0.003
压力表弯管 DN15	个	11.36	0.002	0.002	0.002	0.002	0.002	0.003	0.003	0.003	0.003
机械 载货汽车 5t	台班	443.55	—	—	—	—	—	0.003	0.004	0.006	0.009
吊装机械（综合）	台班	664.97	0.002	0.002	0.003	0.004	0.005	0.007	0.009	0.012	0.020
砂轮切割机 D400	台班	32.78	0.017	0.018	0.021	0.024	0.026	0.030	0.030	0.032	0.034
电焊机（综合）	台班	74.17	0.001	0.001	0.001	0.001	0.002	0.002	0.002	0.002	0.002
试压泵 3MPa	台班	18.08	0.001	0.001	0.001	0.002	0.002	0.002	0.002	0.002	0.002
电动单级离心清水泵 D100	台班	34.80	0.001	0.001	0.001	0.001	0.001	0.001	0.001	0.002	0.002

（2）薄壁不锈钢管（卡套连接）

工作内容：打堵洞眼、调直、切管、管道及管件安装，水压试验。

单位：10m

编　号			8-270	8-271	8-272	8-273	8-274	8-275	8-276	8-277	8-278
项　目			公称直径（mm以内）								
			15	20	25	32	40	50	65	80	100
预算基价	总　　　价（元）		**144.68**	**151.66**	**166.73**	**183.42**	**196.01**	**220.62**	**230.48**	**240.61**	**281.42**
	人　工　费（元）		140.40	147.15	160.65	175.50	187.65	209.25	216.00	222.75	256.50
	材　料　费（元）		2.27	2.46	3.27	3.66	3.96	4.18	5.52	5.92	6.26
	机　械　费（元）		2.01	2.05	2.81	4.26	4.40	7.19	8.96	11.94	18.66
组 成 内 容	单位	单价	数　　　　量								
人工 综合工	工日	135.00	1.04	1.09	1.19	1.30	1.39	1.55	1.60	1.65	1.90
材料 薄壁不锈钢管	m	—	(9.860)	(9.860)	(9.860)	(9.860)	(9.940)	(9.870)	(9.870)	(9.870)	(9.870)
给水室内不锈钢管卡套管件	个	—	(13.410)	(11.160)	(10.750)	(9.370)	(7.520)	(6.330)	(5.260)	(4.630)	(4.150)
树脂砂轮切割片 D400	片	9.69	0.038	0.045	0.075	0.089	0.101	0.120	0.137	0.145	0.158
镀锌钢丝 D2.8～4.0	kg	6.91	0.040	0.045	0.068	0.075	0.079	0.083	0.085	0.089	0.101
破布	kg	5.07	0.080	0.090	0.150	0.167	0.187	0.213	0.238	0.255	0.298
热轧厚钢板 δ8.0～15	kg	5.16	0.030	0.032	0.034	0.037	0.039	0.042	0.044	0.047	0.049
氧气	m³	2.88	0.003	0.003	0.003	0.006	0.006	0.006	0.006	0.006	0.006
乙炔气	kg	14.66	0.001	0.001	0.001	0.002	0.002	0.002	0.002	0.002	0.002
低碳钢焊条 J422 D3.2	kg	3.60	0.002	0.002	0.002	0.002	0.002	0.002	0.002	0.003	0.003
砂子	t	87.03	0.003	0.003	0.003	0.003	0.003	0.001	0.006	0.006	0.003
硅酸盐水泥 42.5级	kg	0.41	0.690	0.690	0.690	0.690	0.690	0.390	1.430	1.490	0.990
水	m³	7.62	0.002	0.004	0.007	0.012	0.016	0.026	0.044	0.061	0.106
橡胶板 δ1～3	kg	11.26	0.007	0.008	0.008	0.009	0.010	0.010	0.011	0.011	0.012
六角螺栓	kg	8.39	0.004	0.004	0.004	0.005	0.005	0.005	0.006	0.006	0.006
螺纹阀门 DN20	个	22.72	0.004	0.004	0.004	0.005	0.005	0.005	0.005	0.006	0.006
焊接钢管 DN20	m	6.32	0.013	0.014	0.015	0.016	0.016	0.017	0.019	0.020	0.021
橡胶软管 DN20	m	11.10	0.006	0.006	0.007	0.007	0.007	0.008	0.008	0.008	0.009
弹簧压力表 0～1.6MPa	块	48.67	0.002	0.002	0.002	0.002	0.002	0.003	0.003	0.003	0.003
压力表弯管 DN15	个	11.36	0.002	0.002	0.002	0.002	0.002	0.003	0.003	0.003	0.003
机械 载货汽车 5t	台班	443.55	—	—	—	—	—	0.003	0.004	0.006	0.009
吊装机械（综合）	台班	664.97	0.002	0.002	0.003	0.005	0.005	0.007	0.009	0.012	0.020
砂轮切割机 D400	台班	32.78	0.017	0.018	0.021	0.024	0.026	0.030	0.030	0.032	0.034
电焊机（综合）	台班	74.17	0.001	0.001	0.001	0.001	0.002	0.002	0.002	0.002	0.002
试压泵 3MPa	台班	18.08	0.001	0.001	0.001	0.002	0.002	0.002	0.002	0.002	0.002
电动单级离心清水泵 D100	台班	34.80	0.001	0.001	0.001	0.001	0.001	0.001	0.001	0.002	0.002

（3）薄壁不锈钢管（承插氩弧焊）

工作内容： 打堵洞眼、调直、切管、组对、焊接，管道及管件安装，水压试验。

单位：10m

编 号			8-279	8-280	8-281	8-282	8-283	8-284	8-285	8-286	8-287
项 目			公称直径（mm以内）								
			15	20	25	32	40	50	65	80	100
预算基价	总 价（元）		**176.71**	**199.22**	**223.33**	**236.91**	**271.72**	**289.49**	**306.52**	**335.23**	**374.24**
	人 工 费（元）		145.80	159.30	179.55	190.35	222.75	234.90	244.35	264.60	291.60
	材 料 费（元）		12.87	16.85	18.41	19.64	20.67	21.48	24.58	26.98	29.15
	机 械 费（元）		18.04	23.07	25.37	26.92	28.30	33.11	37.59	43.65	53.49
组 成 内 容	单位	单价	数 量								
人工 综合工	工日	135.00	1.08	1.18	1.33	1.41	1.65	1.74	1.81	1.96	2.16
材料 薄壁不锈钢管	m	—	(9.860)	(9.860)	(9.860)	(9.860)	(9.940)	(9.870)	(9.870)	(9.870)	(9.870)
给水室内薄壁不锈钢管承插氩弧焊管件	个	—	(13.410)	(11.160)	(10.750)	(9.370)	(7.520)	(6.330)	(5.260)	(4.630)	(4.150)
树脂砂轮切割片 D400	片	9.69	0.072	0.073	0.075	0.089	0.101	0.120	0.131	0.138	0.144
尼龙砂轮片 D100×16×3	片	3.92	0.188	0.263	0.283	0.315	0.334	0.375	0.437	0.462	0.495
氩气	m³	18.60	0.165	0.230	0.243	0.251	0.258	0.262	0.284	0.315	0.338
铈钨棒	g	16.37	0.330	0.460	0.486	0.502	0.516	0.524	0.568	0.630	0.676
镀锌钢丝 D2.8～4.0	kg	6.91	0.040	0.045	0.068	0.075	0.079	0.083	0.085	0.089	0.101
破布	kg	5.07	0.080	0.090	0.150	0.167	0.187	0.213	0.238	0.255	0.298
丙酮	kg	9.89	0.108	0.129	0.157	0.188	0.218	0.241	0.285	0.318	0.377
热轧厚钢板 δ8.0～15	kg	5.16	0.030	0.032	0.034	0.037	0.039	0.042	0.044	0.047	0.049
氧气	m³	2.88	0.003	0.003	0.003	0.006	0.006	0.006	0.006	0.006	0.006
乙炔气	kg	14.66	0.001	0.001	0.001	0.002	0.002	0.002	0.002	0.002	0.002

单位：10m

编　号			8-279	8-280	8-281	8-282	8-283	8-284	8-285	8-286	8-287
项　目			公称直径（mm以内）								
			15	20	25	32	40	50	65	80	100
组　成　内　容	单位	单价	数　　量								
材料	低碳钢焊条 J422 D3.2	kg	3.60	0.002	0.002	0.002	0.002	0.002	0.002	0.002	0.003	0.003
	砂子	t	87.03	0.003	0.003	0.003	0.003	0.003	0.001	0.006	0.006	0.003
	硅酸盐水泥 42.5级	kg	0.41	0.690	0.690	0.690	0.690	0.690	0.390	1.430	1.490	0.990
	水	m³	7.62	0.002	0.004	0.007	0.012	0.016	0.026	0.044	0.061	0.106
	橡胶板 δ1～3	kg	11.26	0.007	0.008	0.008	0.009	0.010	0.010	0.011	0.011	0.012
	六角螺栓	kg	8.39	0.004	0.004	0.004	0.005	0.005	0.005	0.006	0.006	0.006
	螺纹阀门 DN20	个	22.72	0.004	0.004	0.004	0.005	0.005	0.005	0.005	0.006	0.006
	焊接钢管 DN20	m	6.32	0.013	0.014	0.015	0.016	0.016	0.017	0.019	0.020	0.021
	橡胶软管 DN20	m	11.10	0.006	0.006	0.007	0.007	0.007	0.008	0.008	0.008	0.009
	弹簧压力表 0～1.6MPa	块	48.67	0.002	0.002	0.002	0.002	0.002	0.003	0.003	0.003	0.003
	压力表弯管 DN15	个	11.36	0.002	0.002	0.002	0.002	0.002	0.003	0.003	0.003	0.003
机械	载货汽车 5t	台班	443.55	—	—	—	—	—	0.003	0.004	0.006	0.013
	吊装机械（综合）	台班	664.97	0.002	0.002	0.003	0.004	0.005	0.007	0.009	0.012	0.020
	砂轮切割机 D400	台班	32.78	0.017	0.018	0.021	0.024	0.026	0.030	0.030	0.032	0.034
	氩弧焊机 500A	台班	96.11	0.159	0.211	0.227	0.235	0.241	0.262	0.284	0.316	0.330
	电焊机（综合）	台班	74.17	0.011	0.011	0.011	0.011	0.012	0.012	0.020	0.020	0.020
	试压泵 3MPa	台班	18.08	0.001	0.001	0.001	0.002	0.002	0.002	0.002	0.002	0.002
	电动单级离心清水泵 D100	台班	34.80	0.001	0.001	0.001	0.001	0.001	0.001	0.001	0.002	0.002

(4) 不锈钢管（螺纹连接）

工作内容： 打堵洞眼、调直、切管、套丝、组对、连接，管道及管件安装，水压试验。　　　　　　　　　　　　　　　单位：10m

编　号			8-288	8-289	8-290	8-291	8-292	8-293	8-294	8-295	8-296
项　目			公称直径(mm以内)								
			15	20	25	32	40	50	65	80	100
预算基价	总　　价(元)		**255.07**	**269.08**	**324.37**	**349.30**	**357.89**	**385.97**	**411.05**	**433.91**	**539.99**
	人　工　费(元)		234.90	245.70	295.65	317.25	324.00	348.30	368.55	386.10	438.75
	材　料　费(元)		14.98	17.55	21.25	22.27	22.78	23.48	26.44	28.42	30.59
	机　械　费(元)		5.19	5.83	7.47	9.78	11.11	14.19	16.06	19.39	70.65
组　成　内　容	单位	单价	数　　　量								
人工 综合工	工日	135.00	1.74	1.82	2.19	2.35	2.40	2.58	2.73	2.86	3.25
不锈钢管	m	—	(9.920)	(9.920)	(9.920)	(9.920)	(10.020)	(10.020)	(10.020)	(10.020)	(10.020)
给水室内不锈钢管螺纹管件	个	—	(14.490)	(12.100)	(11.400)	(9.830)	(7.860)	(6.610)	(5.260)	(4.630)	(4.150)
树脂砂轮切割片 D400	片	9.69	0.046	0.054	0.090	0.107	0.121	0.144	0.164	0.174	0.190
聚四氟乙烯生料带 δ20	m	1.15	10.980	13.040	15.500	16.020	16.190	16.580	17.950	19.310	20.880
镀锌钢丝 D2.8~4.0	kg	6.91	0.040	0.045	0.068	0.075	0.079	0.083	0.085	0.089	0.101
破布	kg	5.07	0.080	0.090	0.150	0.167	0.187	0.213	0.238	0.255	0.298
热轧厚钢板 δ8.0~15	kg	5.16	0.030	0.032	0.034	0.037	0.039	0.042	0.044	0.047	0.049
氧气	m³	2.88	0.003	0.003	0.003	0.006	0.006	0.006	0.006	0.006	0.006
乙炔气	kg	14.66	0.001	0.001	0.001	0.002	0.002	0.002	0.002	0.002	0.002
碳钢电焊条 E4303 D3.2	kg	7.59	0.002	0.002	0.002	0.002	0.002	0.002	0.002	0.003	0.003
砂子	t	87.03	0.003	0.003	0.003	0.003	0.003	0.001	0.006	0.006	0.003
硅酸盐水泥 42.5级	kg	0.41	0.690	0.690	0.690	0.690	0.690	0.390	1.430	1.490	0.990
水	m³	7.62	0.002	0.004	0.007	0.012	0.016	0.026	0.044	0.061	0.106
橡胶板 δ1~3	kg	11.26	0.007	0.008	0.008	0.009	0.010	0.010	0.011	0.011	0.012
六角螺栓	kg	8.39	0.004	0.004	0.004	0.005	0.005	0.005	0.006	0.006	0.006
螺纹阀门 DN20	个	22.72	0.004	0.004	0.004	0.005	0.005	0.005	0.005	0.006	0.006
焊接钢管 DN20	m	6.32	0.013	0.014	0.015	0.016	0.016	0.017	0.019	0.020	0.021
橡胶软管 DN20	m	11.10	0.006	0.006	0.007	0.007	0.007	0.008	0.008	0.008	0.009
弹簧压力表 0~1.6MPa	块	48.67	0.002	0.002	0.002	0.002	0.002	0.003	0.003	0.003	0.003
压力表弯管 DN15	个	11.36	0.002	0.002	0.002	0.002	0.002	0.003	0.003	0.003	0.003
载货汽车 5t	台班	443.55	—	—	—	—	—	0.003	0.004	0.006	0.013
吊装机械（综合）	台班	664.97	0.002	0.002	0.003	0.004	0.005	0.007	0.009	0.012	0.084
砂轮切割机 D400	台班	32.78	0.020	0.022	0.025	0.029	0.031	0.037	0.036	0.038	0.041
管子切断套丝机 D159	台班	21.98	0.140	0.166	0.206	0.274	0.298	0.308	0.314	0.330	0.338
电焊机（综合）	台班	74.17	0.001	0.001	0.001	0.001	0.002	0.002	0.002	0.002	0.002
试压泵 3MPa	台班	18.08	0.001	0.001	0.001	0.002	0.002	0.002	0.002	0.002	0.002
电动单级离心清水泵 D100	台班	34.80	0.001	0.001	0.001	0.001	0.001	0.001	0.001	0.002	0.002

（5）不锈钢管（对接电弧焊）

工作内容： 打堵洞眼、调直、切管、坡口、组对、焊接、焊缝酸洗、钝化，管道及管件安装，水压试验。

单位：10m

编　　号			8-297	8-298	8-299	8-300	8-301	8-302
项　　目			\multicolumn{6} 公称直径（mm以内）					
			15	20	25	32	40	50
预算基价	总　　价（元）		**202.98**	**211.72**	**255.63**	**270.85**	**291.96**	**365.01**
	人 工 费（元）		179.55	187.65	226.80	238.95	251.10	303.75
	材 料 费（元）		14.74	15.31	19.08	20.90	27.55	32.13
	机 械 费（元）		8.69	8.76	9.75	11.00	13.31	29.13
组 成 内 容	单位	单价	\multicolumn{6} 数　　量					
人工 综合工	工日	135.00	1.33	1.39	1.68	1.77	1.86	2.25
材料 不锈钢管	m	—	(9.500)	(9.500)	(9.500)	(9.500)	(9.650)	(9.650)
给水室内不锈钢管焊接管件	个	—	(12.340)	(10.070)	(9.730)	(8.340)	(6.240)	(5.180)
树脂砂轮切割片 D400	片	9.69	0.046	0.054	0.090	0.107	0.121	0.144
尼龙砂轮片 D100×16×3	片	3.92	0.190	0.192	0.228	0.252	0.294	0.574
不锈钢焊条（综合）	kg	51.05	0.194	0.197	0.246	0.267	0.382	0.440
电	kW·h	0.73	0.155	0.157	0.184	0.201	0.260	0.295
镀锌钢丝 D2.8~4.0	kg	6.91	0.040	0.045	0.068	0.075	0.079	0.083
破布	kg	5.07	0.080	0.090	0.150	0.167	0.187	0.213
塑料布	m²	1.96	0.550	0.591	0.628	0.673	0.692	0.702
丙酮	kg	9.89	0.039	0.045	0.054	0.062	0.078	0.089
酸洗膏	kg	9.60	0.018	0.024	0.033	0.038	0.044	0.056
热轧厚钢板 δ8.0~15	kg	5.16	0.030	0.032	0.034	0.037	0.039	0.042
氧气	m³	2.88	0.003	0.003	0.003	0.006	0.006	0.006
乙炔气	kg	14.66	0.001	0.001	0.001	0.002	0.002	0.002

续前

单位：10m

编　号			8-297	8-298	8-299	8-300	8-301	8-302
项　目			公称直径（mm以内）					
			15	20	25	32	40	50
组 成 内 容	单位	单价	数　　量					
低碳钢焊条 J422 D3.2	kg	3.60	0.002	0.002	0.002	0.002	0.002	0.002
砂子	t	87.03	0.003	0.003	0.003	0.003	0.003	0.001
硅酸盐水泥 42.5级	kg	0.41	0.690	0.690	0.690	0.690	0.690	0.390
水	m³	7.62	0.002	0.004	0.007	0.012	0.016	0.026
橡胶板 δ1～3	kg	11.26	0.007	0.008	0.008	0.009	0.010	0.010
六角螺栓	kg	8.39	0.004	0.004	0.004	0.005	0.005	0.005
螺纹阀门 DN20	个	22.72	0.004	0.004	0.004	0.005	0.005	0.005
焊接钢管 DN20	m	6.32	0.013	0.014	0.015	0.016	0.016	0.017
橡胶软管 DN20	m	11.10	0.006	0.006	0.007	0.007	0.007	0.008
弹簧压力表 0～1.6MPa	块	48.67	0.002	0.002	0.002	0.002	0.002	0.003
压力表弯管 DN15	个	11.36	0.002	0.002	0.002	0.002	0.002	0.003
载货汽车 5t	台班	443.55	—	—	—	—	—	0.003
吊装机械（综合）	台班	664.97	0.002	0.002	0.003	0.004	0.005	0.007
砂轮切割机 D400	台班	32.78	0.020	0.022	0.025	0.029	0.031	0.037
电动空气压缩机 6m³	台班	217.48	0.002	0.002	0.002	0.002	0.002	0.002
电焊机（综合）	台班	74.17	0.075	0.075	0.078	0.084	0.103	0.260
电焊条烘干箱 600×500×750	台班	27.16	0.008	0.008	0.008	0.008	0.010	0.026
电焊条恒温箱 600×500×750	台班	55.04	0.008	0.008	0.008	0.008	0.010	0.026
试压泵 3MPa	台班	18.08	0.001	0.001	0.001	0.002	0.002	0.002
电动单级离心清水泵 D100	台班	34.80	0.001	0.001	0.001	0.001	0.001	0.001

材料、机械为表格左侧分类标注。

工作内容：打堵洞眼、调直、切管、坡口、组对、焊接、焊缝酸洗、钝化，管道及管件安装，水压试验。　　　　　　　　　　　　单位：10m

编　号			8-303	8-304	8-305	8-306	8-307	8-308
项　目			公称直径(mm以内)					
			65	80	100	125	150	200
预算基价	总　　　价(元)		**411.96**	**453.78**	**567.74**	**665.82**	**752.10**	**946.27**
	人　工　费(元)		338.85	371.25	426.60	442.80	487.35	592.65
	材　料　费(元)		36.02	38.96	42.70	47.69	73.78	100.71
	机　械　费(元)		37.09	43.57	98.44	175.33	190.97	252.91
组 成 内 容		单位	单价	数　　　量				
人工	综合工	工日	135.00	2.51	2.75	3.16	3.28	3.61	4.39
材料	不锈钢管	m	—	(9.650)	(9.650)	(9.650)	(9.650)	(9.650)	(9.650)
	给水室内不锈钢管焊接管件	个	—	(4.000)	(3.390)	(2.990)	(2.330)	(1.900)	(1.680)
	树脂砂轮切割片 *D*400	片	9.69	0.164	0.174	0.190	—	—	—
	尼龙砂轮片 *D*100×16×3	片	3.92	0.607	0.613	0.624	0.683	0.746	0.831
	不锈钢焊条（综合）	kg	51.05	0.480	0.520	0.576	0.674	1.180	1.631
	电	kW·h	0.73	0.316	0.396	0.403	0.430	0.508	0.712
	镀锌钢丝 *D*2.8~4.0	kg	6.91	0.085	0.089	0.101	0.107	0.112	0.131
	破布	kg	5.07	0.238	0.255	0.298	0.323	0.340	0.408
	塑料布	m²	1.96	0.714	0.735	0.774	0.801	0.832	0.913
	丙酮	kg	9.89	0.112	0.134	0.165	0.176	0.182	0.215
	酸洗膏	kg	9.60	0.064	0.079	0.087	0.096	0.113	0.146
	热轧厚钢板 δ8.0~15	kg	5.16	0.044	0.047	0.049	0.073	0.011	0.148
	氧气	m³	2.88	0.006	0.006	0.006	0.006	0.006	0.006
	乙炔气	kg	14.66	0.002	0.002	0.002	0.002	0.002	0.002
	低碳钢焊条 J422 *D*3.2	kg	3.60	0.002	0.003	0.003	0.003	0.003	0.003

单位：10m

编　号			8-303	8-304	8-305	8-306	8-307	8-308
项　目			公称直径(mm以内)					
			65	80	100	125	150	200
组 成 内 容	单位	单价	数　　量					
材料	砂子	t	87.03	0.006	0.006	0.003	0.006	0.003	0.003
	硅酸盐水泥 42.5级	kg	0.41	1.430	1.490	0.990	1.740	0.630	0.630
	水	m³	7.62	0.044	0.061	0.106	0.164	0.229	0.404
	橡胶板 δ1～3	kg	11.26	0.011	0.011	0.012	0.014	0.016	0.018
	六角螺栓	kg	8.39	0.006	0.006	0.006	0.008	0.012	0.018
	螺纹阀门 DN20	个	22.72	0.005	0.006	0.006	0.006	0.006	0.007
	焊接钢管 DN20	m	6.32	0.019	0.020	0.021	0.020	0.023	0.024
	橡胶软管 DN20	m	11.10	0.008	0.008	0.009	0.009	0.010	0.010
	弹簧压力表 0～1.6MPa	块	48.67	0.003	0.003	0.003	0.003	0.003	0.003
	压力表弯管 DN15	个	11.36	0.003	0.003	0.003	0.003	0.003	0.003
机械	载货汽车 5t	台班	443.55	0.004	0.006	0.013	0.016	0.022	0.040
	吊装机械（综合）	台班	664.97	0.009	0.012	0.084	0.117	0.123	0.169
	砂轮切割机 D400	台班	32.78	0.059	0.067	0.074	—	—	—
	等离子切割机 400A	台班	229.27	—	—	—	0.189	0.214	0.272
	电动空气压缩机 1m³	台班	52.31	—	—	—	0.189	0.214	0.272
	电动空气压缩机 6m³	台班	217.48	0.002	0.002	0.002	0.002	0.002	0.002
	电焊机（综合）	台班	74.17	0.326	0.366	0.411	0.445	0.467	0.552
	电焊条烘干箱 600×500×750	台班	27.16	0.033	0.037	0.041	0.044	0.047	0.055
	电焊条恒温箱 600×500×750	台班	55.04	0.033	0.037	0.041	0.044	0.047	0.055
	试压泵 3MPa	台班	18.08	0.002	0.002	0.002	0.003	0.003	0.003
	电动单级离心清水泵 D100	台班	34.80	0.001	0.002	0.002	0.003	0.005	0.007

8.铜 管

（1）铜管（卡压连接）

工作内容：打堵洞眼、调直、切管、管道及管件安装,水压试验。

单位：10m

编　　号			8-309	8-310	8-311	8-312	8-313	8-314	8-315	8-316	8-317
项　　目			公称外径（mm以内）								
			18	22	28	35	42	54	76	89	108
预算基价	总　　　　价（元）		**140.95**	**151.62**	**163.34**	**170.78**	**177.09**	**187.62**	**201.49**	**215.68**	**254.17**
	人　工　费（元）		135.00	145.80	156.60	163.35	168.75	176.85	187.65	198.45	228.15
	材　料　费（元）		4.49	4.36	4.62	4.62	4.80	4.57	5.86	6.33	6.70
	机　械　费（元）		1.46	1.46	2.12	2.81	3.54	6.20	7.98	10.90	19.32
组 成 内 容		单位	单价	数　　　　量								
人工	综合工	工日	135.00	1.00	1.08	1.16	1.21	1.25	1.31	1.39	1.47	1.69
材料	铜管	m	—	(9.860)	(9.860)	(9.860)	(9.860)	(9.940)	(9.870)	(9.870)	(9.870)	(9.870)
	给水室内铜管卡压管件	个	—	(13.410)	(11.160)	(10.750)	(9.370)	(7.520)	(6.330)	(5.260)	(4.630)	(4.150)
	割管刀片	片	5.19	0.500	0.450	0.400	0.350	0.350	0.300	0.320	0.350	0.380
	镀锌钢丝 D2.8～4.0	kg	6.91	0.040	0.045	0.068	0.075	0.079	0.083	0.085	0.089	0.101
	破布	kg	5.07	0.080	0.090	0.150	0.167	0.187	0.213	0.238	0.255	0.298
	热轧厚钢板 $\delta 8.0\sim15$	kg	5.16	0.030	0.032	0.034	0.037	0.039	0.042	0.044	0.047	0.049
	氧气	m³	2.88	0.003	0.003	0.003	0.006	0.006	0.006	0.006	0.006	0.006
	乙炔气	kg	14.66	0.001	0.001	0.001	0.002	0.002	0.002	0.002	0.002	0.002
	低碳钢焊条 J422 D3.2	kg	3.60	0.002	0.002	0.002	0.002	0.002	0.002	0.002	0.003	0.003
	砂子	t	87.03	0.003	0.003	0.003	0.003	0.003	0.001	0.006	0.006	0.003
	硅酸盐水泥 42.5级	kg	0.41	0.690	0.690	0.690	0.690	0.690	0.390	1.430	1.490	0.990
	水	m³	7.62	0.002	0.004	0.007	0.012	0.016	0.026	0.044	0.061	0.106
	橡胶板 $\delta 1\sim3$	kg	11.26	0.007	0.008	0.008	0.009	0.010	0.010	0.011	0.011	0.012
	六角螺栓	kg	8.39	0.004	0.004	0.004	0.005	0.005	0.005	0.006	0.006	0.006
	螺纹阀门 DN20	个	22.72	0.004	0.004	0.004	0.005	0.005	0.005	0.005	0.006	0.006
	焊接钢管 DN20	m	6.32	0.013	0.014	0.015	0.016	0.016	0.017	0.019	0.020	0.021
	橡胶软管 DN20	m	11.10	0.006	0.006	0.007	0.007	0.007	0.008	0.008	0.008	0.009
	弹簧压力表 0～1.6MPa	块	48.67	0.002	0.002	0.002	0.002	0.002	0.003	0.003	0.003	0.003
	压力表弯管 DN15	个	11.36	0.002	0.002	0.002	0.002	0.002	0.003	0.003	0.003	0.003
机械	载货汽车 5t	台班	443.55	—	—	—	—	—	0.003	0.004	0.006	0.013
	吊装机械（综合）	台班	664.97	0.002	0.002	0.003	0.004	0.005	0.007	0.009	0.012	0.020
	电焊机（综合）	台班	74.17	0.001	0.001	0.001	0.001	0.002	0.002	0.002	0.002	0.002
	试压泵 3MPa	台班	18.08	0.001	0.001	0.001	0.002	0.002	0.002	0.002	0.002	0.002
	电动单级离心清水泵 D100	台班	34.80	0.001	0.001	0.001	0.001	0.001	0.001	0.001	0.002	0.002

(2) 铜管(氧乙炔焊)

工作内容: 打堵洞眼、调直、切管、坡口、焊接、管道及管件安装、水压试验。

单位:10m

编 号				8-318	8-319	8-320	8-321	8-322	8-323	8-324	8-325	8-326
项 目				公称外径(mm以内)								
				18	22	28	35	42	54	76	89	108
预算基价	总 价(元)			**234.31**	**252.46**	**267.70**	**316.97**	**364.20**	**406.38**	**463.19**	**518.91**	**558.91**
	人 工 费(元)			217.35	233.55	244.35	288.90	329.40	363.15	405.00	445.50	465.75
	材 料 费(元)			15.37	17.32	20.97	24.94	30.86	36.50	49.29	61.56	72.82
	机 械 费(元)			1.59	1.59	2.38	3.13	3.94	6.73	8.90	11.85	20.34
组 成 内 容		单位	单价	数 量								
人工	综合工	工日	135.00	1.61	1.73	1.81	2.14	2.44	2.69	3.00	3.30	3.45
材料	铜管	m	—	(9.500)	(9.500)	(9.500)	(9.500)	(9.650)	(9.650)	(9.650)	(9.650)	(9.650)
	给水室内铜管焊接管件	个	—	(12.340)	(10.070)	(9.730)	(8.340)	(6.240)	(5.180)	(4.000)	(3.390)	(2.990)
	锯条	根	0.42	0.082	0.126	0.145	0.164	0.192	0.198	—	—	—
	尼龙砂轮片 D400	片	15.64	0.020	0.023	0.023	0.035	0.040	0.048	0.123	0.128	0.140
	尼龙砂轮片 D100×16×3	片	3.92	0.019	0.024	0.024	0.025	0.038	0.046	0.096	0.102	0.115
	铜焊粉	kg	40.09	0.030	0.040	0.050	0.060	0.080	0.085	0.097	0.110	0.130
	铜气焊丝	kg	46.03	0.174	0.192	0.226	0.250	0.288	0.380	0.520	0.680	0.840
	镀锌钢丝 D2.8~4.0	kg	6.91	0.040	0.045	0.068	0.075	0.079	0.083	0.085	0.089	0.101
	破布	kg	5.07	0.080	0.090	0.150	0.167	0.187	0.213	0.238	0.255	0.298
	热轧厚钢板 δ8.0~15	kg	5.16	0.030	0.032	0.034	0.037	0.039	0.042	0.044	0.047	0.049
	氧气	m³	2.88	0.464	0.544	0.684	0.935	1.314	1.414	1.763	2.316	2.620
	乙炔气	kg	14.66	0.172	0.191	0.243	0.332	0.465	0.515	0.678	0.840	0.960
	低碳钢焊条 J422 D3.2	kg	3.60	0.002	0.002	0.002	0.002	0.002	0.002	0.002	0.003	0.003
	砂子	t	87.03	0.003	0.003	0.003	0.003	0.003	0.001	0.006	0.006	0.003
	硅酸盐水泥 42.5级	kg	0.41	0.690	0.690	0.690	0.690	0.690	0.390	1.430	1.490	0.990
	水	m³	7.62	0.002	0.004	0.007	0.012	0.016	0.026	0.044	0.061	0.106
	橡胶板 δ1~3	kg	11.26	0.007	0.008	0.008	0.009	0.010	0.010	0.011	0.011	0.012
	六角螺栓	kg	8.39	0.004	0.004	0.004	0.005	0.005	0.005	0.006	0.006	0.006
	螺纹阀门 DN20	个	22.72	0.004	0.004	0.004	0.005	0.005	0.005	0.005	0.006	0.006
	焊接钢管 DN20	m	6.32	0.013	0.014	0.015	0.016	0.016	0.017	0.019	0.020	0.021
	橡胶软管 DN20	m	11.10	0.006	0.006	0.007	0.007	0.008	0.008	0.008	0.008	0.009
	弹簧压力表 0~1.6MPa	块	48.67	0.002	0.002	0.002	0.002	0.003	0.003	0.003	0.003	0.003
	压力表弯管 DN15	个	11.36	0.002	0.002	0.002	0.002	0.002	0.003	0.003	0.003	0.003
机械	载货汽车 5t	台班	443.55	—	—	—	—	—	0.003	0.004	0.006	0.013
	吊装机械(综合)	台班	664.97	0.002	0.002	0.003	0.004	0.005	0.007	0.009	0.012	0.020
	电焊机(综合)	台班	74.17	0.001	0.001	0.001	0.001	0.002	0.002	0.002	0.002	0.002
	砂轮切割机 D400	台班	32.78	0.004	0.004	0.008	0.010	0.012	0.016	0.028	0.029	0.031
	试压泵 3MPa	台班	18.08	0.001	0.001	0.001	0.002	0.002	0.002	0.002	0.002	0.002
	电动单级离心清水泵 D100	台班	34.80	0.001	0.001	0.001	0.001	0.001	0.001	0.001	0.002	0.002

工作内容： 打堵洞眼、调直、切管、焊接、管道及管件安装、水压试验。

单位：10m

编　号			8-327	8-328	8-329	8-330	8-331	8-332	8-333	8-334	8-335
项　目			公称外径（mm以内）								
			18	22	28	35	42	54	76	89	108
预算基价	总　　　价（元）		**157.48**	**170.37**	**182.99**	**191.64**	**201.01**	**213.24**	**232.29**	**248.40**	**292.74**
	人　工　费（元）		148.50	160.65	172.80	179.55	186.30	194.40	206.55	217.35	251.10
	材　料　费（元）		6.21	6.95	7.81	8.96	10.77	12.11	16.84	19.20	21.30
	机　械　费（元）		2.77	2.77	2.38	3.13	3.94	6.73	8.90	11.85	20.34
组　成　内　容	单位	单价	数　　量								
人工	综合工	工日	135.00	1.10	1.19	1.28	1.33	1.38	1.44	1.53	1.61	1.86
材料	铜管	m	—	(9.860)	(9.860)	(9.860)	(9.860)	(9.940)	(9.870)	(9.870)	(9.870)	(9.870)
	给水室内铜管钎焊管件	个	—	(13.410)	(11.160)	(10.750)	(9.370)	(7.520)	(6.330)	(5.260)	(4.630)	(4.150)
	低银铜磷钎料（BCu91PAg）	kg	14.36	0.024	0.026	0.039	0.056	0.077	0.104	0.131	0.185	0.212
	锯条	根	0.42	0.082	0.126	0.145	0.164	0.192	0.198	—	—	—
	尼龙砂轮片 $D400$	片	15.64	0.020	0.023	0.023	0.035	0.040	0.048	0.123	0.128	0.140
	尼龙砂轮片 $D100\times16\times3$	片	3.92	0.019	0.024	0.024	0.025	0.038	0.046	0.096	0.102	0.115
	镀锌钢丝 $D2.8\sim4.0$	kg	6.91	0.004	0.045	0.068	0.075	0.079	0.083	0.085	0.089	0.101
	破布	kg	5.07	0.080	0.090	0.150	0.168	0.187	0.213	0.238	0.255	0.298
	铁砂布	张	1.56	0.116	0.118	0.125	0.143	0.236	0.274	0.312	0.350	0.388
	电	kW·h	0.73	0.072	0.077	0.080	0.094	0.143	0.146	0.149	0.152	0.155
	热轧厚钢板 $\delta8.0\sim15$	kg	5.16	0.030	0.032	0.034	0.037	0.039	0.042	0.044	0.047	0.049
	氧气	m³	2.88	0.421	0.459	0.467	0.515	0.635	0.723	1.019	1.156	1.313

续前

编　号			8-327	8-328	8-329	8-330	8-331	8-332	8-333	8-334	8-335
项　目			公称外径（mm以内）								
			18	22	28	35	42	54	76	89	108
组 成 内 容	单位	单价	数　　　量								
材料	乙炔气	kg	14.66	0.162	0.171	0.179	0.198	0.244	0.274	0.340	0.388	0.439
	低碳钢焊条 J422 D3.2	kg	3.60	0.002	0.002	0.002	0.002	0.002	0.002	0.002	0.003	0.003
	砂子	t	87.03	0.003	0.003	0.003	0.003	0.003	0.001	0.006	0.006	0.003
	硅酸盐水泥 42.5级	kg	0.41	0.690	0.690	0.690	0.690	0.690	0.390	1.430	1.490	0.990
	水	m³	7.62	0.002	0.004	0.007	0.012	0.016	0.026	0.044	0.061	0.106
	橡胶板 δ1～3	kg	11.26	0.007	0.008	0.008	0.009	0.010	0.010	0.011	0.011	0.012
	六角螺栓	kg	8.39	0.004	0.004	0.004	0.005	0.005	0.005	0.006	0.006	0.006
	螺纹阀门 DN20	个	22.72	0.004	0.004	0.004	0.005	0.005	0.005	0.005	0.006	0.006
	焊接钢管 DN20	m	6.32	0.013	0.014	0.015	0.016	0.016	0.017	0.019	0.020	0.021
	橡胶软管 DN20	m	11.10	0.006	0.006	0.007	0.007	0.007	0.008	0.008	0.008	0.009
	弹簧压力表 0～1.6MPa	块	48.67	0.002	0.002	0.002	0.002	0.002	0.003	0.003	0.003	0.003
	压力表弯管 DN15	个	11.36	0.002	0.002	0.002	0.002	0.002	0.003	0.003	0.003	0.003
机械	载货汽车 5t	台班	443.55	—	—	—	—	—	0.003	0.004	0.006	0.013
	吊装机械（综合）	台班	664.97	0.002	0.002	0.003	0.004	0.005	0.007	0.009	0.012	0.020
	砂轮切割机 D400	台班	32.78	0.040	0.040	0.008	0.010	0.012	0.016	0.028	0.029	0.031
	电焊机（综合）	台班	74.17	0.001	0.001	0.001	0.001	0.002	0.002	0.002	0.002	0.002
	试压泵 3MPa	台班	18.08	0.001	0.001	0.001	0.002	0.002	0.002	0.002	0.002	0.002
	电动单级离心清水泵 D100	台班	34.80	0.001	0.001	0.001	0.001	0.001	0.001	0.001	0.002	0.002

9.承插铸铁给水管（青铅接口）

工作内容：切管、管道及管件安装、熔化接口材料、接口、水压试验。

单位：10m

编　号			8-336	8-337	8-338	8-339	8-340	8-341
项　目			公称直径（mm以内）					
			75	100	150	200	250	300
预算基价	总　　　价（元）		**677.45**	**960.29**	**1419.77**	**1745.25**	**2311.06**	**2766.66**
	人　工　费（元）		224.10	344.25	461.70	461.70	502.20	633.15
	材　料　费（元）		453.35	616.04	957.60	1234.27	1742.47	2062.69
	机　械　费（元）		—	—	0.47	49.28	66.39	70.82
组　成　内　容		单位	单价	数　　量				
人工	综合工	工日	135.00	1.66	2.55	3.42	3.42	3.72	4.69
材料	承插铸铁管	m	—	(10)	(10)	(10)	(10)	(10)	(10)
	水	m³	7.62	0.10	0.10	0.30	0.50	0.50	1.00
	青铅	kg	22.81	18.72	25.47	39.60	50.95	72.23	85.33
	油麻	kg	16.48	0.69	0.93	1.45	1.87	2.65	3.13
	氧气	m³	2.88	0.18	0.33	0.47	0.83	1.02	1.22
	乙炔气	kg	14.66	0.07	0.13	0.19	0.35	0.43	0.51
	焦炭	kg	1.25	7.91	10.20	15.44	19.82	25.40	30.88
	木柴	kg	1.03	0.63	0.86	1.83	1.83	2.74	3.65
	钢丝 D4.0	kg	7.08	0.08	0.08	0.08	0.08	0.08	0.08
	破布	kg	5.07	0.29	0.35	0.40	0.48	0.53	0.55
	棉纱	kg	16.11	0.006	0.009	0.014	0.018	0.022	0.025
机械	试压泵 30MPa	台班	23.45	—	—	0.02	0.02	0.02	0.02
	载货汽车 5t	台班	443.55	—	—	—	0.01	0.02	0.03
	卷扬机 单筒慢速 50kN	台班	211.29	—	—	—	0.21	0.27	0.27

10.承插铸铁给水管（膨胀水泥接口）

工作内容：管口除沥青、切管、管道及管件安装、调制接口材料、接口、养护、水压试验。

单位：10m

编 号			8-342	8-343	8-344	8-345	8-346	8-347
项 目			公称直径（mm以内）					
			75	100	150	200	250	300
预算基价	总 价（元）		**183.64**	**277.27**	**395.42**	**459.22**	**519.24**	**807.72**
	人 工 费（元）		163.35	249.75	352.35	352.35	375.30	642.60
	材 料 费（元）		20.29	27.52	42.60	57.59	77.55	94.30
	机 械 费（元）		—	—	0.47	49.28	66.39	70.82
组 成 内 容		单位	单价	数 量				
人工	综合工	工日	135.00	1.21	1.85	2.61	2.61	2.78	4.76
材料	承插铸铁管	m	—	(10)	(10)	(10)	(10)	(10)	(10)
	硅酸盐膨胀水泥	kg	0.85	5.27	7.16	11.13	14.30	20.26	23.94
	水	m³	7.62	0.1	0.1	0.3	0.5	0.5	1.0
	油麻	kg	16.48	0.69	0.93	1.45	1.87	2.65	3.13
	氧气	m³	2.88	0.18	0.33	0.47	0.83	1.02	1.22
	乙炔气	kg	14.66	0.07	0.13	0.19	0.35	0.43	0.51
	钢丝 D4.0	kg	7.08	0.08	0.08	0.08	0.08	0.08	0.08
	破布	kg	5.07	0.29	0.35	0.40	0.48	0.53	0.55
	棉纱	kg	16.11	0.006	0.009	0.014	0.018	0.022	0.025
机械	试压泵 30MPa	台班	23.45	—	—	0.02	0.02	0.02	0.02
	载货汽车 5t	台班	443.55	—	—	—	0.01	0.02	0.03
	卷扬机 单筒慢速 50kN	台班	211.29	—	—	—	0.21	0.27	0.27

11.承插铸铁给水管(石棉水泥接口)

工作内容：管口除沥青、切管、管道及管件安装、调制接口材料、接口、养护、水压试验。

单位：10m

编　号			8-348	8-349	8-350	8-351	8-352	8-353
项　目			公称直径(mm以内)					
			75	100	150	200	250	300
预算基价	总　　　价(元)		**229.73**	**346.34**	**467.75**	**547.43**	**607.13**	**733.23**
	人　工　费(元)		194.40	298.35	392.85	399.60	405.00	499.50
	材　料　费(元)		35.33	47.99	74.43	98.55	135.74	162.91
	机　械　费(元)		—	—	0.47	49.28	66.39	70.82
组 成 内 容		单位	单价	数　　量				
人工	综合工	工日	135.00	1.44	2.21	2.91	2.96	3.00	3.70
材料	承插铸铁管	m	—	(10)	(10)	(10)	(10)	(10)	(10)
	硅酸盐水泥 42.5级	kg	0.41	3.44	4.67	7.26	9.34	13.24	15.64
	石棉绒 (综合)	kg	12.32	1.47	2.00	3.11	4.00	5.68	6.70
	水	m³	7.62	0.10	0.10	0.30	0.50	0.50	1.00
	油麻	kg	16.48	0.69	0.93	1.45	1.87	2.65	3.13
	氧气	m³	2.88	0.18	0.33	0.47	0.83	1.02	1.22
	乙炔气	kg	14.66	0.07	0.13	0.19	0.35	0.43	0.51
	钢丝 D4.0	kg	7.08	0.08	0.08	0.08	0.08	0.08	0.08
	破布	kg	5.07	0.29	0.35	0.40	0.48	0.53	0.55
	棉纱	kg	16.11	0.006	0.009	0.014	0.018	0.022	0.025
机械	试压泵 30MPa	台班	23.45	—	—	0.02	0.02	0.02	0.02
	载货汽车 5t	台班	443.55	—	—	—	0.01	0.02	0.03
	卷扬机 单筒慢速 50kN	台班	211.29	—	—	—	0.21	0.27	0.27

12.承插铸铁排水管（石棉水泥接口）

工作内容： 留堵洞眼、切管、裁管卡、管道及管件安装、调制接口材料、接口、养护、灌水试验、通球试验。

单位：10m

编 号				8-354	8-355	8-356	8-357	8-358	8-359
项 目				公称直径（mm以内）					
				50	75	100	150	200	250
预算 基价	总 价(元)			**454.68**	**607.18**	**909.35**	**885.91**	**1016.70**	**1060.13**
	人 工 费(元)			302.40	361.80	467.10	495.45	538.65	602.10
	材 料 费(元)			152.28	245.38	442.25	390.46	478.05	458.03
组成内容		单位	单价	数 量					
人工	综合工	工日	135.00	2.24	2.68	3.46	3.67	3.99	4.46
材 料	承插铸铁管	m	—	(8.80)	(9.30)	(8.90)	(9.60)	(9.80)	(10.13)
	铸铁管接头零件 DN50	个	14.12	6.57	—	—	—	—	—
	铸铁管接头零件 DN75	个	17.15	—	9.04	—	—	—	—
	铸铁管接头零件 DN100	个	30.27	—	—	10.55	—	—	—
	铸铁管接头零件 DN150	个	55.22	—	—	—	5.07	—	—
	铸铁管接头零件 DN200	个	98.47	—	—	—	—	3.75	—
	铸铁管接头零件 DN250	个	155.37	—	—	—	—	—	2.10
	角钢立管卡 DN50	副	6.75	2.5	—	—	—	—	—
	角钢立管卡 DN75	副	7.91	—	2.5	—	—	—	—
	角钢立管卡 DN100	副	8.84	—	—	3.0	—	—	—
	角钢立管卡 DN150	副	10.66	—	—	—	1.3	—	—
	透气帽（铅丝球）DN50	个	4.37	0.01	—	—	—	—	—
	透气帽（铅丝球）DN80	个	5.49	—	0.08	—	—	—	—
	透气帽（铅丝球）DN100	个	6.54	—	—	0.20	—	—	—
	透气帽（铅丝球）DN150	个	7.56	—	—	—	0.20	—	—
	硅酸盐水泥	kg	0.39	4.84	4.88	4.72	1.83	2.09	2.20
	硅酸盐水泥 42.5级	kg	0.41	2.46	5.04	8.34	8.34	9.80	13.03
	石棉绒（综合）	kg	12.32	0.62	1.35	2.24	2.24	2.62	5.06
	水	m³	7.62	0.02	0.09	0.09	0.28	0.51	0.60
	砂子	t	87.03	0.016	0.017	0.017	0.013	0.009	0.009
	油麻	kg	16.48	1.33	2.29	3.04	3.01	3.25	2.66
	氧气	m³	2.88	0.50	0.69	0.76	0.89	1.18	1.25
	乙炔气	kg	14.66	0.19	0.26	0.29	0.34	0.45	0.49
	钢丝 D4.0	kg	7.08	0.08	0.08	0.08	0.08	0.08	0.08
	破布	kg	5.07	0.22	0.28	0.31	0.38	0.47	0.47
	棉纱	kg	16.11	0.004	0.007	0.008	0.013	0.018	0.018
	镀锌钢丝 D2.8~4.0	kg	6.91	0.38	0.25	0.18	0.04	0.03	—

13.承插铸铁排水管（水泥接口）

工作内容： 留堵洞眼、切管、栽管卡、管道及管件安装、调制接口材料、接口、养护、灌水试验、通球试验。

单位：10m

编 号				8-360	8-361	8-362	8-363	8-364	8-365
项 目				公称直径（mm以内）					
				50	75	100	150	200	250
预算基价	总 价（元）			**447.46**	**591.60**	**883.01**	**860.66**	**986.25**	**1000.44**
	人 工 费（元）			302.40	361.80	467.10	495.45	538.65	602.10
	材 料 费（元）			145.06	229.80	415.91	365.21	447.60	398.34
组 成 内 容		单位	单价	数 量					
人工	综合工	工日	135.00	2.24	2.68	3.46	3.67	3.99	4.46
材料	承插铸铁管	m	—	(8.80)	(9.30)	(8.90)	(9.60)	(9.80)	(10.13)
	铸铁管接头零件 DN50	个	14.12	6.57	—	—	—	—	—
	铸铁管接头零件 DN75	个	17.15	—	9.04	—	—	—	—
	铸铁管接头零件 DN100	个	30.27	—	—	10.55	—	—	—
	铸铁管接头零件 DN150	个	55.22	—	—	—	5.07	—	—
	铸铁管接头零件 DN200	个	98.47	—	—	—	—	3.75	—
	铸铁管接头零件 DN250	个	155.37	—	—	—	—	—	2.10
	角钢立管卡 DN50	副	6.75	2.5	—	—	—	—	—
	角钢立管卡 DN75	副	7.91	—	2.5	—	—	—	—
	角钢立管卡 DN100	副	8.84	—	—	3.0	—	—	—
	角钢立管卡 DN150	副	10.66	—	—	—	1.3	—	—
	透气帽（铅丝球）DN50	个	4.37	0.01	—	—	—	—	—
	透气帽（铅丝球）DN80	个	5.49	—	0.08	—	—	—	—
	透气帽（铅丝球）DN100	个	6.54	—	—	0.20	—	—	—
	透气帽（铅丝球）DN150	个	7.56	—	—	—	0.20	—	—
	硅酸盐水泥	kg	0.39	4.80	4.88	4.72	1.83	2.09	2.20
	硅酸盐水泥 42.5级	kg	0.41	3.52	7.82	11.92	11.92	14.00	19.48
	砂子	t	87.03	0.016	0.016	0.016	0.026	0.011	0.009
	水	m³	7.62	0.02	0.09	0.09	0.28	0.51	0.60
	油麻	kg	16.48	1.33	2.29	3.04	3.01	3.25	2.66
	镀锌钢丝 D2.8~4.0	kg	6.91	0.38	0.25	0.16	0.01	—	—
	氧气	m³	2.88	0.50	0.69	0.76	0.89	1.18	1.25
	乙炔气	kg	14.66	0.19	0.26	0.29	0.34	0.46	0.49
	钢丝 D4.0	kg	7.08	0.08	0.08	0.08	0.08	0.08	0.08
	破布	kg	5.07	0.22	0.28	0.31	0.38	0.47	0.47
	棉纱	kg	16.11	0.004	0.007	0.009	0.010	0.018	0.018

14.无承口柔性铸铁排水管(卡箍连接)

工作内容：留堵洞眼、切管、管道及管件安装、紧卡箍、灌水试验、通球试验。

单位：10m

编 号			8-366	8-367	8-368	8-369	8-370	8-371
项 目			公称直径(mm以内)					
			50	75	100	150	200	250
预算基价	总 价(元)		**271.66**	**322.37**	**456.46**	**496.11**	**565.53**	**661.04**
	人 工 费(元)		257.85	301.05	383.40	391.50	417.15	457.65
	材 料 费(元)		5.72	6.15	7.03	8.29	9.37	11.94
	机 械 费(元)		8.09	15.17	66.03	96.32	139.01	191.45
组 成 内 容	单位	单价	数 量					
人工 综合工	工日	135.00	1.91	2.23	2.84	2.90	3.09	3.39
材料 无承口柔性排水铸铁管	m	—	(9.780)	(9.550)	(9.050)	(9.450)	(9.450)	(9.790)
室内无承口柔性排水铸铁管管件(卡箍连接)	个	—	(6.570)	(6.620)	(9.510)	(4.350)	(4.110)	(2.300)
不锈钢卡箍(含胶圈)	个	—	(14.300)	(15.100)	(21.690)	(10.560)	(9.750)	(4.870)
镀锌钢丝 D2.8~4.0	kg	6.91	0.083	0.089	0.101	0.112	0.131	0.140
破布	kg	5.07	0.213	0.255	0.298	0.340	0.408	0.451
铁砂布	张	1.56	0.280	0.280	0.310	0.380	0.470	0.570
水	m³	7.62	0.033	0.054	0.132	0.287	0.505	0.802
砂子	t	87.03	0.016	0.016	0.016	0.026	0.011	0.009
硅酸盐水泥 42.5级	kg	0.41	4.840	4.880	4.720	1.830	2.090	2.200
机械 载货汽车 5t	台班	443.55	0.004	0.009	0.011	0.018	0.040	0.058
吊装机械(综合)	台班	664.97	0.004	0.009	0.076	0.123	0.169	0.239
液压断管机 D500	台班	109.83	0.033	0.047	0.096	0.058	0.079	0.059
电动单级离心清水泵 D100	台班	34.80	0.001	0.001	0.002	0.005	0.006	0.009

15.柔性抗震铸铁排水管（柔性接口）

工作内容：留堵洞眼、光洁管口、切管、栽管卡、管道及管件安装、紧固螺栓、灌水试验、通球试验。

单位：10m

编　号			8-372	8-373	8-374	8-375	8-376
项　目			公称直径(mm以内)				
			50	75	100	150	200
预算基价	总　　价(元)		**684.42**	**1105.49**	**1687.51**	**1981.88**	**2132.10**
	人 工 费(元)		302.40	361.80	467.10	495.45	538.65
	材 料 费(元)		382.02	743.69	1220.41	1486.43	1593.45
组 成 内 容	单位	单价	数　　量				
人工 综合工	工日	135.00	2.24	2.68	3.46	3.67	3.99
材料 柔性抗震铸铁管	m	—	(8.8)	(9.3)	(8.9)	(9.6)	(9.8)
柔性铸铁管接头零件 DN50	个	19.92	6.57	—	—	—	—
柔性铸铁管接头零件 DN75	个	32.94	—	9.04	—	—	—
柔性铸铁管接头零件 DN100	个	55.13	—	—	10.55	—	—
柔性铸铁管接头零件 DN150	个	109.31	—	—	—	5.07	—
柔性铸铁管接头零件 DN200	个	180.91	—	—	—	—	3.75
橡胶密封圈 DN50	个	5.85	16.66	—	—	—	—
橡胶密封圈 DN75	个	8.48	—	22.87	—	—	—
橡胶密封圈 DN100	个	11.77	—	—	25.34	—	—
橡胶密封圈 DN150	个	22.55	—	—	—	17.69	—
橡胶密封圈 DN200	个	27.30	—	—	—	—	14.79
法兰压盖 DN50	个	6.59	16.66	—	—	—	—
法兰压盖 DN75	个	7.95	—	22.87	—	—	—
法兰压盖 DN100	个	9.77	—	—	25.34	—	—
法兰压盖 DN150	个	23.63	—	—	—	17.69	—
法兰压盖 DN200	个	28.63	—	—	—	—	14.79

续前

单位：10m

编 号			8-372	8-373	8-374	8-375	8-376
项 目			公称直径（mm以内）				
			50	75	100	150	200
组 成 内 容	单位	单价	数 量				
六角带帽螺栓 M8×（14～75）	套	0.30	51.48	—	—	—	—
六角带帽螺栓 M10×（30～75）	套	0.52	—	70.67	—	—	—
六角带帽螺栓 M12×（14～75）	套	0.66	—	—	78.30	—	—
六角带帽螺栓 M14×90	套	1.58	—	—	—	54.66	45.70
材　角钢立管卡 DN50	副	6.75	2.5	—	—	—	—
角钢立管卡 DN75	副	7.91	—	2.5	—	—	—
角钢立管卡 DN100	副	8.84	—	—	3.0	—	—
角钢立管卡 DN150	副	10.66	—	—	—	1.3	—
透气帽（铅丝球） DN50	个	4.37	0.01	—	—	—	—
透气帽（铅丝球） DN80	个	5.49	—	0.08	—	—	—
透气帽（铅丝球） DN100	个	6.54	—	—	0.20	—	—
透气帽（铅丝球） DN150	个	7.56	—	—	—	0.20	—
硅酸盐水泥	kg	0.39	4.84	4.88	4.72	1.83	2.09
砂子	t	87.03	0.016	0.017	0.017	0.013	0.009
水	m³	7.62	0.02	0.09	0.09	0.28	0.51
镀锌钢丝 D2.8～4.0	kg	6.91	0.38	0.25	0.18	0.04	0.03
料　氧气	m³	2.88	0.43	0.62	0.69	0.77	1.00
乙炔气	kg	14.66	0.17	0.24	0.27	0.30	0.26
钢丝 D4.0	kg	7.08	0.08	0.08	0.08	0.08	0.08
破布	kg	5.07	0.22	0.28	0.31	0.38	0.47
棉纱	kg	16.11	0.004	0.007	0.008	0.013	0.018

16.塑料排水管（粘接）

工作内容： 留堵洞眼、切管、组对、粘接，管道及管件安装,灌水试验、通球试验。

单位：10m

编　号			8-377	8-378	8-379	8-380	8-381	8-382
项　目			公称外径（mm以内）					
			50	75	100	150	200	250
预算基价	总　　　价（元）		**175.52**	**236.24**	**265.06**	**386.74**	**537.72**	**603.80**
	人　工　费（元）		168.75	226.80	252.45	356.40	499.50	546.75
	材　料　费（元）		6.74	9.41	12.54	15.58	14.15	16.78
	机　械　费（元）		0.03	0.03	0.07	14.76	24.07	40.27
组　成　内　容	单位	单价	数　　　量					
人工 综合工	工日	135.00	1.25	1.68	1.87	2.64	3.70	4.05
材料 承插塑料管	m	—	(10.120)	(9.800)	(9.500)	(9.500)	(9.500)	(10.050)
承插塑料管件	个	—	(6.900)	(8.850)	(11.560)	(5.950)	(5.110)	(2.350)
锯条	根	0.42	0.268	0.863	2.161	—	—	—
铁砂布	张	1.56	0.145	0.208	0.227	0.242	0.267	0.288
胶粘剂	kg	18.17	0.084	0.149	0.209	0.233	0.242	0.256
丙酮	kg	9.89	0.126	0.224	0.318	0.352	0.371	0.393
水	m³	7.62	0.033	0.054	0.132	0.587	0.505	0.802
砂子	t	87.03	0.016	0.016	0.016	0.026	0.011	0.009
硅酸盐水泥 42.5级	kg	0.41	4.840	4.880	4.720	1.830	2.090	2.200
机械 载货汽车 5t	台班	443.55	—	—	—	0.005	0.012	0.021
吊装机械（综合）	台班	664.97	—	—	—	0.017	0.026	0.044
木工圆锯机 D500	台班	26.53	—	—	—	0.040	0.047	0.052
电动单级离心清水泵 D100	台班	34.80	0.001	0.001	0.002	0.005	0.006	0.009

17.塑料排水管（热熔连接）

工作内容： 留堵洞眼、切管、组对、预热、熔接，管道及管件安装，灌水试验、通球试验。

单位：10m

编　号				8-383	8-384	8-385	8-386	8-387	8-388
项　目				公称外径（mm以内）					
				50	75	110	160	200	250
预算基价	总　　　价（元）			**187.98**	**252.26**	**286.16**	**415.30**	**570.00**	**643.93**
	人　工　费（元）			186.30	248.40	279.45	390.15	534.60	589.95
	材　料　费（元）			1.65	3.83	6.64	4.85	4.26	6.56
	机　械　费（元）			0.03	0.03	0.07	20.30	31.14	47.42
组　成　内　容		单位	单价	数　　　量					
人工	综合工	工日	135.00	1.38	1.84	2.07	2.89	3.96	4.37
材料	塑料排水管	m	—	(10.120)	(9.800)	(9.500)	(9.500)	(9.500)	(10.050)
	室内塑料排水管热熔管件	个	—	(6.900)	(8.850)	(11.560)	(5.950)	(5.110)	(2.350)
	锯条	根	0.42	0.268	0.863	2.161	—	—	—
	铁砂布	张	1.56	0.145	0.208	0.227	0.242	0.267	0.288
	电	kW·h	0.73	1.457	3.741	5.992	—	—	—
	水	m³	7.62	0.033	0.054	0.132	0.587	0.505	0.802
机械	载货汽车 5t	台班	443.55	—	—	—	0.005	0.012	0.021
	吊装机械（综合）	台班	664.97	—	—	—	0.017	0.026	0.044
	木工圆锯机 D500	台班	26.53	—	—	—	0.040	0.047	0.052
	热熔对接焊机 160mm	台班	17.71	—	—	—	0.313	—	—
	热熔对接焊机 250mm	台班	20.99	—	—	—	—	0.337	0.341
	电动单级离心清水泵 D100	台班	34.80	0.001	0.001	0.002	0.005	0.006	0.009

18.塑料排水管（螺母密封圈连接）

工作内容： 留堵洞眼、切管、组对、紧密封圈，管道及管件安装、灌水试验、通球试验。

单位：10m

编　号			8-389	8-390	8-391	8-392	8-393	8-394
项　目			公称外径（mm以内）					
			50	75	110	160	200	250
预算基价	总　　价（元）		**1442.69**	**1417.67**	**1443.83**	**1497.65**	**1550.49**	**1574.35**
	人　工　费（元）		1366.20	1323.00	1282.50	1282.50	1282.50	1356.75
	材　料　费（元）		76.46	94.64	161.26	200.39	243.92	177.33
	机　械　费（元）		0.03	0.03	0.07	14.76	24.07	40.27
组　成　内　容		单位	单价	数　　量				
人工	综合工	工日	135.00	10.12	9.80	9.50	9.50	9.50	10.05
材料	硬聚氯乙烯螺旋排水管	m	—	(10.120)	(9.800)	(9.500)	(9.500)	(9.500)	(10.050)
	室内塑料排水管（螺母密封圈连接）管件	个	—	(6.900)	(8.850)	(11.560)	(5.950)	(5.110)	(2.350)
	橡胶密封圈（排水）DN50	个	5.28	14.370	—	—	—	—	—
	橡胶密封圈（排水）DN75	个	6.13	—	15.260	—	—	—	—
	橡胶密封圈（排水）DN100	个	7.33	—	—	21.690	—	—	—
	橡胶密封圈（排水）DN150	个	18.54	—	—	—	10.670	—	—
	橡胶密封圈（排水）DN200	个	24.38	—	—	—	—	9.830	—
	橡胶密封圈（排水）DN250	个	34.71	—	—	—	—	—	4.920
	锯条	根	0.42	0.268	0.863	2.161	—	—	—
	铁砂布	张	1.56	0.145	0.208	0.227	0.242	0.267	0.288
	水	m³	7.62	0.033	0.054	0.132	0.287	0.505	0.802
机械	载货汽车 5t	台班	443.55	—	—	—	0.005	0.012	0.021
	吊装机械（综合）	台班	664.97	—	—	—	0.017	0.026	0.044
	木工圆锯机 D500	台班	26.53	—	—	—	0.040	0.047	0.052
	电动单级离心清水泵 D100	台班	34.80	0.001	0.001	0.002	0.005	0.006	0.009

19.承插铸铁雨水管(石棉水泥接口)

工作内容： 留堵洞眼、裁管卡、管道及管件安装、调制接口材料、接口养护、灌水试验、通球试验。

单位：10m

编 号				8-395	8-396	8-397	8-398	8-399
项 目				公称直径(mm以内)				
				100	150	200	250	300
预算基价	总 价(元)			**378.51**	**469.31**	**590.58**	**766.52**	**957.08**
	人 工 费(元)			276.75	319.95	410.40	515.70	689.85
	材 料 费(元)			101.76	148.89	135.34	184.43	196.41
	机 械 费(元)			—	0.47	44.84	66.39	70.82
组 成 内 容		单位	单价	数 量				
人工	综合工	工日	135.00	2.05	2.37	3.04	3.82	5.11
材 料	承插铸铁管	m	—	(10)	(10)	(10)	(10)	(10)
	角钢立管卡 DN100	副	8.84	2.86	—	—	—	—
	角钢立管卡 DN150	副	10.66	—	3.14	—	—	—
	角钢立管卡 DN200	副	12.20	—	—	0.07	—	—
	角钢立管卡 DN250	副	16.00	—	—	—	0.07	—
	角钢立管卡 DN300	副	20.00	—	—	—	—	0.07
	硅酸盐水泥	kg	0.39	4.84	14.65	1.58	1.58	1.58
	硅酸盐水泥 42.5级	kg	0.41	7.03	10.46	12.93	18.07	19.56
	石棉绒（综合）	kg	12.32	3.01	4.28	5.54	7.75	8.38
	水	m³	7.62	0.1	0.3	0.5	0.5	0.1
	砂子	t	87.03	0.019	0.053	0.001	0.001	0.001
	油麻	kg	16.48	1.41	2.09	2.59	3.62	3.92
	氧气	m³	2.88	0.49	0.67	1.16	1.39	1.53
	乙炔气	kg	14.66	0.20	0.28	0.48	0.58	0.64
	镀锌钢丝 D2.8~4.0	kg	6.91	0.31	0.36	0.01	0.02	0.02
	钢丝 D4.0	kg	7.08	0.08	0.08	0.08	0.08	0.08
	破布	kg	5.07	0.35	0.40	0.48	0.53	0.55
	棉纱	kg	16.11	0.009	0.014	0.018	0.022	0.025
机 械	试压泵 30MPa	台班	23.45	—	0.02	0.02	0.02	0.02
	卷扬机 单筒慢速 50kN	台班	211.29	—	—	0.21	0.27	0.27
	载货汽车 5t	台班	443.55	—	—	—	0.02	0.03

20.承插铸铁雨水管(水泥接口)

工作内容:留堵洞眼、切管、裁管卡、管道及管件安装、调制接口材料、接口养护、灌水试验、通球试验。

单位:10m

编 号			8-400	8-401	8-402	8-403	8-404
项 目			公称直径(mm以内)				
			100	150	200	250	300
预算基价	总 价(元)		**341.50**	**416.57**	**522.80**	**671.14**	**853.84**
	人 工 费(元)		276.75	319.95	410.40	515.70	689.85
	材 料 费(元)		64.75	96.15	67.56	89.05	93.17
	机 械 费(元)		—	0.47	44.84	66.39	70.82
组 成 内 容		单位	单价	数 量			
人工	综合工	工日	135.00	2.05	2.37	3.04	3.82	5.11
材料	承插铸铁管	m	—	(10)	(10)	(10)	(10)	(10)
	角钢立管卡 DN100	副	8.84	2.86	—	—	—	—
	角钢立管卡 DN150	副	10.66	—	3.14	—	—	—
	角钢立管卡 DN200	副	12.20	—	—	0.07	—	—
	角钢立管卡 DN250	副	16.00	—	—	—	0.07	—
	角钢立管卡 DN300	副	20.00	—	—	—	—	0.07
	硅酸盐水泥	kg	0.39	4.84	14.65	1.58	1.58	1.58
	硅酸盐水泥 42.5级	kg	0.41	7.21	10.43	14.09	18.31	19.56
	水	m³	7.62	0.1	0.3	0.5	0.5	0.1
	砂子	t	87.03	0.019	0.053	0.001	0.001	0.001
	油麻	kg	16.48	1.41	2.09	2.59	3.62	3.92
	氧气	m³	2.88	0.49	0.67	1.16	1.39	1.53
	乙炔气	kg	14.66	0.20	0.28	0.48	0.58	0.64
	镀锌钢丝 D2.8~4.0	kg	6.91	0.31	0.36	0.01	0.02	0.02
	钢丝 D4.0	kg	7.08	0.08	0.08	0.08	0.08	0.08
	破布	kg	5.07	0.35	0.40	0.48	0.53	0.55
	棉纱	kg	16.11	0.009	0.014	0.018	0.022	0.025
机械	试压泵 30MPa	台班	23.45	—	0.02	0.02	0.02	0.02
	卷扬机 单筒慢速 50kN	台班	211.29	—	—	0.21	0.27	0.27
	载货汽车 5t	台班	443.55	—	—	—	0.02	0.03

21.塑料雨水管(粘接)

工作内容： 留堵洞眼、切管、组对、粘接,管道及管件安装,灌水试验、通球试验。

单位：10m

编 号			8-405	8-406	8-407	8-408	8-409
项 目			公称外径(mm以内)				
			75	110	160	200	250
预算基价	总 价(元)		**234.87**	**263.44**	**377.22**	**479.18**	**622.62**
	人 工 费(元)		226.80	252.45	349.65	441.45	562.95
	材 料 费(元)		8.04	10.92	13.02	13.90	19.64
	机 械 费(元)		0.03	0.07	14.55	23.83	40.03
组 成 内 容	单位	单价	数 量				
人工 综合工	工日	135.00	1.68	1.87	2.59	3.27	4.17
材料 承插塑料管	m	—	(10.070)	(9.940)	(9.760)	(9.660)	(9.470)
室内塑料雨水管粘接管件	个	—	(3.790)	(4.160)	(4.850)	(4.310)	(4.180)
锯条	根	0.42	0.760	1.240	—	—	—
铁砂布	张	1.56	0.160	0.223	0.235	0.256	0.279
胶粘剂	kg	18.17	0.108	0.173	0.226	0.236	0.362
丙酮	kg	9.89	0.172	0.260	0.338	0.359	0.488
水	m³	7.62	0.054	0.132	0.287	0.505	0.802
砂子	t	87.03	0.016	0.016	0.026	0.011	0.009
硅酸盐水泥 42.5级	kg	0.41	4.880	4.720	1.830	2.090	2.200
机械 载货汽车 5t	台班	443.55	—	—	0.005	0.012	0.021
吊装机械（综合）	台班	664.97	—	—	0.017	0.026	0.044
木工圆锯机 D500	台班	26.53	—	—	0.032	0.038	0.043
电动单级离心清水泵 D100	台班	34.80	0.001	0.002	0.005	0.006	0.009

22.塑料给水管（热熔连接）

工作内容： 打堵洞眼、切管、组对、预热、熔接，管道及管件安装，水压试验。

单位：10m

编 号				8-410	8-411	8-412	8-413	8-414	8-415
项 目				公称外径（mm以内）					
				20	25	32	40	50	63
预算基价	总 价（元）			**135.83**	**152.20**	**164.61**	**185.24**	**215.15**	**232.83**
	人 工 费（元）			133.65	149.85	162.00	182.25	211.95	229.50
	材 料 费（元）			2.05	2.22	2.48	2.84	2.98	3.11
	机 械 费（元）			0.13	0.13	0.13	0.15	0.22	0.22
组 成 内 容		单位	单价	数 量					
人工	综合工	工日	135.00	0.99	1.11	1.20	1.35	1.57	1.70
材 料	塑料给水管	m	—	(10.160)	(10.160)	(10.160)	(10.160)	(10.160)	(10.160)
	室内塑料给水管热熔管件	个	—	(15.200)	(12.250)	(10.810)	(8.870)	(7.420)	(6.590)
	锯条	根	0.42	0.120	0.144	0.183	0.225	0.268	0.326
	电	kW·h	0.73	1.017	1.146	1.405	1.598	1.637	1.843
	铁砂布	张	1.56	0.053	0.066	0.070	0.116	0.151	0.203
	热轧厚钢板 $\delta 8.0 \sim 15$	kg	5.16	0.030	0.032	0.034	0.037	0.039	0.042
	氧气	m³	2.88	0.003	0.003	0.003	0.006	0.006	0.006
	乙炔气	kg	14.66	0.001	0.001	0.001	0.002	0.002	0.002
	低碳钢焊条 J422 $D3.2$	kg	3.60	0.002	0.002	0.002	0.002	0.002	0.002
	水	m³	7.62	0.002	0.004	0.007	0.012	0.016	0.026
	砂子	t	87.03	0.003	0.003	0.003	0.003	0.003	0.001
	硅酸盐水泥 42.5级	kg	0.41	0.690	0.690	0.690	0.690	0.690	0.390
	橡胶板 $\delta 1 \sim 3$	kg	11.26	0.007	0.008	0.008	0.010	0.010	0.010
	六角螺栓	kg	8.39	0.004	0.004	0.004	0.005	0.005	0.005
	螺纹截止阀 J11T-16 $DN15$	个	12.12	0.004	0.004	0.004	0.005	0.005	0.005
	焊接钢管 $DN20$	m	6.32	0.013	0.014	0.015	0.016	0.016	0.017
	橡胶软管 $DN20$	m	11.10	0.006	0.006	0.007	0.007	0.007	0.008
	弹簧压力表 0~1.6MPa	块	48.67	0.002	0.002	0.002	0.002	0.002	0.003
	压力表弯管 $DN15$	个	11.36	0.002	0.002	0.002	0.002	0.002	0.003
机 械	电焊机（综合）	台班	74.17	0.001	0.001	0.001	0.001	0.002	0.002
	试压泵 3MPa	台班	18.08	0.001	0.001	0.001	0.002	0.002	0.002
	电动单级离心清水泵 $D100$	台班	34.80	0.001	0.001	0.001	0.001	0.001	0.001

工作内容: 打堵洞眼、切管、组对、预热、熔接,管道及管件安装,水压试验。 单位:10m

编 号				8-416	8-417	8-418	8-419	8-420
项 目				公称外径(mm以内)				
				75	90	110	125	150
预算基价	总 价(元)			**243.60**	**265.55**	**272.28**	**313.73**	**330.05**
	人 工 费(元)			238.95	260.55	267.30	286.20	298.35
	材 料 费(元)			4.43	4.75	4.73	4.01	4.08
	机 械 费(元)			0.22	0.25	0.25	23.52	27.62
组 成 内 容		单位	单价	数 量				
人工	综合工	工日	135.00	1.77	1.93	1.98	2.12	2.21
材料	塑料给水管	m	—	(10.160)	(10.160)	(10.160)	(10.160)	(10.160)
	室内塑料给水管热熔管件	个	—	(6.030)	(3.950)	(3.080)	(1.580)	(1.340)
	锯条	根	0.42	0.497	0.533	0.627	—	—
	电	kW·h	0.73	2.117	2.231	2.259	—	—
	铁砂布	张	1.56	0.210	0.226	0.229	0.240	0.254
	热轧厚钢板 δ8.0~15	kg	5.16	0.044	0.047	0.049	0.073	0.110
	氧气	m³	2.88	0.006	0.006	0.006	0.006	0.006
	乙炔气	kg	14.66	0.002	0.002	0.002	0.002	0.002
	低碳钢焊条 J422 D3.2	kg	3.60	0.002	0.003	0.003	0.003	0.003
	水	m³	7.62	0.044	0.061	0.106	0.164	0.229
	砂子	t	87.03	0.006	0.006	0.003	0.006	0.003
	硅酸盐水泥 42.5级	kg	0.41	1.430	1.490	0.990	1.740	0.630
	橡胶板 δ1~3	kg	11.26	0.011	0.011	0.012	0.014	0.016
	六角螺栓	kg	8.39	0.006	0.006	0.006	0.008	0.012
	螺纹截止阀 J11T-16 DN15	个	12.12	0.005	0.006	0.006	0.006	0.006
	焊接钢管 DN20	m	6.32	0.019	0.020	0.021	0.022	0.023
	橡胶软管 DN20	m	11.10	0.008	0.008	0.009	0.009	0.010
	弹簧压力表 0~1.6MPa	块	48.67	0.003	0.003	0.003	0.003	0.003
	压力表弯管 DN15	个	11.36	0.003	0.003	0.003	0.003	0.003
机械	载货汽车 5t	台班	443.55	—	—	—	0.004	0.005
	吊装机械(综合)	台班	664.97	—	—	—	0.012	0.017
	木工圆锯机 D500	台班	26.53	—	—	—	0.028	0.031
	热熔对接焊机 630mm	台班	45.58	—	—	—	0.279	0.283
	电焊机(综合)	台班	74.17	0.002	0.002	0.002	0.002	0.002
	试压泵 3MPa	台班	18.08	0.002	0.002	0.002	0.003	0.003
	电动单级离心清水泵 D100	台班	34.80	0.001	0.002	0.002	0.003	0.005

23.塑料给水管（电熔连接）

工作内容：打堵洞眼、切管、组对、预热、熔接，管道及管件安装，水压试验。

单位：10m

编　号			8-421	8-422	8-423	8-424	8-425	8-426
项　目			公称外径（mm以内）					
			20	25	32	40	50	63
预算基价	总　　　价（元）		**147.87**	**164.62**	**179.61**	**209.02**	**232.44**	**255.51**
	人　工　费（元）		141.75	156.60	170.10	198.45	221.40	244.35
	材　料　费（元）		1.31	1.38	1.50	1.66	1.78	1.76
	机　械　费（元）		4.81	6.64	8.01	8.91	9.26	9.40
组　成　内　容		单位	单价	数　　量				
人工	综合工	工日	135.00	1.05	1.16	1.26	1.47	1.64	1.81
材料	塑料给水管	m	—	(10.160)	(10.160)	(10.160)	(10.160)	(10.160)	(10.160)
	室内塑料给水管电熔管件	个	—	(15.200)	(12.250)	(10.810)	(8.870)	(7.420)	(6.590)
	锯条	根	0.42	0.120	0.144	0.283	0.225	0.268	0.326
	铁砂布	张	1.56	0.053	0.066	0.070	0.116	0.151	0.203
	热轧厚钢板 $\delta 8.0\sim15$	kg	5.16	0.030	0.032	0.034	0.037	0.039	0.042
	氧气	m³	2.88	0.003	0.003	0.003	0.006	0.006	0.006
	乙炔气	kg	14.66	0.001	0.001	0.001	0.002	0.002	0.002
	低碳钢焊条 J422 $D3.2$	kg	3.60	0.002	0.002	0.002	0.002	0.002	0.002
	水	m³	7.62	0.002	0.004	0.007	0.012	0.016	0.026
	砂子	t	87.03	0.003	0.003	0.003	0.003	0.003	0.001
	硅酸盐水泥 42.5级	kg	0.41	0.690	0.690	0.690	0.690	0.690	0.390
	橡胶板 $\delta 1\sim3$	kg	11.26	0.007	0.008	0.008	0.009	0.010	0.010
	六角螺栓	kg	8.39	0.004	0.004	0.004	0.005	0.005	0.005
	螺纹截止阀 J11T-16 DN15	个	12.12	0.004	0.004	0.004	0.005	0.005	0.005
	焊接钢管 DN20	m	6.32	0.013	0.014	0.015	0.016	0.016	0.017
	橡胶软管 DN20	m	11.10	0.006	0.006	0.007	0.007	0.007	0.008
	弹簧压力表 0~1.6MPa	块	48.67	0.002	0.002	0.002	0.002	0.002	0.003
	压力表弯管 DN15	个	11.36	0.002	0.002	0.002	0.002	0.002	0.003
机械	电焊机（综合）	台班	74.17	0.001	0.001	0.001	0.001	0.002	0.002
	电熔焊接机 3.5kW	台班	35.19	0.133	0.185	0.224	0.249	0.257	0.261
	试压泵 3MPa	台班	18.08	0.001	0.001	0.001	0.002	0.002	0.002
	电动单级离心清水泵 D100	台班	34.80	0.001	0.001	0.001	0.001	0.001	0.001

工作内容：打堵洞眼、切管、组对、预热、熔接，管道及管件安装，水压试验。　　　　　　　　　　　　　　　　　　　　　　　　**单位**：10m

编　号				8-427	8-428	8-429	8-430	8-431
项　目				公称外径（mm以内）				
				75	90	110	125	150
预算基价	总　　　价(元)			**266.22**	**288.31**	**296.48**	**329.73**	**346.01**
	人　工　费(元)			253.80	275.40	283.50	305.10	317.25
	材　料　费(元)			2.88	3.12	3.08	4.01	4.08
	机　械　费(元)			9.54	9.79	9.90	20.62	24.68
组 成 内 容		单位	单价	数　　　量				
人工	综合工	工日	135.00	1.88	2.04	2.10	2.26	2.35
材料	塑料给水管	m	—	(10.160)	(10.160)	(10.160)	(10.160)	(10.160)
	室内塑料给水管电熔管件	个	—	(6.030)	(3.950)	(3.080)	(2.680)	(2.320)
	锯条	根	0.42	0.497	0.553	0.627	—	—
	铁砂布	张	1.56	0.210	0.226	0.229	0.240	0.254
	热轧厚钢板 $\delta 8.0\sim15$	kg	5.16	0.044	0.047	0.049	0.073	0.110
	氧气	m³	2.88	0.006	0.006	0.006	0.006	0.006
	乙炔气	kg	14.66	0.002	0.002	0.002	0.002	0.002
	低碳钢焊条 J422 D3.2	kg	3.60	0.002	0.003	0.003	0.003	0.003
	水	m³	7.62	0.044	0.061	0.106	0.164	0.229
	砂子	t	87.03	0.006	0.006	0.003	0.006	0.003
	硅酸盐水泥 42.5级	kg	0.41	1.430	1.490	0.990	1.740	0.630
	橡胶板 $\delta 1\sim3$	kg	11.26	0.011	0.011	0.012	0.014	0.016
	六角螺栓	kg	8.39	0.006	0.006	0.006	0.008	0.012
	螺纹截止阀 J11T-16 DN15	个	12.12	0.005	0.006	0.006	0.006	0.006
	焊接钢管 DN20	m	6.32	0.019	0.020	0.021	0.022	0.023
	橡胶软管 DN20	m	11.10	0.008	0.008	0.009	0.009	0.010
	弹簧压力表 $0\sim1.6$MPa	块	48.67	0.003	0.003	0.003	0.003	0.003
	压力表弯管 DN15	个	11.36	0.003	0.003	0.003	0.003	0.003
机械	载货汽车 5t	台班	443.55	—	—	—	0.004	0.005
	吊装机械（综合）	台班	664.97	—	—	—	0.012	0.017
	木工圆锯机 D500	台班	26.53	—	—	—	0.028	0.031
	电熔焊接机 3.5kW	台班	35.19	0.265	0.271	0.274	0.279	0.283
	电焊机（综合）	台班	74.17	0.002	0.002	0.002	0.002	0.002
	试压泵 3MPa	台班	18.08	0.002	0.002	0.002	0.003	0.003
	电动单级离心清水泵 D100	台班	34.80	0.001	0.002	0.002	0.003	0.005

24.塑料给水管(粘接)

工作内容: 打堵洞眼、切管、组对、粘接,管道及管件安装,水压试验。

单位:10m

编 号			8-432	8-433	8-434	8-435	8-436	8-437
项 目			公称外径(mm以内)					
			20	25	32	40	50	63
预算基价	总 价(元)		**123.01**	**131.28**	**139.56**	**148.08**	**167.44**	**181.01**
	人 工 费(元)		120.15	128.25	136.35	144.45	163.35	176.85
	材 料 费(元)		2.73	2.90	3.08	3.48	3.87	3.94
	机 械 费(元)		0.13	0.13	0.13	0.15	0.22	0.22
组 成 内 容	单位	单价	数 量					
人工 综合工	工日	135.00	0.89	0.95	1.01	1.07	1.21	1.31
塑料给水管	m	—	(10.160)	(10.160)	(10.160)	(10.160)	(10.160)	(10.160)
室内塑料给水管粘接零件	个	—	(15.200)	(12.250)	(10.810)	(8.870)	(7.420)	(6.590)
锯条	根	0.42	0.120	0.144	0.183	0.225	0.286	0.326
铁砂布	张	1.56	0.053	0.066	0.070	0.116	0.151	0.203
胶粘剂	kg	18.17	0.043	0.046	0.049	0.055	0.063	0.066
丙酮	kg	9.89	0.065	0.069	0.074	0.083	0.095	0.099
热轧厚钢板 $\delta 8.0 \sim 15$	kg	5.16	0.030	0.032	0.034	0.037	0.039	0.042
氧气	m³	2.88	0.003	0.003	0.003	0.006	0.006	0.006
乙炔气	kg	14.66	0.001	0.001	0.001	0.002	0.002	0.002
低碳钢焊条 J422 D3.2	kg	3.60	0.002	0.002	0.002	0.002	0.002	0.002
水	m³	7.62	0.002	0.004	0.007	0.012	0.016	0.026
砂子	t	87.03	0.003	0.003	0.003	0.003	0.003	0.001
硅酸盐水泥 42.5级	kg	0.41	0.690	0.690	0.690	0.690	0.690	0.390
橡胶板 $\delta 1 \sim 3$	kg	11.26	0.007	0.008	0.008	0.009	0.010	0.010
六角螺栓	kg	8.39	0.004	0.004	0.004	0.005	0.005	0.005
螺纹截止阀 J11T-16 DN15	个	12.12	0.004	0.004	0.004	0.005	0.005	0.005
焊接钢管 DN20	m	6.32	0.013	0.014	0.015	0.016	0.016	0.017
橡胶软管 DN20	m	11.10	0.006	0.006	0.007	0.007	0.007	0.008
弹簧压力表 0~1.6MPa	块	48.67	0.002	0.002	0.002	0.002	0.002	0.003
压力表弯管 DN15	个	11.36	0.002	0.002	0.002	0.002	0.002	0.003
机械 电焊机(综合)	台班	74.17	0.001	0.001	0.001	0.001	0.002	0.002
试压泵 3MPa	台班	18.08	0.001	0.001	0.001	0.002	0.002	0.002
电动单级离心清水泵 D100	台班	34.80	0.001	0.001	0.001	0.001	0.001	0.001

工作内容：打堵洞眼、切管、组对、粘接，管道及管件安装，水压试验。

单位：10m

编　号					8-438	8-439	8-440	8-441	8-442
项　目					公称外径(mm以内)				
					75	90	110	125	160
预算基价	总　　　价(元)				**205.20**	**227.33**	**244.25**	**268.23**	**280.69**
	人　工　费(元)				199.80	221.40	237.60	249.75	257.85
	材　料　费(元)				5.18	5.68	6.40	7.61	8.12
	机　械　费(元)				0.22	0.25	0.25	10.87	14.72
组成内容		单位	单价		数　　量				
人工	综合工	工日	135.00		1.48	1.64	1.76	1.85	1.91
材料	塑料给水管	m	—		(10.160)	(10.160)	(10.160)	(10.160)	(10.160)
	室内塑料给水管粘接零件	个	—		(6.030)	(3.950)	(3.080)	(2.680)	(2.320)
	锯条	根	0.42		0.497	0.533	0.627	—	—
	铁砂布	张	1.56		0.210	0.226	0.229	0.240	0.254
	胶粘剂	kg	18.17		0.069	0.077	0.100	0.109	0.122
	丙酮	kg	9.89		0.104	0.116	0.150	0.162	0.183
	热轧厚钢板 $\delta 8.0\sim15$	kg	5.16		0.044	0.047	0.049	0.073	0.110
	氧气	m^3	2.88		0.006	0.006	0.006	0.006	0.006
	乙炔气	kg	14.66		0.002	0.002	0.002	0.002	0.002
	低碳钢焊条 J422 D3.2	kg	3.60		0.002	0.003	0.003	0.003	0.003
	水	m^3	7.62		0.044	0.061	0.106	0.164	0.229
	砂子	t	87.03		0.006	0.006	0.003	0.006	0.003
	硅酸盐水泥 42.5级	kg	0.41		1.430	1.490	0.990	1.740	0.630
	橡胶板 $\delta 1\sim3$	kg	11.26		0.011	0.011	0.012	0.014	0.016
	六角螺栓	kg	8.39		0.006	0.006	0.006	0.008	0.012
	螺纹截止阀 J11T-16 DN20	个	15.30		0.005	0.006	0.006	0.006	0.006
	焊接钢管 DN20	m	6.32		0.019	0.020	0.021	0.022	0.023
	橡胶软管 DN20	m	11.10		0.008	0.008	0.009	0.009	0.010
	弹簧压力表 0~1.6MPa	块	48.67		0.003	0.003	0.003	0.003	0.003
	压力表弯管 DN15	个	11.36		0.003	0.003	0.003	0.003	0.003
机械	载货汽车 5t	台班	443.55		—	—	—	0.004	0.005
	吊装机械（综合）	台班	664.97		—	—	—	0.012	0.017
	木工圆锯机 D500	台班	26.53		—	—	—	0.028	0.031
	电焊机（综合）	台班	74.17		0.002	0.002	0.002	0.002	0.002
	试压泵 3MPa	台班	18.08		0.002	0.002	0.002	0.003	0.003
	电动单级离心清水泵 D100	台班	34.80		0.001	0.002	0.002	0.005	0.005

81

25. 套管

(1) 镀锌薄钢板套管制作

工作内容： 下料、卷制、咬口。

单位：10m

编　号			8-443	8-444	8-445	8-446	8-447	8-448	8-449	8-450	8-451
项　目			公称直径(mm以内)								
			25	32	40	50	65	80	100	125	150
预算基价	总　价(元)		**4.79**	**9.21**	**9.21**	**9.21**	**13.81**	**13.81**	**13.81**	**16.88**	**16.88**
	人　工　费(元)		4.05	8.10	8.10	8.10	12.15	12.15	12.15	14.85	14.85
	材　料　费(元)		0.74	1.11	1.11	1.11	1.66	1.66	1.66	2.03	2.03
组　成　内　容	单位	单价	数　量								
人工 综合工	工日	135.00	0.03	0.06	0.06	0.06	0.09	0.09	0.09	0.11	0.11
材料 镀锌薄钢板 $\delta 0.5$	m²	18.42	0.04	0.06	0.06	0.06	0.09	0.09	0.09	0.11	0.11

（2）一般钢套管制作、安装

工作内容：切管、焊接、除锈刷漆、安装、填塞密封材料、堵洞。

单位：个

编　号			8-452	8-453	8-454	8-455	8-456	8-457	8-458
项　目			介质管道公称直径(mm以内)						
			20	32	50	65	80	100	125
预算基价	总　　　价(元)		**17.68**	**21.35**	**34.89**	**48.41**	**77.40**	**91.53**	**119.85**
	人　工　费(元)		12.15	13.50	18.90	25.65	33.75	45.90	62.10
	材　料　费(元)		4.81	7.02	15.09	21.80	42.47	44.24	56.22
	机　械　费(元)		0.72	0.83	0.90	0.96	1.18	1.39	1.53
组 成 内 容	单位	单价	数　　　量						
人工 综合工	工日	135.00	0.09	0.10	0.14	0.19	0.25	0.34	0.46
焊接钢管 DN32	m	—	—	(0.318)	—	—	—	—	—
焊接钢管 DN50	m	—	—	—	(0.318)	—	—	—	—
焊接钢管 DN80	m	—	—	—	—	(0.318)	—	—	—
焊接钢管 DN100	m	—	—	—	—	—	(0.318)	—	—
焊接钢管 DN125	m	—	—	—	—	—	—	(0.318)	—
焊接钢管 DN150	m	—	—	—	—	—	—	(0.318)	(0.318)
圆钢 D10～14	t	3926.88	0.00016	0.00016	0.00016	0.00016	0.00016	0.00016	0.00016
氧气	m³	2.88	0.018	0.021	0.024	0.036	0.060	0.090	0.150
乙炔气	m³	16.13	0.006	0.007	0.008	0.012	0.020	0.030	0.050
低碳钢焊条 J422 D3.2	kg	3.60	0.016	0.017	0.019	0.022	0.025	0.029	0.032
酚醛防锈漆	kg	17.27	0.014	0.017	0.020	0.026	0.035	0.037	0.051
汽油 70#～90#	kg	8.08	0.003	0.004	0.005	0.007	0.009	0.009	0.013
尼龙砂轮片 D400	片	15.64	0.012	0.021	0.026	0.038	0.053	0.057	0.063
钢丝刷	把	6.20	0.002	0.002	0.003	0.006	0.006	0.006	0.008
破布	kg	5.07	0.002	0.002	0.003	0.006	0.006	0.006	0.008
油麻	kg	16.48	0.090	0.158	0.623	0.957	2.115	2.194	2.849
密封油膏	kg	17.99	0.107	0.153	0.163	0.202	0.254	0.258	0.273
硅酸盐水泥 42.5级	kg	0.41	0.129	0.186	0.245	0.332	0.381	0.440	0.462
砂子	kg	0.09	0.386	0.558	0.734	0.997	1.142	1.319	1.387
机械 电焊机（综合）	台班	74.17	0.008	0.009	0.009	0.009	0.011	0.013	0.014
砂轮切割机 D400	台班	32.78	0.004	0.005	0.007	0.009	0.011	0.013	0.015

83

工作内容：切管、焊接、除锈刷漆、安装、填塞密封材料、堵洞。

单位：个

编 号			8-459	8-460	8-461	8-462	8-463	8-464
项 目			介质管道公称直径（mm以内）					
			150	200	250	300	350	400
预算基价	总 价(元)		**146.36**	**166.31**	**177.57**	**194.55**	**219.15**	**258.29**
	人 工 费(元)		76.95	93.15	99.90	110.70	128.25	151.20
	材 料 费(元)		68.00	71.53	75.89	83.70	90.75	106.94
	机 械 费(元)		1.41	1.63	1.78	0.15	0.15	0.15
组 成 内 容	单位	单价	数 量					
人工 综合工	工日	135.00	0.57	0.69	0.74	0.82	0.95	1.12
材料 无缝钢管 $D219 \times 6$	m	—	(0.318)	—	—	—	—	—
无缝钢管 $D273 \times 7$	m	—	—	(0.318)	—	—	—	—
无缝钢管 $D325 \times 8$	m	—	—	—	(0.318)	—	—	—
无缝钢管 $D377 \times 10$	m	—	—	—	—	(0.318)	—	—
无缝钢管 $D426 \times 10$	m	—	—	—	—	—	(0.318)	—
无缝钢管 $D480 \times 10$	m	—	—	—	—	—	—	(0.318)
圆钢 $D10 \sim 14$	t	3926.88	0.00016	0.00032	0.00032	0.00032	0.00032	0.00047
氧气	m³	2.88	0.324	0.414	0.429	0.486	0.619	0.825
乙炔气	m³	16.13	0.108	0.138	0.143	0.162	0.213	0.275
低碳钢焊条 J422 $D3.2$	kg	3.60	0.034	0.035	0.038	0.040	0.042	0.042
酚醛防锈漆	kg	17.27	0.051	0.063	0.075	0.087	0.099	0.122
汽油 $70^{\#} \sim 90^{\#}$	kg	8.08	0.013	0.016	0.019	0.022	0.025	0.031
钢丝刷	把	6.20	0.008	0.010	0.012	0.014	0.016	0.020
破布	kg	5.07	0.008	0.010	0.012	0.014	0.016	0.020
油麻	kg	16.48	3.152	3.236	3.443	3.755	3.977	4.679
密封油膏	kg	17.99	0.612	0.635	0.661	0.763	0.865	0.966
硅酸盐水泥 42.5级	kg	0.41	0.800	0.953	1.087	1.233	1.368	1.553
砂子	kg	0.09	2.399	2.859	3.262	3.698	4.105	4.660
机械 电焊机（综合）	台班	74.17	0.019	0.022	0.024	0.002	0.002	0.002

（3）一般塑料套管制作、安装

工作内容： 切管、安装、填塞密封材料、堵洞。

单位：个

编　号				8-465	8-466	8-467	8-468	8-469	8-470	8-471
项　目				介质管道外径（mm以内）						
				32	50	75	110	160	200	250
预算基价	总　　　价（元）			**17.65**	**29.61**	**55.95**	**58.87**	**82.69**	**86.07**	**92.91**
	人　工　费（元）			12.15	16.20	16.20	17.55	18.90	20.25	22.95
	材　料　费（元）			5.50	13.41	39.75	41.32	63.79	65.82	69.96
组　成　内　容		单位	单价	数　　　量						
人工	综合工	工日	135.00	0.09	0.12	0.12	0.13	0.14	0.15	0.17
材料	塑料管 De63	m	—	—	(0.318)	—	—	—	—	—
	塑料管 De75	m	—	—	—	(0.318)	—	—	—	—
	塑料管 De110	m	—	—	—	—	(0.318)	—	—	—
	塑料管 De160	m	—	—	—	—	—	(0.318)	—	—
	塑料管 De200	m	—	—	—	—	—	—	(0.318)	—
	塑料管 De250	m	—	—	—	—	—	—	—	(0.318)	—
	塑料管 De315	m	—	—	—	—	—	—	—	(0.318)
	锯条	根	0.42	0.031	0.102	0.236	0.529	0.705	1.009	1.411
	油麻	kg	16.48	0.158	0.623	2.115	2.194	3.152	3.236	3.443
	密封油膏	kg	17.99	0.153	0.163	0.254	0.258	0.612	0.635	0.661
	硅酸盐水泥 42.5级	kg	0.41	0.186	0.245	0.332	0.440	0.800	0.953	1.087
	砂子	kg	0.09	0.558	0.734	0.997	1.319	2.399	2.859	3.262

26.金 属 软 管
(1)螺 纹 连 接

工作内容:切管、套丝、安装、找平、水压试验。

单位:根

编　号			8-472	8-473	8-474	8-475	8-476	8-477
项　目			公称直径(mm以内)					
			15	20	25	32	40	50
预算基价	总　　价(元)		**15.33**	**18.25**	**24.11**	**28.67**	**34.44**	**43.21**
	人　工　费(元)		14.85	17.55	22.95	27.00	32.40	40.50
	材　料　费(元)		0.44	0.62	1.04	1.47	1.80	2.43
	机　械　费(元)		0.04	0.08	0.12	0.20	0.24	0.28
组　成　内　容		单位	单价	数　　　量				
人工	综合工	工日	135.00	0.11	0.13	0.17	0.20	0.24	0.30
材料	金属软管	根	—	(1)	(1)	(1)	(1)	(1)	(1)
	聚四氟乙烯生料带 $\delta 20$	m	1.15	0.38	0.54	0.77	1.07	1.34	1.83
	氧气	m³	2.88	—	—	0.018	0.026	0.030	0.036
	乙炔气	kg	14.66	—	—	0.007	0.011	0.012	0.015
机械	砂轮切割机 $D500$	台班	39.52	0.001	0.002	0.003	0.005	0.006	0.007

(2)法 兰 连 接

工作内容：切管、制加垫、紧螺栓、水压试验。

单位：根

编　号				8-478	8-479	8-480	8-481	8-482
项　目				公称直径(mm以内)				
				40	50	70	80	100
预算基价	总　　价(元)			**97.48**	**116.75**	**165.47**	**187.50**	**214.57**
	人　工　费(元)			43.20	49.95	74.25	74.25	74.25
	材　料　费(元)			50.05	62.57	83.98	106.01	131.87
	机　械　费(元)			4.23	4.23	7.24	7.24	8.45
组 成 内 容		单位	单价	数　　　　　量				
人工	综合工	工日	135.00	0.32	0.37	0.55	0.55	0.55
材料	金属软管	根	—	(1)	(1)	(1)	(1)	(1)
	平焊法兰 1.6MPa DN40	个	17.18	2	—	—	—	—
	平焊法兰 1.6MPa DN50	个	22.98	—	2	—	—	—
	平焊法兰 1.6MPa DN65	个	32.70	—	—	2	—	—
	平焊法兰 1.6MPa DN80	个	36.56	—	—	—	2	—
	平焊法兰 1.6MPa DN100	个	48.19	—	—	—	—	2
	精制六角带帽螺栓 M16×(61~80)	套	1.35	8.24	8.24	8.24	16.48	16.48
	垫圈 M16	个	0.10	8.24	8.24	8.24	16.48	16.48
	石棉橡胶板 低压 δ0.8~6.0	kg	19.35	0.11	0.14	0.18	0.26	0.35
	电焊条 E4303	kg	7.59	0.09	0.11	0.21	0.25	0.30
	铅油	kg	11.17	0.07	0.08	0.09	0.12	0.15
	清油	kg	15.06	0.010	0.015	0.015	0.015	0.020
	氧气	m³	2.88	—	—	0.040	0.060	0.070
	乙炔气	kg	14.66	—	—	0.014	0.022	0.025
机械	交流弧焊机 21kV·A	台班	60.37	0.07	0.07	0.12	0.12	0.14

工作内容：切管、制加垫、紧螺栓、水压试验。
单位：根

编　号			8-483	8-484	8-485	8-486	8-487	8-488	8-489
项　目			公称直径（mm以内）						
			125	150	200	250	300	350	400
预算基价	总　　　价（元）		**258.29**	**339.50**	**562.25**	**914.20**	**1201.41**	**1575.47**	**2202.31**
	人　工　费（元）		85.05	105.30	203.85	244.35	278.10	361.80	441.45
	材　料　费（元）		164.79	225.14	338.48	641.48	887.09	1176.24	1715.58
	机　械　费（元）		8.45	9.06	19.92	28.37	36.22	37.43	45.28
组 成 内 容		单位	单价	数　　量					
人工	综合工	工日	135.00	0.63	0.78	1.51	1.81	2.06	2.68	3.27
材料	金属软管	根	—	(1)	(1)	(1)	(1)	(1)	(1)	(1)
	平焊法兰　1.6MPa DN125	个	62.88	2	—	—	—	—	—	—
	平焊法兰　1.6MPa DN150	个	79.27	—	2	—	—	—	—	—
	平焊法兰　1.6MPa DN200	个	119.54	—	—	2	—	—	—	—
	平焊法兰　1.6MPa DN250	个	246.34	—	—	—	2	—	—	—
	平焊法兰　1.6MPa DN300	个	365.92	—	—	—	—	2	—	—
	平焊法兰　1.6MPa DN350	个	487.00	—	—	—	—	—	2	—
	平焊法兰　1.6MPa DN400	个	689.44	—	—	—	—	—	—	2
	精制六角带帽螺栓 M16×（61～80）	套	1.35	16.48	—	—	—	—	—	—
	六角带帽螺栓 M20×（85～100）	套	2.92	—	16.48	24.72	—	—	—	—
	六角带帽螺栓 M22×（90～120）	套	4.42	—	—	—	24.72	24.72	32.96	—
	六角带帽螺栓 M27×（120～140）	套	8.00	—	—	—	—	—	—	32.96
	垫圈 M16	个	0.10	16.48	—	—	—	—	—	—
	石棉橡胶板 低压 δ0.8～6.0	kg	19.35	0.46	0.55	0.66	0.73	0.80	1.08	1.38
	电焊条 E4303	kg	7.59	0.36	0.44	1.18	2.44	2.90	3.43	4.68
	氧气	m³	2.88	0.09	0.11	0.15	0.22	0.26	0.33	0.38
	乙炔气	kg	14.66	0.033	0.041	0.055	0.081	0.096	0.121	0.143
	铅油	kg	11.17	0.22	0.28	0.34	0.40	0.50	0.55	0.60
	清油	kg	15.06	0.020	0.030	0.030	0.040	0.050	0.050	0.060
机械	交流弧焊机 21kV·A	台班	60.37	0.14	0.15	0.33	0.47	0.60	0.62	0.75

三、管道消毒冲洗

工作内容： 溶解漂白粉、灌水、消毒、冲洗。

单位：100m

编　号			8-490	8-491	8-492	8-493	8-494	8-495
项　目			公称直径（mm以内）					
			50	100	200	300	400	500
预算基价	总　价（元）		**108.44**	**152.98**	**282.98**	**452.13**	**717.98**	**1050.42**
	人　工　费（元）		70.20	91.80	114.75	130.95	144.45	163.35
	材　料　费（元）		38.24	61.18	168.23	321.18	573.53	887.07
组　成　内　容	单位	单价	数　量					
人工 综合工	工日	135.00	0.52	0.68	0.85	0.97	1.07	1.21
材料 水	m³	7.62	5	8	22	42	75	116
漂白粉	kg	1.56	0.09	0.14	0.38	0.73	1.30	2.02

四、管道水压试验

工作内容： 准备工作、制堵盲板、装拆临时泵、临时管线、灌水、加压、停压检查。

单位：100m

编 号			8-496	8-497	8-498	8-499	8-500	8-501
项 目			公称直径（mm以内）					
			15	20	25	32	40	50
预算基价	总 价（元）		**295.53**	**319.08**	**344.15**	**369.39**	**394.49**	**418.78**
	人 工 费（元）		287.55	310.50	334.80	359.10	383.40	406.35
	材 料 费（元）		6.77	7.35	7.99	8.84	9.55	10.82
	机 械 费（元）		1.21	1.23	1.36	1.45	1.54	1.61
组 成 内 容		单位	单价	数 量				
人工	综合工	工日	135.00	2.13	2.30	2.48	2.66	2.84	3.01
材料	热轧厚钢板 δ8.0～15	kg	5.16	0.295	0.318	0.343	0.368	0.393	0.417
	焊接钢管 DN20	m	6.32	0.130	0.139	0.147	0.156	0.163	0.174
	低碳钢焊条 J422 D3.2	kg	3.60	0.016	0.017	0.018	0.020	0.021	0.022
	氧气	m³	2.88	0.036	0.039	0.042	0.045	0.048	0.051
	乙炔气	kg	14.66	0.012	0.013	0.014	0.015	0.016	0.017
	橡胶板 δ1～3	kg	11.26	0.072	0.078	0.084	0.090	0.096	0.102
	六角螺栓	kg	8.39	0.037	0.040	0.043	0.047	0.050	0.053
	螺纹阀门 DN20	个	22.72	0.040	0.042	0.044	0.046	0.048	0.050
	橡胶软管 DN20	m	11.10	0.061	0.064	0.067	0.070	0.073	0.076
	弹簧压力表 0～1.6MPa	块	48.67	0.020	0.021	0.022	0.023	0.024	0.025
	压力表弯管 DN15	个	11.36	0.020	0.021	0.022	0.023	0.024	0.025
	水	m³	7.62	0.024	0.043	0.069	0.121	0.158	0.265
机械	电焊机（综合）	台班	74.17	0.012	0.012	0.013	0.014	0.015	0.015
	试压泵 3MPa	台班	18.08	0.012	0.012	0.014	0.015	0.016	0.018
	电动单级离心清水泵 D100	台班	34.80	0.003	0.003	0.004	0.004	0.004	0.005

工作内容：准备工作、制堵盲板、装拆临时泵、临时管线、灌水、加压、停压检查。 单位：100m

编　号			8-502	8-503	8-504	8-505	8-506	8-507
项　目			公称直径(mm以内)					
			65	80	100	125	150	200
预算基价	总　　价(元)		**444.98**	**469.97**	**498.27**	**531.89**	**567.02**	**636.43**
	人　工　费(元)		430.65	453.60	477.90	504.90	531.90	584.55
	材　料　费(元)		12.59	14.45	18.35	24.65	32.41	48.71
	机　械　费(元)		1.74	1.92	2.02	2.34	2.71	3.17
组　成　内　容		单位	单价	数　　量				
人工	综合工	工日	135.00	3.19	3.36	3.54	3.74	3.94	4.33
材料	热轧厚钢板 δ8.0～15	kg	5.16	0.442	0.465	0.490	0.727	1.103	1.476
	焊接钢管 DN20	m	6.32	0.185	0.203	0.210	0.218	0.228	0.239
	低碳钢焊条 J422 D3.2	kg	3.60	0.024	0.025	0.026	0.028	0.030	0.032
	氧气	m³	2.88	0.054	0.057	0.060	0.063	0.069	0.075
	乙炔气	kg	14.66	0.018	0.019	0.020	0.021	0.023	0.025
	橡胶板 δ1～3	kg	11.26	0.108	0.114	0.120	0.140	0.160	0.180
	六角螺栓	kg	8.39	0.056	0.059	0.062	0.080	0.120	0.180
	螺纹阀门 DN20	个	22.72	0.052	0.055	0.057	0.060	0.063	0.066
	橡胶软管 DN20	m	11.10	0.080	0.084	0.087	0.091	0.096	0.100
	弹簧压力表 0～1.6MPa	块	48.67	0.026	0.027	0.029	0.030	0.031	0.033
	压力表弯管 DN15	个	11.36	0.026	0.027	0.029	0.030	0.031	0.033
	水	m³	7.62	0.436	0.611	1.058	1.641	2.292	4.036
机械	电焊机（综合）	台班	74.17	0.016	0.017	0.017	0.018	0.018	0.019
	试压泵 3MPa	台班	18.08	0.019	0.021	0.023	0.025	0.028	0.032
	电动单级离心清水泵 D100	台班	34.80	0.006	0.008	0.010	0.016	0.025	0.034

工作内容：准备工作、制堵盲板、装拆临时泵、临时管线、灌水、加压、停压检查。

单位：100m

编　号			8-508	8-509	8-510	8-511	8-512	8-513
项　目			公称直径（mm以内）					
			250	300	350	400	450	500
预算基价	总　　价（元）		**764.83**	**893.91**	**999.10**	**1105.47**	**1152.66**	**1270.64**
	人　工　费（元）		688.50	789.75	866.70	940.95	953.10	1035.45
	材　料　费（元）		72.63	99.94	127.61	159.17	193.91	229.11
	机　械　费（元）		3.70	4.22	4.79	5.35	5.65	6.08
组　成　内　容		单位	单价	数　　　　量				
人工	综合工	工日	135.00	5.10	5.85	6.42	6.97	7.06	7.67
材料	热轧厚钢板 δ8.0～15	kg	5.16	2.306	3.328	3.796	4.264	4.403	4.946
	焊接钢管 DN20	m	6.32	0.250	0.261	0.272	0.282	0.289	0.297
	低碳钢焊条 J422 D3.2	kg	3.60	0.035	0.037	0.040	0.042	0.044	0.047
	氧气	m³	2.88	0.084	0.090	0.108	0.120	0.138	0.156
	乙炔气	kg	14.66	0.028	0.030	0.036	0.040	0.046	0.052
	橡胶板 δ1～3	kg	11.26	0.210	0.240	0.330	0.420	0.508	0.535
	六角螺栓	kg	8.39	0.278	0.376	0.458	0.540	0.589	0.637
	螺纹阀门 DN20	个	22.72	0.069	0.072	0.075	0.080	0.080	0.085
	橡胶软管 DN20	m	11.10	0.105	0.109	0.114	0.120	0.123	0.126
	弹簧压力表 0～1.6MPa	块	48.67	0.034	0.036	0.038	0.040	0.040	0.043
	压力表弯管 DN15	个	11.36	0.034	0.036	0.038	0.040	0.040	0.043
	水	m³	7.62	6.417	9.111	12.141	15.681	19.933	24.023
机械	电焊机（综合）	台班	74.17	0.019	0.019	0.020	0.020	0.020	0.021
	试压泵 3MPa	台班	18.08	0.036	0.040	0.048	0.060	0.063	0.075
	电动单级离心清水泵 D100	台班	34.80	0.047	0.060	0.070	0.080	0.087	0.091

92

五、剔堵槽、沟
1.砖 结 构

工作内容：画线、剔槽、堵抹、调运砂浆、清理等。

单位：10m

编 号				8-514	8-515	8-516	8-517	8-518
项 目				宽×深(mm)				
				70×70	90×90	100×140	120×150	150×200
预算基价	总　　　价(元)			227.96	273.58	337.35	479.14	706.95
	人　工　费(元)			108.00	147.15	191.70	324.00	507.60
	材　料　费(元)			119.96	126.43	145.65	155.14	199.35
组 成 内 容		单位	单价	数　　量				
人工	综合工	工日	135.00	0.80	1.09	1.42	2.40	3.76
材料	水泥砂浆 1:2.5	m³	323.89	0.010	0.010	0.010	0.010	0.020
	水泥砂浆 1:3	m³	308.56	0.050	0.070	0.130	0.160	0.290
	水	m³	7.62	0.050	0.060	0.080	0.090	0.120
	合金钢切割片 D300	片	227.57	0.440	0.440	0.440	0.440	0.440
	电	kW·h	0.73	1.070	1.375	2.140	2.350	3.210

2.混凝土结构

工作内容：画线、剔槽、堵抹、调运砂浆、清理等。

单位：10m

编 号			8-519	8-520	8-521	8-522	8-523
项 目			宽×深(mm)				
			70×70	90×90	100×140	120×150	150×200
预算基价	总 价(元)			**489.19**	**613.28**	**766.55**	**938.20**	**1208.27**
	人 工 费(元)		325.35	442.80	576.45	738.45	963.90
	材 料 费(元)		163.84	170.48	190.10	199.75	244.37
组 成 内 容	单位	单价	数 量				
人工	综合工	工日	135.00	2.41	3.28	4.27	5.47	7.14
材料	水泥砂浆 1:2.5	m³	323.89	0.010	0.010	0.010	0.010	0.020
	水泥砂浆 1:3	m³	308.56	0.050	0.070	0.130	0.160	0.290
	水	m³	7.62	0.050	0.060	0.070	0.090	0.120
	合金钢切割片 D300	片	227.57	0.630	0.630	0.630	0.630	0.630
	电	kW·h	0.73	1.950	2.490	3.900	4.230	5.650

六、机 械 钻 孔

1.混凝土楼板钻孔

工作内容： 定位、画线、固定设备、钻孔、检查、整理、清场。

单位：10个

编 号			8-524	8-525	8-526	8-527	8-528
项 目			钻孔直径(mm以内)				
			63	83	108	132	200
预算基价	总 价(元)		**225.05**	**302.35**	**395.73**	**447.21**	**555.82**
	人 工 费(元)		186.30	260.55	340.20	391.50	473.85
	材 料 费(元)		38.75	41.80	55.53	55.71	81.97
组 成 内 容	单位	单价	数 量				
人工 综合工	工日	135.00	1.38	1.93	2.52	2.90	3.51
材料 合金钢钻头	个	25.96	1.400	1.500	2.000	2.000	3.000
水	m³	7.62	0.060	0.060	0.060	0.070	0.080
机油	kg	7.21	0.120	0.120	0.120	0.120	0.120
电	kW·h	0.73	1.490	2.110	3.130	3.280	3.580

2.混凝土墙体钻孔

工作内容：定位、画线、固定设备、钻孔、检查、整理、清场。

单位：10 个

编　号				8-529	8-530	8-531	8-532	8-533
项　目				钻孔直径(mm以内)				
				63	83	108	132	200
预算基价	总　　价(元)			**329.34**	**433.93**	**510.43**	**621.11**	**734.25**
	人　工　费(元)			284.85	386.10	461.70	558.90	645.30
	材　料　费(元)			44.49	47.83	48.73	62.21	88.95
组　成　内　容		单位	单价	数　　量				
人工	综合工	工日	135.00	2.11	2.86	3.42	4.14	4.78
材料	合金钢钻头	个	25.96	1.600	1.700	1.700	2.200	3.200
	水	m³	7.62	0.100	0.100	0.100	0.120	0.140
	机油	kg	7.21	0.020	0.020	0.020	0.020	0.020
	电	kW·h	0.73	2.810	3.820	5.060	5.530	6.390

七、预留孔洞

工作内容：制作模具、定位、固定、配合浇筑、拆模、清理。

单位：10个

编　号				8-534	8-535	8-536	8-537	8-538	8-539
项　目				混凝土楼板					
				公称直径(mm以内)					
				50	65	80	100	125	150
预算基价	总　　　价(元)			**68.70**	**83.05**	**88.98**	**102.14**	**111.47**	**130.81**
	人　工　费(元)			58.05	68.85	74.25	79.65	85.05	90.45
	材　料　费(元)			10.06	13.38	13.84	21.45	25.31	38.73
	机　械　费(元)			0.59	0.82	0.89	1.04	1.11	1.63
组 成 内 容		单位	单价	数　　　量					
人工	综合工	工日	135.00	0.43	0.51	0.55	0.59	0.63	0.67
材料	焊接钢管	t	4230.02	0.00122	0.00179	0.00180	0.00243	0.00288	0.00527
	圆钢 $D10\sim14$	t	3926.88	0.00094	0.00100	0.00103	0.00113	0.00116	0.00126
	氧气	m³	2.88	0.108	0.153	0.192	0.759	0.984	1.293
	乙炔气	kg	14.66	0.036	0.051	0.064	0.253	0.328	0.431
	低碳钢焊条 J422 $D3.2$	kg	3.60	0.020	0.028	0.028	0.034	0.038	0.058
	隔离剂	kg	4.20	0.070	0.141	0.141	0.170	0.188	0.294
机械	电焊机（综合）	台班	74.17	0.008	0.011	0.012	0.014	0.015	0.022

工作内容：制作模具、定位、固定、配合浇筑、拆模、清理。

单位：10个

编　号			8-540	8-541	8-542	8-543	8-544
项　目			混凝土楼板				
			公称直径(mm以内)				
			200	250	300	350	400
预算基价	总　　　价(元)		**156.18**	**171.07**	**186.42**	**220.59**	**251.48**
	人　工　费(元)		97.20	105.30	113.40	124.20	136.35
	材　料　费(元)		57.27	63.77	71.02	94.16	112.76
	机　械　费(元)		1.71	2.00	2.00	2.23	2.37
组　成　内　容	单位	单价	数　　　量				
人工	综合工	工日	135.00	0.72	0.78	0.84	0.92	1.01
材料	焊接钢管	t	4230.02	0.00834	0.00971	0.01100	0.01545	0.01743
	圆钢 *D*10～14	t	3926.88	0.00190	0.00190	0.00190	0.00190	0.00284
	氧气	m³	2.88	1.653	1.716	1.944	2.475	3.291
	乙炔气	kg	14.66	0.551	0.572	0.648	0.825	1.097
	低碳钢焊条 J422 *D*3.2	kg	3.60	0.059	0.069	0.070	0.077	0.084
	隔离剂	kg	4.20	0.353	0.396	0.400	0.440	0.480
机械	电焊机（综合）	台班	74.17	0.023	0.027	0.027	0.030	0.032

工作内容: 制作模具、定位、固定、配合浇筑、拆模、清理。

单位: 10个

编　号			8-545	8-546	8-547	8-548	8-549	8-550
项　目			混凝土墙体					
			公称直径(mm以内)					
			50	65	80	100	125	150
预算基价	总　　价(元)		**104.31**	**127.81**	**139.13**	**150.12**	**161.42**	**200.23**
	人　工　费(元)		74.25	87.75	94.50	101.25	108.00	116.10
	材　料　费(元)		30.06	40.06	44.63	48.87	53.42	84.13
组　成　内　容		单位	单价	数　　量				
人工	综合工	工日	135.00	0.55	0.65	0.70	0.75	0.80	0.86
材料	木模板	m³	1982.88	0.014	0.018	0.020	0.022	0.024	0.037
	圆钉	kg	6.68	0.300	0.565	0.656	0.678	0.754	1.427
	隔离剂	kg	4.20	0.070	0.141	0.141	0.170	0.188	0.294

工作内容：制作模具、定位、固定、配合浇筑、拆模、清理。

单位：10个

编　号			8-551	8-552	8-553	8-554	8-555
项　目			混凝土墙体				
			公称直径(mm以内)				
			200	250	300	350	400
预算基价	总　价(元)		**212.05**	**254.79**	**269.70**	**291.92**	**318.73**
	人 工 费(元)		125.55	133.65	144.45	159.30	172.80
	材 料 费(元)		86.50	121.14	125.25	132.62	145.93
组 成 内 容	单位	单价	数　　量				
人工 综合工	工日	135.00	0.93	0.99	1.07	1.18	1.28
材料 木模板	m³	1982.88	0.038	0.054	0.056	0.059	0.065
圆钉	kg	6.68	1.448	1.832	1.850	2.035	2.220
隔离剂	kg	4.20	0.353	0.436	0.440	0.484	0.528

八、堵　洞

工作内容: 制作模具、清理、调制、填塞砂浆、找平、养护。

单位:10个

编　号			8-556	8-557	8-558	8-559	8-560	8-561
项　目			公称直径(mm以内)					
			50	65	80	100	125	150
预算基价	总　价(元)		**123.77**	**156.74**	**179.96**	**209.13**	**220.58**	**349.02**
	人　工　费(元)		38.25	41.31	47.43	55.08	58.14	68.85
	材　料　费(元)		85.52	115.43	132.53	154.05	162.44	280.17
组 成 内 容	单位	单价	数　量					
人工	综合工	工日	153.00	0.25	0.27	0.31	0.36	0.38	0.45
材料	镀锌钢丝 $D4.0$	kg	7.08	0.001	0.001	0.001	0.001	0.001	0.002
	水泥砂浆 1:2.5	m³	323.89	0.005	0.006	0.007	0.008	0.008	0.015
	预拌混凝土 AC20	m³	450.56	0.010	0.014	0.016	0.019	0.020	0.034
	木模板	m³	1982.88	0.040	0.054	0.062	0.072	0.076	0.131
	水	m³	7.62	0.009	0.012	0.014	0.016	0.017	0.029

工作内容：制作模具、清理、调制、填塞砂浆、找平、养护。 单位：10个

编　号			8-562	8-563	8-564	8-565	8-566
项　目			公称直径(mm以内)				
			200	250	300	350	400
预算基价	总　价(元)		**421.88**	**486.05**	**553.86**	**618.03**	**704.64**
	人　工　费(元)		88.74	105.57	122.40	139.23	162.18
	材　料　费(元)		333.14	380.48	431.46	478.80	542.46
组　成　内　容	单位	单价	数　量				
人工 综合工	工日	153.00	0.58	0.69	0.80	0.91	1.06
材料 镀锌钢丝 D4.0	kg	7.08	0.002	0.002	0.003	0.003	0.003
水泥砂浆 1:2.5	m³	323.89	0.017	0.020	0.022	0.025	0.028
预拌混凝土 AC20	m³	450.56	0.040	0.046	0.052	0.058	0.065
木模板	m³	1982.88	0.156	0.178	0.202	0.224	0.254
水	m³	7.62	0.035	0.040	0.045	0.050	0.057

九、警示带、示踪线、地面警示标志桩安装

工作内容： 警示带敷设、示踪线敷设、捆扎、锡焊连接、示踪线连接、警示标志桩定位、开挖、回填、安装。

编　号			8-567	8-568	8-569
项　目			警示带敷设 （100m）	示踪线安装 （100m）	地面警示标志桩安装 （10个）
预算基价	总　　价(元)		**32.40**	**72.55**	**484.05**
	人 工 费(元)		32.40	64.80	386.10
	材 料 费(元)		—	7.75	9.24
	机 械 费(元)		—	—	88.71
组 成 内 容		单位	单价	数　量	
人工	综合工	工日	135.00	0.24	0.48	2.86
材料	警示带	m	—	（105.000）	—	—
	示踪线	m	—	—	（105.000）	—
	地面警示标志桩	个	—	—	—	（10.100）
	塑料粘胶带	盘	2.64	—	1.200	—
	铁砂布 0# ～2#	张	1.15	—	1.000	—
	焊锡丝	kg	60.79	—	0.040	—
	焊锡膏 50g瓶装	kg	49.90	—	0.020	—
	硅酸盐水泥 42.5级	kg	0.41	—	—	12.000
	砂子 中砂	m³	89.44	—	—	0.020
	碎石 20～40	m³	74.53	—	—	0.033
	水	m³	7.62	—	—	0.010
机械	载货汽车 5t	台班	443.55	—	—	0.200

第二章　管道支架制作、安装

说　明

一、本章适用范围：室内外给排水、采暖、燃气管道支架的制作、安装,成品管卡安装。

二、成品管卡安装项目,适用于与各类管道配套的立、支管成品管卡的安装。

工程量计算规则

一、管道支架制作、安装按设计图示质量计算。

二、成品管卡安装,按管道直径,区分不同规格计算。

一、管道支架制作、安装

工作内容： 切断、调直、搣制、钻孔、焊接、打洞、安装、和灰、堵洞。

单位：100kg

编　号			8-570	
项　目			一般管架制作、安装	
预算基价	总　　价(元)		**1377.69**	
	人　工　费(元)		897.75	
	材　料　费(元)		229.75	
	机　械　费(元)		250.19	
组　成　内　容	单位	单价	数　量	
人工 综合工	工日	135.00	6.65	
材料 型钢	t	—	(0.106)	
硅酸盐水泥 42.5级	kg	0.41	29.25	
砂子	t	87.03	0.071	
水	m³	7.62	0.02	
碎石 0.5～3.2	t	82.73	0.071	
木材 一级红松	m³	3862.26	0.02	
六角螺栓	kg	8.39	1.21	
六角螺母	kg	8.52	2.54	
钢垫圈	kg	3.18	1	
电焊条 E4303 D3.2	kg	7.59	5.4	
氧气	m³	2.88	2.55	
乙炔气	kg	14.66	0.87	
砂轮片 D400	片	19.56	1.44	
破布	kg	5.07	0.01	
清油	kg	15.06	0.01	
机油	kg	7.21	0.45	
铅油	kg	11.17	0.03	
砂轮片 D100	片	3.83	0.08	
机械 直流弧焊机 20kW	台班	75.06	2.78	
电焊条烘干箱 600×500×750	台班	27.16	0.32	
台式钻床 D16	台班	4.27	0.31	
立式钻床 D25	台班	6.78	0.79	
管子切断机 D150	台班	33.97	0.77	

二、成品管卡安装

工作内容:定位、打眼、固定管卡。

单位:个

编　号			8-571	8-572	8-573	8-574	8-575	8-576	8-577	8-578
项　目			公称直径(mm以内)							
			20	32	40	50	80	100	125	150
预算基价	总　　价(元)		**2.05**	**2.05**	**2.05**	**4.42**	**4.44**	**4.69**	**4.69**	**4.69**
	人　工　费(元)		1.35	1.35	1.35	2.70	2.70	2.70	2.70	2.70
	材　料　费(元)		0.70	0.70	0.70	1.72	1.74	1.99	1.99	1.99
组　成　内　容	单位	单价	数　　量							
人工 综合工	工日	135.00	0.01	0.01	0.01	0.02	0.02	0.02	0.02	0.02
材料 成品管卡	套	—	(1.050)	(1.050)	(1.050)	(1.050)	(1.050)	(1.050)	(1.050)	(1.050)
冲击钻头 *D*12	个	8.00	0.015	0.015	0.015	—	—	—	—	—
冲击钻头 *D*14	个	8.58	—	—	—	0.015	0.018	—	—	—
冲击钻头 *D*16	个	9.52	—	—	—	—	—	0.018	0.018	0.018
膨胀螺栓 M8	套	0.55	1.030	1.030	1.030	—	—	—	—	—
膨胀螺栓 M10	套	1.53	—	—	—	1.030	1.030	—	—	—
膨胀螺栓 M12	套	1.75	—	—	—	—	—	1.030	1.030	1.030
电	kW·h	0.73	0.012	0.012	0.014	0.016	0.016	0.020	0.024	0.026

第三章　管道附件安装

说　明

一、本章适用范围：室内外生活用给排水、采暖、燃气管道中各类阀门、法兰、计量表、补偿器、PVC排水管、消声器和伸缩节、水位标尺的安装。

二、螺纹阀门安装适用于各种内外螺纹连接的阀门安装。

三、法兰阀门安装适用于各种法兰阀门的安装,如仅为一侧法兰连接时,基价中的法兰、带帽螺栓及钢垫圈数量减半。

四、电磁阀、温控阀安装项目均包括配合调试工作内容。

五、各种法兰用连接垫片均按石棉橡胶板考虑,如用其他材料不做调整。

六、FQ-Ⅱ型浮标液面计安装按N102-3《采暖通风国家标准图集》编制。

七、水塔、水池浮漂水位标尺制作、安装按S318《全国通用给水排水标准图集》编制。

八、减压器、疏水器组成与安装按N108《采暖通风国家标准图集》编制,如实际组成与此不同时,阀门和压力表数量可按实调整,其余不变。

九、法兰水表安装按S145《全国通用给水排水标准图集》编制。基价内包括旁通管及止回阀,如实际安装形式与此不同时,阀门及止回阀可按实际调整,其余不变。

工程量计算规则

一、螺纹阀门、螺纹法兰阀门、焊接法兰阀门、带短管甲、乙的法兰阀、自动排气阀、安全阀、电磁阀、散热器温控阀、塑料阀门，依据不同类型、材质、型号、规格，按设计图示数量计算（包括浮球阀、手动排气阀、液压式水位控制阀、不锈钢阀门、煤气减压阀、液相自动转换阀、过滤阀等）。

二、减压器、疏水器、水表依据不同材质、型号、规格、连接方式，按设计图示数量计算。

三、法兰安装依据不同材质、型号、规格、连接方式，按设计图示数量计算。

四、补偿器依据不同类型、材质、型号、规格、连接方式，按设计图示数量计算（方形补偿器的两臂，按臂长的2倍合并在管道安装长度内计算）。

五、浮标液面计依据不同型号、规格，按设计图示数量计算。

六、浮漂水位标尺依据不同用途、型号、规格，按设计图示数量计算。

七、排水管阻水圈依据不同型号、规格，按设计图示数量计算。

八、橡胶软接头依据不同型号、规格、连接方式，按设计图示数量计算。

一、阀　门

1.螺　纹　阀　门

工作内容：切管、套丝、制垫、加垫、上阀门、水压试验。

单位：个

编　号			8-579	8-580	8-581	8-582	8-583	8-584	8-585	8-586	8-587
项　目			公称直径(mm以内)								
			15	20	25	32	40	50	65	80	100
预算基价	总　　　价(元)		**16.24**	**17.08**	**21.26**	**26.81**	**42.58**	**46.29**	**77.62**	**105.32**	**191.08**
	人　工　费(元)		13.50	13.50	16.20	20.25	33.75	33.75	49.95	67.50	130.95
	材　料　费(元)		2.74	3.58	5.06	6.56	8.83	12.54	27.67	37.82	60.13
组　成　内　容	单位	单价	数　　　量								
人工 综合工	工日	135.00	0.10	0.10	0.12	0.15	0.25	0.25	0.37	0.50	0.97
材料 螺纹阀门	个	—	(1.01)	(1.01)	(1.01)	(1.01)	(1.01)	(1.01)	(1.01)	(1.01)	(1.01)
黑玛钢活接头 *DN*15	个	2.23	1.01	—	—	—	—	—	—	—	—
黑玛钢活接头 *DN*20	个	2.97	—	1.01	—	—	—	—	—	—	—
黑玛钢活接头 *DN*25	个	4.32	—	—	1.01	—	—	—	—	—	—
黑玛钢活接头 *DN*32	个	5.63	—	—	—	1.01	—	—	—	—	—
黑玛钢活接头 *DN*40	个	7.64	—	—	—	—	1.01	—	—	—	—
黑玛钢活接头 *DN*50	个	11.08	—	—	—	—	—	1.01	—	—	—
黑玛钢活接头 *DN*65	个	25.69	—	—	—	—	—	—	1.01	—	—
黑玛钢活接头 *DN*80	个	35.41	—	—	—	—	—	—	—	1.01	—
黑玛钢活接头 *DN*100	个	56.87	—	—	—	—	—	—	—	—	1.01
橡胶板 $\delta 1\sim 3$	kg	11.26	0.002	0.003	0.004	0.006	0.008	0.010	0.016	0.022	0.037
铅油	kg	11.17	0.008	0.010	0.012	0.014	0.017	0.020	0.024	0.028	0.040
机油	kg	7.21	0.012	0.012	0.012	0.012	0.016	0.016	0.020	0.020	0.024
线麻	kg	11.36	0.001	0.001	0.001	0.002	0.002	0.002	0.003	0.004	0.006
棉纱	kg	16.11	0.010	0.012	0.015	0.019	0.024	0.030	0.037	0.044	0.052
砂纸	张	0.87	0.10	0.12	0.15	0.19	0.24	0.30	0.37	0.44	0.52
锯条	根	0.42	0.07	0.10	0.12	0.16	0.23	0.32	0.42	0.50	0.70

2.螺纹浮球阀

工作内容：切管、套丝、制垫、加垫、上阀门、水压试验。

单位：个

编　号			8-588	8-589	8-590	8-591	8-592	8-593	8-594	8-595	8-596
项　目			公称直径(mm以内)								
			15	20	25	32	40	50	65	80	100
预算基价	总　　　价(元)		**14.57**	**14.89**	**18.05**	**22.80**	**37.00**	**38.28**	**58.11**	**78.60**	**149.30**
	人　工　费(元)		13.50	13.50	16.20	20.25	33.75	33.75	49.95	67.50	130.95
	材　料　费(元)		1.07	1.39	1.85	2.55	3.25	4.53	8.16	11.10	18.35
组　成　内　容	单位	单价	数　　　量								
人工 综合工	工日	135.00	0.10	0.10	0.12	0.15	0.25	0.25	0.37	0.50	0.97
材料 螺纹浮球阀	个	—	(1)	(1)	(1)	(1)	(1)	(1)	(1)	(1)	(1)
黑玛钢管箍 *DN*15	个	0.67	1.01	—	—	—	—	—	—	—	—
黑玛钢管箍 *DN*20	个	0.89	—	1.01	—	—	—	—	—	—	—
黑玛钢管箍 *DN*25	个	1.23	—	—	1.01	—	—	—	—	—	—
黑玛钢管箍 *DN*32	个	1.78	—	—	—	1.01	—	—	—	—	—
黑玛钢管箍 *DN*40	个	2.26	—	—	—	—	1.01	—	—	—	—
黑玛钢管箍 *DN*50	个	3.32	—	—	—	—	—	1.01	—	—	—
黑玛钢管箍 *DN*65	个	6.64	—	—	—	—	—	—	1.01	—	—
黑玛钢管箍 *DN*80	个	9.28	—	—	—	—	—	—	—	1.01	—
黑玛钢管箍 *DN*100	个	15.99	—	—	—	—	—	—	—	—	1.01
铅油	kg	11.17	0.008	0.010	0.012	0.014	0.017	0.020	0.024	0.028	0.040
机油	kg	7.21	0.003	0.005	0.007	0.009	0.012	0.012	0.015	0.015	0.020
线麻	kg	11.36	0.001	0.001	0.001	0.001	0.002	0.002	0.003	0.004	0.006
棉纱	kg	16.11	0.010	0.012	0.015	0.019	0.024	0.030	0.037	0.044	0.052
锯条	根	0.42	0.05	0.07	0.10	0.12	0.18	0.24	0.30	0.40	0.60
砂纸	张	0.87	0.10	0.12	0.15	0.19	0.24	0.30	0.37	0.44	0.52

3.螺纹法兰阀

工作内容：切管、套丝、上法兰、制垫、加垫、紧螺栓、水压试验。

单位：个

编　号			8-597	8-598	8-599	8-600	8-601	8-602
项　目			公称直径(mm以内)					
			15	20	25	32	40	50
预算基价	总　　价(元)		**47.95**	**50.93**	**61.06**	**82.09**	**113.78**	**122.45**
	人　工　费(元)		27.00	27.00	33.75	39.15	66.15	66.15
	材　料　费(元)		20.95	23.93	27.31	42.94	47.63	56.30
组 成 内 容	单位	单价	数　　量					
人工 综合工	工日	135.00	0.20	0.20	0.25	0.29	0.49	0.49
法兰阀门	个	—	(1)	(1)	(1)	(1)	(1)	(1)
螺纹法兰 0.6MPa DN15	个	6.80	2	—	—	—	—	—
螺纹法兰 0.6MPa DN20	个	8.03	—	2	—	—	—	—
螺纹法兰 0.6MPa DN25	个	9.18	—	—	2	—	—	—
螺纹法兰 0.6MPa DN32	个	12.50	—	—	—	2	—	—
螺纹法兰 0.6MPa DN40	个	14.54	—	—	—	—	2	—
螺纹法兰 0.6MPa DN50	个	17.36	—	—	—	—	—	2
六角带帽螺栓 M12×(14~75)	套	0.66	8.24	8.24	8.24	—	—	—
六角带帽螺栓 M16×(65~80)	套	1.71	—	—	—	8.24	8.24	8.24
石棉橡胶板 低压 δ0.8~6.0	kg	19.35	0.03	0.04	0.07	0.08	0.11	0.14
铅油	kg	11.17	0.050	0.070	0.090	0.100	0.100	0.110
清油	kg	15.06	0.010	0.010	0.010	0.010	0.010	0.150
机油	kg	7.21	0.012	0.012	0.015	0.015	0.015	0.020
线麻	kg	11.36	0.001	0.001	0.001	0.002	0.002	0.002
棉纱	kg	16.11	0.020	0.020	0.030	0.030	0.030	0.040
砂纸	张	0.87	0.2	0.3	0.4	0.4	0.4	0.4
锯条	根	0.42	0.07	0.10	0.12	0.16	0.23	0.32

4.螺纹电磁阀安装

工作内容：切管、套丝、阀门连接、试压检查、配合调试。

单位：个

编 号			8-603	8-604	8-605	8-606	8-607	8-608	8-609	8-610	8-611
项 目			公称直径（mm以内）								
			15	20	25	32	40	50	65	80	100
预算基价	总 价(元)		**14.55**	**16.12**	**17.96**	**23.89**	**36.61**	**42.95**	**56.23**	**79.03**	**155.37**
	人 工 费(元)		13.50	14.85	16.20	21.60	33.75	39.15	51.30	72.90	139.05
	材 料 费(元)		0.79	1.03	1.31	1.70	2.12	2.70	3.56	4.40	5.51
	机 械 费(元)		0.26	0.24	0.45	0.59	0.74	1.10	1.37	1.73	10.81
组 成 内 容	单位	单价	数 量								
人工 综合工	工日	135.00	0.10	0.11	0.12	0.16	0.25	0.29	0.38	0.54	1.03
材料 螺纹电磁阀门	个	—	(1.000)	(1.000)	(1.000)	(1.000)	(1.000)	(1.000)	(1.000)	(1.000)	(1.000)
聚四氟乙烯生料带 δ20	m	1.15	0.568	0.752	0.944	1.208	1.504	1.888	2.448	3.016	3.768
锯条	根	0.42	0.055	0.061	0.063	0.067	0.084	0.106	—	—	—
尼龙砂轮片 D400	片	15.64	0.004	0.005	0.008	0.012	0.015	0.021	0.034	0.045	0.057
机油	kg	7.21	0.007	0.009	0.010	0.013	0.017	0.021	0.029	0.032	0.040
机械 吊装机械（综合）	台班	664.97	—	—	—	—	—	—	—	—	0.013
砂轮切割机 D400	台班	32.78	0.004	0.002	0.003	0.004	0.005	0.006	0.007	0.010	0.013
管子切断套丝机 D159	台班	21.98	0.006	0.008	0.016	0.021	0.026	0.041	0.052	0.064	0.079

5.法兰浮球阀

工作内容：切管、焊接法兰、制垫、加垫、紧螺栓、固定、水压试验。

单位：个

编 号			8-612	8-613	8-614	8-615	8-616
项 目			公称直径(mm以内)				
			32	50	80	100	150
预算基价	总 价(元)		**78.44**	**87.25**	**137.57**	**168.47**	**236.31**
	人 工 费(元)		47.25	47.25	70.20	86.40	105.30
	材 料 费(元)		24.43	33.24	56.86	70.06	116.00
	机 械 费(元)		6.76	6.76	10.51	12.01	15.01
组 成 内 容	单位	单价	数 量				
人工 综合工	工日	135.00	0.35	0.35	0.52	0.64	0.78
材料 法兰浮球阀	个	—	(1)	(1)	(1)	(1)	(1)
六角带帽螺栓 M16×(65~80)	套	1.71	4.12	4.12	8.24	8.24	—
六角带帽螺栓 M20×(85~100)	套	2.92	—	—	—	—	8.24
石棉橡胶板 低压 δ0.8~6.0	kg	19.35	0.04	0.07	0.13	0.17	0.31
钢板平焊法兰 1.6MPa DN32	个	15.32	1	—	—	—	—
钢板平焊法兰 1.6MPa DN50	个	22.98	—	1	—	—	—
钢板平焊法兰 1.6MPa DN80	个	36.56	—	—	1	—	—
钢板平焊法兰 1.6MPa DN100	个	48.19	—	—	—	1	—
钢板平焊法兰 1.6MPa DN150	个	79.27	—	—	—	—	1
铅油	kg	11.17	0.030	0.040	0.060	0.075	0.140
清油	kg	15.06	0.005	0.008	0.010	0.015	0.020
棉纱	kg	16.11	0.010	0.020	0.030	0.030	0.035
砂纸	张	0.87	0.2	0.2	0.3	0.4	0.5
锯条	根	0.42	0.04	0.08	—	—	—
电焊条 E4303 D3.2	kg	7.59	0.07	0.10	0.25	0.30	0.44
乙炔气	kg	14.66	—	—	0.010	0.014	0.020
氧气	m³	2.88	—	—	0.03	0.04	0.06
机械 直流弧焊机 20kW	台班	75.06	0.09	0.09	0.14	0.16	0.20

119

6.焊接法兰阀

工作内容：切管、焊接法兰、制垫、加垫、紧螺栓、水压试验。

单位：个

编号			8-617	8-618	8-619	8-620	8-621	8-622
项 目			公称直径(mm以内)					
			32	40	50	65	80	100
预算基价	总 价(元)		**110.09**	**117.45**	**142.44**	**195.31**	**231.83**	**285.56**
	人 工 费(元)		51.30	54.00	66.15	89.10	101.25	125.55
	材 料 费(元)		49.03	53.69	66.53	88.95	113.32	139.74
	机 械 费(元)		9.76	9.76	9.76	17.26	17.26	20.27
组 成 内 容	单位	单价	数 量					
人工 综合工	工日	135.00	0.38	0.40	0.49	0.66	0.75	0.93
材料 法兰阀门	个	—	(1)	(1)	(1)	(1)	(1)	(1)
平焊法兰 1.6MPa *DN*32	个	15.32	2	—	—	—	—	—
平焊法兰 1.6MPa *DN*40	个	17.18	—	2	—	—	—	—
平焊法兰 1.6MPa *DN*50	个	22.98	—	—	2	—	—	—
平焊法兰 1.6MPa *DN*65	个	32.70	—	—	—	2	—	—
平焊法兰 1.6MPa *DN*80	个	36.56	—	—	—	—	2	—
平焊法兰 1.6MPa *DN*100	个	48.19	—	—	—	—	—	2
六角带帽螺栓 M16×(65~80)	套	1.71	8.24	8.24	8.24	8.24	16.48	16.48
石棉橡胶板 低压 *δ*0.8~6.0	kg	19.35	0.08	0.11	0.14	0.18	0.26	0.35
电焊条 E4303 *D*3.2	kg	7.59	0.14	0.17	0.21	0.42	0.49	0.59
铅油	kg	11.17	0.06	0.07	0.08	0.09	0.12	0.15
清油	kg	15.06	0.010	0.010	0.015	0.015	0.015	0.020
棉纱	kg	16.11	0.03	0.03	0.04	0.05	0.05	0.06
砂纸	张	0.87	0.4	0.4	0.4	0.5	0.5	0.5
锯条	根	0.42	0.08	0.13	0.16	—	—	—
乙炔气	kg	14.66	—	—	—	0.014	0.020	0.024
氧气	m³	2.88	—	—	—	0.04	0.06	0.07
机械 直流弧焊机 20kW	台班	75.06	0.13	0.13	0.13	0.23	0.23	0.27

工作内容：切管、焊接法兰、制垫、加垫、紧螺栓、水压试验。

单位：个

编　　号				8-623	8-624	8-625	8-626	8-627	8-628	8-629
项　　目				公称直径(mm以内)						
				125	150	200	250	300	350	400
预算基价	总　　价(元)			**355.08**	**443.03**	**675.56**	**1094.90**	**1415.81**	**1799.02**	**2498.15**
	人　工　费(元)			160.65	190.35	276.75	314.55	367.20	449.55	546.75
	材　料　费(元)			173.41	230.16	349.27	662.05	911.55	1205.18	1754.64
	机　械　费(元)			21.02	22.52	49.54	118.30	137.06	144.29	196.76
组　成　内　容		单位	单价	数　　量						
人工	综合工	工日	135.00	1.19	1.41	2.05	2.33	2.72	3.33	4.05
材料	法兰阀门	个	—	(1)	(1)	(1)	(1)	(1)	(1)	(1)
	平焊法兰 1.6MPa DN125	个	62.88	2	—	—	—	—	—	—
	平焊法兰 1.6MPa DN150	个	79.27	—	2	—	—	—	—	—
	平焊法兰 1.6MPa DN200	个	119.54	—	—	2	—	—	—	—
	平焊法兰 1.6MPa DN250	个	246.34	—	—	—	2	—	—	—
	平焊法兰 1.6MPa DN300	个	365.92	—	—	—	—	2	—	—
	平焊法兰 1.6MPa DN350	个	487.00	—	—	—	—	—	2	—
	平焊法兰 1.6MPa DN400	个	689.44	—	—	—	—	—	—	2
	六角带帽螺栓 M16×(65~80)	套	1.71	16.48	—	—	—	—	—	—
	六角带帽螺栓 M20×(85~100)	套	2.92	—	16.48	24.72	—	—	—	—
	六角带帽螺栓 M22×(90~120)	套	4.42	—	—	—	24.72	24.72	32.96	—
	六角带帽螺栓 M27×(120~140)	套	8.00	—	—	—	—	—	—	32.96
	石棉橡胶板 低压 δ0.8~6.0	kg	19.35	0.46	0.55	0.66	0.73	0.80	1.08	1.38
	电焊条 E4303 D3.2	kg	7.59	0.72	0.88	2.35	4.88	5.79	6.85	9.35
	乙炔气	kg	14.66	0.030	0.037	0.050	0.074	0.087	0.110	0.130
	氧气	m³	2.88	0.09	0.11	0.15	0.22	0.26	0.33	0.38
	铅油	kg	11.17	0.22	0.28	0.34	0.40	0.50	0.55	0.60
	清油	kg	15.06	0.020	0.030	0.030	0.040	0.050	0.050	0.060
	棉纱	kg	16.11	0.07	0.07	0.08	0.08	0.10	0.12	0.15
	砂纸	张	0.87	0.6	0.7	0.8	1.0	1.2	1.4	1.6
机械	直流弧焊机 20kW	台班	75.06	0.28	0.30	0.66	0.94	1.19	1.23	1.49
	载货汽车 5t	台班	443.55	—	—	—	0.06	0.06	0.06	0.12
	卷扬机 单筒慢速 50kN	台班	211.29	—	—	—	0.10	0.10	0.12	0.15

7.法兰电磁阀安装

工作内容：制垫、加垫、阀门连接、紧螺栓、试压检查、配合调试。

单位：个

编　号			8-630	8-631	8-632	8-633	8-634	8-635
项　目			公称直径(mm以内)					
			32	40	50	65	80	100
预算基价	总　　价(元)		**37.81**	**42.28**	**46.57**	**57.84**	**80.71**	**108.17**
	人　工　费(元)		31.05	35.10	39.15	49.95	66.15	90.45
	材　料　费(元)		6.76	7.18	7.42	7.89	14.56	17.72
组　成　内　容	单位	单价	数　　量					
人工 综合工	工日	135.00	0.23	0.26	0.29	0.37	0.49	0.67
材料 法兰电磁阀	个	—	(1.000)	(1.000)	(1.000)	(1.000)	(1.000)	(1.000)
六角螺栓带螺母、垫圈 M16×(65~80)	套	1.38	4.120	4.120	4.120	4.120	8.240	—
六角螺栓带螺母、垫圈 M16×(85~140)	套	1.64	—	—	—	—	—	8.240
石棉橡胶板 低压 $\delta0.8~6.0$	kg	19.35	0.040	0.060	0.070	0.090	0.130	0.170
白铅油	kg	8.16	0.030	0.035	0.040	0.050	0.070	0.100
机油	kg	7.21	0.004	0.004	0.004	0.004	0.007	0.007
破布	kg	5.07	0.004	0.004	0.004	0.004	0.008	0.008
砂纸	张	0.87	0.004	0.004	0.004	0.004	0.008	0.008

工作内容： 制垫、加垫、阀门连接、紧螺栓、试压检查、配合调试。

单位：个

编　号			8-636	8-637	8-638	8-639	8-640	8-641
项　目			公称直径(mm以内)					
			125	150	200	250	300	350
预算基价	总　　价(元)		**147.01**	**170.32**	**217.06**	**292.38**	**352.29**	**433.60**
	人　工　费(元)		109.35	126.90	159.30	179.55	236.25	291.60
	材　料　费(元)		19.04	24.36	34.48	37.24	38.23	50.67
	机　械　费(元)		18.62	19.06	23.28	75.59	77.81	91.33
组　成　内　容	单位	单价	数　　　量					
人工 综合工	工日	135.00	0.81	0.94	1.18	1.33	1.75	2.16
材料 法兰电磁阀	个	—	(1.000)	(1.000)	(1.000)	(1.000)	(1.000)	(1.000)
六角螺栓带螺母、垫圈 M16×(85～140)	套	1.64	8.240	—	—	—	—	—
六角螺栓带螺母、垫圈 M20×(85～100)	套	2.14	—	8.240	12.360	—	—	—
六角螺栓带螺母、垫圈 M22×(90～120)	套	2.28	—	—	—	12.360	12.360	16.480
石棉橡胶板 低压 δ0.8～6.0	kg	19.35	0.230	0.280	0.330	0.370	0.400	0.540
白铅油	kg	8.16	0.120	0.140	0.170	0.200	0.250	0.280
机油	kg	7.21	0.007	0.010	0.016	0.018	0.018	0.024
破布	kg	5.07	0.008	0.016	0.024	0.024	0.024	0.032
砂纸	张	0.87	0.008	0.016	0.024	0.024	0.024	0.032
机械 载货汽车 5t	台班	443.55	0.003	0.004	0.006	0.016	0.021	0.026
吊装机械（综合）	台班	664.97	0.026	0.026	0.031	0.103	0.103	0.120

123

工作内容：制垫、加垫、阀门连接、紧螺栓、试压检查、配合调试。 单位：个

编　号			8-642	8-643	8-644
项　目			公称直径(mm以内)		
			400	450	500
预算基价	总　价(元)		**521.15**	**605.24**	**734.62**
	人　工　费(元)		336.15	398.25	456.30
	材　料　费(元)		73.28	75.76	126.47
	机　械　费(元)		111.72	131.23	151.85
组　成　内　容		单位	单价	数　量	
人工	综合工	工日	135.00	2.49	2.95	3.38
材料	法兰电磁阀	个	—	(1.000)	(1.000)	(1.000)
	六角螺栓带螺母、垫圈 M27×(120~140)	套	3.46	16.480	16.480	—
	六角螺栓带螺母、垫圈 M30×(130~160)	套	5.19	—	—	20.600
	石棉橡胶板 低压 δ0.8~6.0	kg	19.35	0.690	0.810	0.830
	白铅油	kg	8.16	0.300	0.320	0.350
	机油	kg	7.21	0.037	0.037	0.056
	破布	kg	5.07	0.032	0.032	0.040
	砂纸	张	0.87	0.032	0.032	0.040
机械	载货汽车 5t	台班	443.55	0.042	0.056	0.080
	吊装机械（综合）	台班	664.97	0.140	0.160	0.175

8.法兰液压水位控制阀

工作内容： 切管、挖眼、焊接、制垫、加垫、固定、紧螺栓、安装、水压试验。　　　　　　　　　　　　　　　　　　　　　**单位：个**

编　号			8-645	8-646	8-647	8-648	8-649
项　目			公称直径(mm以内)				
			50	80	100	150	200
预算基价	总　　价(元)		**174.98**	**283.59**	**348.14**	**518.74**	**902.50**
	人　工　费(元)		76.95	116.10	141.75	182.25	328.05
	材　料　费(元)		83.02	141.22	175.62	302.71	500.14
	机　械　费(元)		15.01	26.27	30.77	33.78	74.31
组　成　内　容		单位	单价	数　　　量			
人工	综合工	工日	135.00	0.57	0.86	1.05	1.35	2.43
材料	法兰水位控制阀	个	—	(1)	(1)	(1)	(1)	(1)
	平焊法兰 1.6MPa *DN*50	个	22.98	2	—	—	—	—
	平焊法兰 1.6MPa *DN*80	个	36.56	—	2	—	—	—
	平焊法兰 1.6MPa *DN*100	个	48.19	—	—	2	—	—
	平焊法兰 1.6MPa *DN*150	个	79.27	—	—	—	2	—
	平焊法兰 1.6MPa *DN*200	个	119.54	—	—	—	—	2
	焊接钢管 *DN*50	m	18.68	0.8	—	—	—	—
	焊接钢管 *DN*80	m	31.81	—	0.8	—	—	—
	焊接钢管 *DN*100	m	41.28	—	—	0.8	—	—
	焊接钢管 *DN*150	m	68.51	—	—	—	1.0	—
	六角带帽螺栓 M16×(65~80)	套	1.71	8.24	16.48	16.48	—	—
	六角带帽螺栓 M20×(85~100)	套	2.92	—	—	—	16.48	24.72
	石棉橡胶板 低压 δ0.8~6.0	kg	19.35	0.14	0.26	0.35	0.55	0.66
	电焊条 E4303 *D*3.2	kg	7.59	0.31	0.74	0.89	1.32	3.53
	乙炔气	kg	14.66	0.034	0.040	0.044	0.067	0.117
	氧气	m³	2.88	0.10	0.12	0.13	0.20	0.35
	铅油	kg	11.17	0.08	0.12	0.15	0.28	0.34
	清油	kg	15.06	0.015	0.015	0.020	0.030	0.030
	棉纱	kg	16.11	0.04	0.05	0.06	0.07	0.08
	砂纸	张	0.87	0.4	0.5	0.5	0.7	0.8
	锯条	根	0.42	0.16	0.20	0.25	—	—
	热轧一般无缝钢管 *D*219×6	m	140.36	—	—	—	—	1
机械	直流弧焊机 20kW	台班	75.06	0.20	0.35	0.41	0.45	0.99

9.法兰阀(带短管)青铅接口

工作内容:管口除沥青、制垫、加垫、化铅、打麻、接口、紧螺栓、水压试验。

单位:个

编 号			8-650	8-651	8-652	8-653	8-654	8-655	8-656	8-657	8-658	8-659
项 目			公称直径(mm以内)									
			80	100	150	200	250	300	350	400	450	500
预算基价	总 价(元)		**362.48**	**464.17**	**716.46**	**930.00**	**1356.79**	**1630.31**	**2163.77**	**2635.20**	**3111.14**	**3898.06**
	人 工 费(元)		113.40	156.60	247.05	310.50	399.60	479.25	618.30	679.05	765.45	828.90
	材 料 费(元)		249.08	307.57	469.41	619.50	909.45	1103.32	1493.50	1871.23	2256.54	2947.06
	机 械 费(元)		—	—	—	—	47.74	47.74	51.97	84.92	89.15	122.10
组 成 内 容	单位	单价	数 量									
人工 综合工	工日	135.00	0.84	1.16	1.83	2.30	2.96	3.55	4.58	5.03	5.67	6.14
材料 法兰阀门	个	—	(1)	(1)	(1)	(1)	(1)	(1)	(1)	(1)	(1)	(1)
铸铁承盘短管 DN80	个	49.51	1	—	—	—	—	—	—	—	—	—
铸铁承盘短管 DN100	个	57.54	—	1	—	—	—	—	—	—	—	—
铸铁承盘短管 DN150	个	89.68	—	—	1	—	—	—	—	—	—	—
铸铁承盘短管 DN200	个	120.25	—	—	—	1	—	—	—	—	—	—
铸铁承盘短管 DN250	个	178.67	—	—	—	—	1	—	—	—	—	—
铸铁承盘短管 DN300	个	238.35	—	—	—	—	—	1	—	—	—	—
铸铁承盘短管 DN350	个	311.31	—	—	—	—	—	—	1	—	—	—
铸铁承盘短管 DN400	个	382.63	—	—	—	—	—	—	—	1	—	—
铸铁承盘短管 DN450	个	472.83	—	—	—	—	—	—	—	—	1	—
铸铁承盘短管 DN500	个	527.28	—	—	—	—	—	—	—	—	—	1
铸铁插盘短管 DN80	个	54.68	1	—	—	—	—	—	—	—	—	—
铸铁插盘短管 DN100	个	72.40	—	1	—	—	—	—	—	—	—	—
铸铁插盘短管 DN150	个	116.15	—	—	1	—	—	—	—	—	—	—
铸铁插盘短管 DN200	个	151.74	—	—	—	1	—	—	—	—	—	—
铸铁插盘短管 DN250	个	231.64	—	—	—	—	1	—	—	—	—	—
铸铁插盘短管 DN300	个	300.19	—	—	—	—	—	1	—	—	—	—

续前

编　号			8-650	8-651	8-652	8-653	8-654	8-655	8-656	8-657	8-658	8-659
项　目			公称直径(mm以内)									
			80	100	150	200	250	300	350	400	450	500
组　成　内　容	单位	单价	数　量									
材	铸铁插盘短管 DN350	个	473.34	—	—	—	—	—	—	1	—	—	—
	铸铁插盘短管 DN400	个	592.63	—	—	—	—	—	—	—	1	—	—
	铸铁插盘短管 DN450	个	718.19	—	—	—	—	—	—	—	—	1	—
	铸铁插盘短管 DN500	个	881.56	—	—	—	—	—	—	—	—	—	1
	六角带帽螺栓 M16×(65～80)	套	1.71	16.48	16.48	—	—	—	—	—	—	—	—
	六角带帽螺栓 M20×(85～100)	套	2.92	—	—	16.48	24.72	—	—	—	—	—	—
	六角带帽螺栓 M22×(90～120)	套	4.42	—	—	—	—	24.72	24.72	32.96	—	—	—
	六角带帽螺栓 M27×(120～140)	套	8.00	—	—	—	—	—	—	—	32.96	41.20	—
	六角带帽螺栓 M30×(130～160)	套	15.69	—	—	—	—	—	—	—	—	—	41.20
料	石棉橡胶板 低压 δ0.8～6.0	kg	19.35	0.26	0.35	0.55	0.66	0.73	0.80	1.08	1.38	1.63	1.66
	青铅	kg	22.81	4.48	5.74	8.22	10.56	15.18	17.78	21.92	24.46	28.46	34.94
	油麻	kg	16.48	0.22	0.28	0.40	0.50	0.74	0.86	1.06	1.20	1.40	1.68
	焦炭	kg	1.25	1.94	2.36	3.38	4.34	6.20	6.76	8.32	9.28	10.82	12.06
	乙炔气	kg	14.66	0.019	0.027	0.035	0.062	0.077	0.092	0.150	0.173	0.196	0.219
	氧气	m³	2.88	0.05	0.07	0.09	0.16	0.20	0.24	0.39	0.45	0.51	0.57
	木柴	kg	1.03	0.2	0.2	0.4	0.4	0.6	0.8	1.0	1.0	1.2	1.2
	铅油	kg	11.17	0.12	0.15	0.28	0.34	0.40	0.50	0.55	0.60	0.65	0.70
	清油	kg	15.06	0.015	0.020	0.030	0.030	0.040	0.050	0.050	0.060	0.065	0.070
	棉纱	kg	16.11	0.05	0.06	0.07	0.08	0.08	0.10	0.12	0.15	0.20	0.20
	砂纸	张	0.87	0.5	0.5	0.7	0.8	1.0	1.2	1.4	1.6	1.8	2.0
机械	载货汽车 5t	台班	443.55	—	—	—	—	0.06	0.06	0.06	0.12	0.12	0.18
	卷扬机 单筒慢速 50kN	台班	211.29	—	—	—	—	0.10	0.10	0.12	0.15	0.17	0.20

10.法兰阀(带短管)石棉水泥接口

工作内容： 管口除沥青、制垫、加垫、调制接口材料、接口、养护、紧螺栓、水压试验。

单位：个

编　号			8-660	8-661	8-662	8-663	8-664	8-665	8-666	8-667	8-668	8-669
项　目			公称直径(mm以内)									
			80	100	150	200	250	300	350	400	450	500
预算基价	总　　价(元)		**241.98**	**310.25**	**493.37**	**642.04**	**964.92**	**1171.99**	**1593.81**	**2008.70**	**2380.06**	**3023.91**
	人　工费(元)		91.80	129.60	206.55	256.50	345.60	415.80	535.95	596.70	666.90	730.35
	材　料费(元)		150.18	180.65	286.82	385.54	571.58	708.45	1005.89	1327.08	1624.01	2171.46
	机　械费(元)		—	—	—	—	47.74	47.74	51.97	84.92	89.15	122.10
组 成 内 容	单位	单价	数　　量									
人工 综合工	工日	135.00	0.68	0.96	1.53	1.90	2.56	3.08	3.97	4.42	4.94	5.41
材料 法兰阀门	个	—	(1)	(1)	(1)	(1)	(1)	(1)	(1)	(1)	(1)	(1)
铸铁承盘短管 DN80	个	49.51	1	—	—	—	—	—	—	—	—	—
铸铁承盘短管 DN100	个	57.54	—	1	—	—	—	—	—	—	—	—
铸铁承盘短管 DN150	个	89.68	—	—	1	—	—	—	—	—	—	—
铸铁承盘短管 DN200	个	120.25	—	—	—	1	—	—	—	—	—	—
铸铁承盘短管 DN250	个	178.67	—	—	—	—	1	—	—	—	—	—
铸铁承盘短管 DN300	个	238.35	—	—	—	—	—	1	—	—	—	—
铸铁承盘短管 DN350	个	311.31	—	—	—	—	—	—	1	—	—	—
铸铁承盘短管 DN400	个	382.63	—	—	—	—	—	—	—	1	—	—
铸铁承盘短管 DN450	个	472.83	—	—	—	—	—	—	—	—	1	—
铸铁承盘短管 DN500	个	527.28	—	—	—	—	—	—	—	—	—	1
铸铁插盘短管 DN80	个	54.68	1	—	—	—	—	—	—	—	—	—
铸铁插盘短管 DN100	个	72.40	—	1	—	—	—	—	—	—	—	—
铸铁插盘短管 DN150	个	116.15	—	—	1	—	—	—	—	—	—	—
铸铁插盘短管 DN200	个	151.74	—	—	—	1	—	—	—	—	—	—
铸铁插盘短管 DN250	个	231.64	—	—	—	—	1	—	—	—	—	—
铸铁插盘短管 DN300	个	300.19	—	—	—	—	—	1	—	—	—	—

单位：个

编　号			8-660	8-661	8-662	8-663	8-664	8-665	8-666	8-667	8-668	8-669
项　目			公称直径(mm以内)									
			80	100	150	200	250	300	350	400	450	500
组　成　内　容	单位	单价	数　　量									
材 料	铸铁插盘短管 DN350	个	473.34	—	—	—	—	—	—	1	—	—	—
	铸铁插盘短管 DN400	个	592.63	—	—	—	—	—	—	—	1	—	—
	铸铁插盘短管 DN450	个	718.19	—	—	—	—	—	—	—	—	1	—
	铸铁插盘短管 DN500	个	881.56	—	—	—	—	—	—	—	—	—	1
	六角带帽螺栓 M16×（65～80）	套	1.71	16.48	16.48	—	—	—	—	—	—	—	—
	六角带帽螺栓 M20×（85～100）	套	2.92	—	—	16.48	24.72	—	—	—	—	—	—
	六角带帽螺栓 M22×（90～120）	套	4.42	—	—	—	—	24.72	24.72	32.96	—	—	—
	六角带帽螺栓 M27×（120～140）	套	8.00	—	—	—	—	—	—	—	32.96	41.20	—
	六角带帽螺栓 M30×（130～160）	套	15.69	—	—	—	—	—	—	—	—	—	41.20
	石棉橡胶板 低压 δ0.8～6.0	kg	19.35	0.26	0.35	0.55	0.66	0.73	0.80	1.08	1.38	1.63	1.66
	石棉绒（综合）	kg	12.32	0.38	0.50	0.68	0.90	1.30	1.52	1.86	2.08	2.46	2.96
	硅酸盐水泥 42.5级	kg	0.41	0.90	1.14	1.60	2.08	3.04	3.52	4.32	4.92	5.74	6.94
	油麻	kg	16.48	0.20	0.24	0.34	0.44	0.60	0.72	0.88	0.98	1.16	1.40
	乙炔气	kg	14.66	0.019	0.027	0.035	0.062	0.077	0.092	0.150	0.173	0.196	0.219
	氧气	m³	2.88	0.05	0.07	0.09	0.16	0.20	0.24	0.39	0.45	0.51	0.57
	铅油	kg	11.17	0.12	0.15	0.28	0.34	0.40	0.50	0.55	0.60	0.65	0.70
	清油	kg	15.06	0.015	0.020	0.030	0.030	0.040	0.050	0.050	0.060	0.065	0.070
	棉纱	kg	16.11	0.05	0.06	0.07	0.08	0.08	0.10	0.12	0.15	0.20	0.20
	砂纸	张	0.87	0.5	0.5	0.7	0.8	1.0	1.2	1.4	1.6	1.8	2.0
	阻燃防火保温草袋片	个	6.00	0.20	0.20	0.25	0.30	0.30	0.35	0.35	0.40	0.45	0.50
机 械	载货汽车 5t	台班	443.55	—	—	—	—	0.06	0.06	0.06	0.12	0.12	0.18
	卷扬机 单筒慢速 50kN	台班	211.29	—	—	—	—	0.10	0.10	0.12	0.15	0.17	0.20

11.法兰阀（带短管）膨胀水泥接口

工作内容： 管口除沥青、制垫、加垫、调制接口材料、接口、养护、紧螺栓、水压试验。

单位：个

编 号			8-670	8-671	8-672	8-673	8-674	8-675	8-676	8-677	8-678	8-679
项 目			公称直径（mm以内）									
			80	100	150	200	250	300	350	400	450	500
预算基价	总 价(元)		**229.95**	**294.30**	**468.89**	**611.22**	**931.29**	**1132.08**	**1542.32**	**1954.97**	**2315.68**	**2954.46**
	人 工 费(元)		83.70	118.80	189.00	234.90	325.35	391.50	503.55	564.30	627.75	691.20
	材 料 费(元)		146.25	175.50	279.89	376.32	558.20	692.84	986.80	1305.75	1598.78	2141.16
	机 械 费(元)		—	—	—	—	47.74	47.74	51.97	84.92	89.15	122.10
组 成 内 容	单位	单价	数 量									
人工 综合工	工日	135.00	0.62	0.88	1.40	1.74	2.41	2.90	3.73	4.18	4.65	5.12
法兰阀门	个	—	(1)	(1)	(1)	(1)	(1)	(1)	(1)	(1)	(1)	(1)
铸铁承盘短管 DN80	个	49.51	1	—	—	—	—	—	—	—	—	—
铸铁承盘短管 DN100	个	57.54	—	1	—	—	—	—	—	—	—	—
铸铁承盘短管 DN150	个	89.68	—	—	1	—	—	—	—	—	—	—
铸铁承盘短管 DN200	个	120.25	—	—	—	1	—	—	—	—	—	—
铸铁承盘短管 DN250	个	178.67	—	—	—	—	1	—	—	—	—	—
铸铁承盘短管 DN300	个	238.35	—	—	—	—	—	1	—	—	—	—
铸铁承盘短管 DN350	个	311.31	—	—	—	—	—	—	1	—	—	—
铸铁承盘短管 DN400	个	382.63	—	—	—	—	—	—	—	1	—	—
铸铁承盘短管 DN450	个	472.83	—	—	—	—	—	—	—	—	1	—
铸铁承盘短管 DN500	个	527.28	—	—	—	—	—	—	—	—	—	1
铸铁插盘短管 DN80	个	54.68	1	—	—	—	—	—	—	—	—	—
铸铁插盘短管 DN100	个	72.40	—	1	—	—	—	—	—	—	—	—
铸铁插盘短管 DN150	个	116.15	—	—	1	—	—	—	—	—	—	—
铸铁插盘短管 DN200	个	151.74	—	—	—	1	—	—	—	—	—	—
铸铁插盘短管 DN250	个	231.64	—	—	—	—	1	—	—	—	—	—

续前

编　号			8-670	8-671	8-672	8-673	8-674	8-675	8-676	8-677	8-678	8-679
项　目			公称直径（mm以内）									
			80	100	150	200	250	300	350	400	450	500
组　成　内　容	单位	单价	数　量									
材　料	铸铁插盘短管 DN300	个	300.19	—	—	—	—	—	1	—	—	—	—
	铸铁插盘短管 DN350	个	473.34	—	—	—	—	—	—	1	—	—	—
	铸铁插盘短管 DN400	个	592.63	—	—	—	—	—	—	—	1	—	—
	铸铁插盘短管 DN450	个	718.19	—	—	—	—	—	—	—	—	1	—
	铸铁插盘短管 DN500	个	881.56	—	—	—	—	—	—	—	—	—	1
	六角带帽螺栓 M16×（65～80）	套	1.71	16.48	16.48	—	—	—	—	—	—	—	—
	六角带帽螺栓 M20×（85～100）	套	2.92	—	—	16.48	24.72	—	—	—	—	—	—
	六角带帽螺栓 M22×（90～120）	套	4.42	—	—	—	—	24.72	24.72	32.96	—	—	—
	六角带帽螺栓 M27×（120～140）	套	8.00	—	—	—	—	—	—	—	32.96	41.20	—
	六角带帽螺栓 M30×（130～160）	套	15.69	—	—	—	—	—	—	—	—	—	41.20
	石棉橡胶板 低压 δ0.8～6.0	kg	19.35	0.26	0.35	0.55	0.66	0.73	0.80	1.08	1.38	1.63	1.66
	硅酸盐膨胀水泥	kg	0.85	1.32	1.74	2.48	3.20	4.56	5.36	6.58	7.42	8.74	10.60
	油麻	kg	16.48	0.20	0.24	0.34	0.44	0.60	0.72	0.88	0.98	1.16	1.40
	乙炔气	kg	14.66	0.019	0.027	0.035	0.062	0.077	0.092	0.150	0.173	0.196	0.219
	氧气	m³	2.88	0.05	0.07	0.09	0.16	0.20	0.24	0.39	0.45	0.51	0.57
	铅油	kg	11.17	0.12	0.15	0.28	0.34	0.40	0.50	0.55	0.60	0.65	0.70
	清油	kg	15.06	0.015	0.020	0.030	0.030	0.040	0.050	0.050	0.060	0.065	0.070
	棉纱	kg	16.11	0.05	0.06	0.07	0.08	0.08	0.10	0.12	0.15	0.20	0.20
	砂纸	张	0.87	0.5	0.5	0.7	0.8	1.0	1.2	1.4	1.6	1.8	2.0
	阻燃防火保温草袋片	个	6.00	0.20	0.20	0.25	0.30	0.30	0.35	0.35	0.40	0.45	0.50
机　械	载货汽车 5t	台班	443.55	—	—	—	—	0.06	0.06	0.06	0.12	0.12	0.18
	卷扬机 单筒慢速 50kN	台班	211.29	—	—	—	—	0.10	0.10	0.12	0.15	0.17	0.20

12.自动排气阀、手动放风阀

工作内容: 自动排气阀:支架制作、安装,套丝,丝堵改丝,安装,水压试验。

单位:个

编　号				8-680	8-681	8-682	8-683
项　目				自动排气阀			手动放风阀
				公称直径(mm以内)			
				15	20	25	10
预算基价	总　　　价(元)			**23.10**	**25.79**	**30.16**	**4.09**
	人　工　费(元)			16.20	17.55	20.25	4.05
	材　料　费(元)			6.90	8.24	9.91	0.04
组 成 内 容		单位	单价	数　　　量			
人工	综合工	工日	135.00	0.12	0.13	0.15	0.03
材　料	自动排气阀	个	—	(1)	(1)	(1)	—
	手动放风阀 DN10	个	—	—	—	—	(1.01)
	黑玛钢管箍 DN15	个	0.67	2.02	—	—	—
	黑玛钢管箍 DN20	个	0.89	—	2.02	—	—
	黑玛钢管箍 DN25	个	1.23	—	—	2.02	—
	黑玛钢弯头 DN15	个	0.57	1.01	—	—	—
	黑玛钢弯头 DN20	个	1.07	—	1.01	—	—
	黑玛钢弯头 DN25	个	1.57	—	—	1.01	—
	黑玛钢丝堵 DN15	个	0.60	1.01	—	—	—
	黑玛钢丝堵 DN20	个	0.68	—	1.01	—	—
	黑玛钢丝堵 DN25	个	0.96	—	—	1.01	—
	六角螺母 M8	个	0.12	2.06	2.06	2.06	—
	钢垫圈 M8.5	个	0.06	2.06	2.06	2.06	—
	热轧角钢 ＜60	t	3721.43	0.00065	0.00065	0.00065	—
	圆钢 D8～14	t	3911.00	0.00021	0.00021	0.00021	—
	硅酸盐水泥 42.5级	kg	0.41	0.5	0.5	0.5	—
	铅油	kg	11.17	0.012	0.024	0.027	0.003
	棉纱	kg	16.11	0.02	0.03	0.04	—
	机油	kg	7.21	0.009	0.009	0.009	—
	线麻	kg	11.36	0.001	0.002	0.002	0.001
	锯条	根	0.42	0.04	0.05	0.06	—

13.散热器温控阀

工作内容： 切管、套丝、阀门连接、试压检查。

单位：个

编　号				8-684	8-685	8-686
项　目				公称直径(mm以内)		
				15	20	25
预算基价	总　　价(元)			**14.46**	**16.10**	**17.91**
	人　工　费(元)			13.50	14.85	16.20
	材　料　费(元)			0.80	1.04	1.29
	机　械　费(元)			0.16	0.21	0.42
组　成　内　容		单位	单价	数　　量		
人工	综合工	工日	135.00	0.10	0.11	0.12
材料	散热器温控阀	个	—	(1.000)	(1.000)	(1.000)
	聚四氟乙烯生料带 δ20	m	1.15	0.568	0.752	0.944
	锯条	根	0.42	0.071	0.082	0.090
	尼龙砂轮片 D400	片	15.64	0.004	0.005	0.006
	机油	kg	7.21	0.007	0.009	0.010
机械	砂轮切割机 D400	台班	32.78	0.001	0.001	0.002
	管子切断套丝机 D159	台班	21.98	0.006	0.008	0.016

133

14.塑料阀门
(1)熔 接

工作内容：切管、清理、阀门熔接、试压检查。

单位：个

编 号			8-687	8-688	8-689	8-690	8-691	8-692	8-693	8-694	8-695
项 目			公称直径(mm以内)								
			15	20	25	32	40	50	65	80	100
预算基价	总 价(元)		**5.49**	**6.86**	**8.24**	**10.98**	**15.08**	**19.27**	**21.99**	**27.51**	**33.02**
	人 工 费(元)		5.40	6.75	8.10	10.80	14.85	18.90	21.60	27.00	32.40
	材 料 费(元)		0.09	0.11	0.14	0.18	0.23	0.37	0.39	0.51	0.62
组 成 内 容	单位	单价	数 量								
人工 综合工	工日	135.00	0.04	0.05	0.06	0.08	0.11	0.14	0.16	0.20	0.24
材料 塑料阀门	个	—	(1.010)	(1.010)	(1.010)	(1.010)	(1.010)	(1.010)	(1.010)	(1.010)	(1.010)
锯条	根	0.42	0.015	0.019	0.024	0.024	0.031	0.064	0.114	0.159	0.236
破布	kg	5.07	0.002	0.003	0.004	0.005	0.007	0.010	0.010	0.012	0.014
铁砂布	张	1.56	0.007	0.008	0.009	0.015	0.019	0.033	0.033	0.033	0.042
电	kW•h	0.73	0.086	0.104	0.129	0.172	0.205	0.334	0.334	0.449	0.524

(2)粘 接

工作内容：切管、清理、阀门粘接、试压检查。

单位：个

编 号				8-696	8-697	8-698	8-699	8-700	8-701	8-702	8-703	8-704
项 目				公称直径(mm以内)								
				15	20	25	32	40	50	65	80	100
预算基价	总 价(元)			**5.54**	**6.91**	**8.31**	**11.08**	**13.82**	**16.64**	**19.35**	**23.60**	**29.38**
	人 工 费(元)			5.40	6.75	8.10	10.80	13.50	16.20	18.90	22.95	28.35
	材 料 费(元)			0.14	0.16	0.21	0.28	0.32	0.44	0.45	0.65	1.03
组 成 内 容		单位	单价	数 量								
人工	综合工	工日	135.00	0.04	0.05	0.06	0.08	0.10	0.12	0.14	0.17	0.21
材料	塑料阀门	个	—	(1.010)	(1.010)	(1.010)	(1.010)	(1.010)	(1.010)	(1.010)	(1.010)	(1.010)
	胶粘剂	kg	18.17	0.003	0.003	0.004	0.006	0.007	0.009	0.010	0.015	0.025
	丙酮	kg	9.89	0.006	0.007	0.010	0.012	0.013	0.018	0.015	0.022	0.038
	锯条	根	0.42	0.015	0.019	0.024	0.028	0.031	0.064	0.076	0.102	0.153
	破布	kg	5.07	0.002	0.003	0.003	0.004	0.005	0.007	0.009	0.012	0.013
	铁砂布	张	1.56	0.007	0.008	0.009	0.015	0.019	0.026	0.029	0.033	0.042

二、减压器组成、安装
1.减压器（螺纹连接）

工作内容： 切管、套丝、上零件、组对、制垫、加垫、找平、找正、安装、水压试验。 单位：组

编　号			8-705	8-706	8-707	8-708	8-709	8-710	8-711	8-712
项　目			公称直径（mm以内）							
			20	25	32	40	50	65	80	100
预算基价	总　　价（元）		**652.51**	**806.07**	**1023.04**	**1351.61**	**1469.92**	**2493.21**	**3528.00**	**5123.74**
	人　工　费（元）		302.40	386.10	534.60	604.80	756.00	1035.45	1362.15	1890.00
	材　料　费（元）		350.11	419.97	488.44	746.81	713.92	1449.55	2147.39	3190.66
	机　械　费（元）		—	—	—	—	—	8.21	18.46	43.08
组　成　内　容	单位	单价	数　　　量							
人工 综合工	工日	135.00	2.24	2.86	3.96	4.48	5.60	7.67	10.09	14.00
材料 螺纹减压阀	个	—	(1)	(1)	(1)	(1)	(1)	(1)	(1)	(1)
螺纹截止阀 J11T-16 DN20	个	15.30	3.03	—	—	—	—	—	—	—
螺纹截止阀 J11T-16 DN25	个	20.30	—	3.03	2.02	1.01	1.01	1.01	1.01	1.01
螺纹截止阀 J11T-16 DN32	个	26.66	1.01	—	1.01	1.01	—	—	—	—
焊接钢管 DN15	m	4.84	0.8	0.8	0.8	0.8	0.9	0.9	1.1	1.1
焊接钢管 DN20	m	6.32	2.25	—	—	—	—	—	—	—
焊接钢管 DN25	m	9.32	—	2.25	1.80	0.20	0.20	0.20	0.20	0.20
焊接钢管 DN32	m	12.02	0.76	—	0.45	1.90	—	—	—	—
焊接钢管 DN40	m	14.72	—	0.76	—	0.45	1.90	—	—	—
焊接钢管 DN50	m	18.68	—	—	0.71	—	0.45	2.10	—	—
焊接钢管 DN65	m	25.35	—	—	—	0.83	—	—	0.45	2.20
焊接钢管 DN80	m	31.81	—	—	—	—	0.83	—	0.45	2.55
焊接钢管 DN100	m	41.28	—	—	—	—	—	0.83	—	0.30
焊接钢管 DN125	m	57.70	—	—	—	—	—	—	0.79	—
焊接钢管 DN150	m	68.51	—	—	—	—	—	—	—	0.82
弹簧安全阀 A27W-10 DN20	个	56.96	1	—	—	—	—	—	—	—
弹簧安全阀 A27W-10 DN25	个	75.14	—	1	—	—	—	—	—	—
弹簧安全阀 A27W-10 DN32	个	96.34	—	—	1	—	—	—	—	—
弹簧安全阀 A27W-10 DN40	个	110.34	—	—	—	1	—	—	—	—

续前

编　号			8-705	8-706	8-707	8-708	8-709	8-710	8-711	8-712
项　目			公称直径(mm以内)							
			20	25	32	40	50	65	80	100
组 成 内 容	单位	单价	数　量							
弹簧安全阀 A27W-10 *DN*50	个	146.88	—	—	—	—	1	—	—	—
弹簧安全阀 A27W-10 *DN*65	个	179.96	—	—	—	—	—	1	—	—
弹簧安全阀 A27W-10 *DN*80	个	262.37	—	—	—	—	—	—	1	—
弹簧安全阀 A27W-10 *DN*100	个	436.95	—	—	—	—	—	—	—	1
黑玛钢管箍 *DN*20	个	0.89	2.02	—	—	—	—	—	—	—
黑玛钢管箍 *DN*25	个	1.23	—	2.02	—	—	—	—	—	—
黑玛钢管箍 *DN*32	个	1.78	—	—	2.02	—	—	—	—	—
黑玛钢管箍 *DN*40	个	2.26	—	—	—	2.02	—	—	—	—
黑玛钢管箍 *DN*50	个	3.32	—	—	—	—	2.02	—	—	—
黑玛钢管箍 *DN*65	个	6.64	—	—	—	—	—	2.02	—	—
黑玛钢管箍 *DN*80	个	9.28	—	—	—	—	—	—	2.02	—
黑玛钢管箍 *DN*100	个	15.99	—	—	—	—	—	—	—	2.02
黑玛钢弯头 *DN*15	个	0.57	2.02	2.02	2.02	2.02	2.02	2.02	2.02	2.02
黑玛钢弯头 *DN*20	个	1.07	2.02	—	—	—	—	—	—	—
黑玛钢弯头 *DN*25	个	1.57	—	2.02	2.02	—	—	—	—	—
黑玛钢弯头 *DN*32	个	2.76	—	—	—	2.02	—	—	—	—
黑玛钢弯头 *DN*40	个	3.45	—	—	—	—	2.02	—	—	—
黑玛钢弯头 *DN*50	个	5.01	—	—	—	—	—	2.02	—	—
黑玛钢弯头 *DN*65	个	9.04	—	—	—	—	—	—	2.02	—
黑玛钢弯头 *DN*80	个	13.43	—	—	—	—	—	—	—	2.02
黑玛钢三通 *DN*15	个	0.83	1.01	1.01	1.01	1.01	1.01	1.01	1.01	1.01
黑玛钢三通 *DN*20	个	1.49	3.03	—	—	—	—	—	—	—
黑玛钢三通 *DN*25	个	2.33	—	3.03	—	—	—	—	—	—
黑玛钢三通 *DN*32	个	3.65	3.03	—	3.03	—	—	—	—	—
黑玛钢三通 *DN*40	个	4.41	—	3.03	—	3.03	—	—	—	—
黑玛钢三通 *DN*50	个	6.70	—	—	3.03	—	3.03	—	—	—
黑玛钢三通 *DN*65	个	13.43	—	—	—	3.03	—	3.03	—	—

材料

续前

编　　号			8-705	8-706	8-707	8-708	8-709	8-710	8-711	8-712
项　　目			公称直径(mm以内)							
			20	25	32	40	50	65	80	100
组　成　内　容	单位	单价	数　　量							
黑玛钢三通 DN80	个	18.08	—	—	—	—	3.03	—	3.03	—
黑玛钢三通 DN100	个	30.94	—	—	—	—	—	3.03	—	3.03
黑玛钢三通 DN125	个	51.77	—	—	—	—	—	—	3.03	—
黑玛钢三通 DN150	个	78.52	—	—	—	—	—	—	—	3.03
黑玛钢活接头 DN20	个	2.97	1.01	—	—	—	—	—	—	—
黑玛钢活接头 DN25	个	4.32	—	1.01	1.01	—	—	—	—	—
黑玛钢活接头 DN32	个	5.63	—	—	—	1.01	—	—	—	—
黑玛钢活接头 DN40	个	7.64	—	—	—	—	1.01	—	—	—
黑玛钢活接头 DN50	个	11.08	—	—	—	—	—	1.01	—	—
黑玛钢六角外丝 DN20	个	1.15	4.04	—	—	—	—	—	—	—
黑玛钢六角外丝 DN25	个	1.84	—	5.05	—	—	—	—	—	—
黑玛钢六角外丝 DN32	个	2.64	3.03	—	3.03	—	—	—	—	—
黑玛钢六角外丝 DN40	个	3.24	—	3.03	—	3.03	—	—	—	—
黑玛钢六角外丝 DN50	个	5.06	—	—	3.03	—	3.03	—	—	—
黑玛钢六角外丝 DN65	个	8.82	—	—	—	3.03	—	3.03	—	—
黑玛钢六角外丝 DN80	个	12.76	—	—	—	—	3.03	—	3.03	—
黑玛钢六角外丝 DN100	个	21.41	—	—	—	—	—	4.04	—	3.03
黑玛钢六角外丝 DN125	个	32.10	—	—	—	—	—	—	3.03	3.03
黑玛钢补芯 DN15×15	个	0.81	2.02	2.02	2.02	—	1.01	—	—	—
黑玛钢补芯 DN25×15	个	1.15	—	—	—	1.01	1.01	1.01	1.01	—
黑玛钢补芯 DN32×15	个	1.98	—	—	—	—	—	1.01	—	1.01
黑玛钢补芯 DN40×15	个	2.58	—	—	—	—	—	—	1.01	—
黑玛钢补芯 DN125×80	个	18.41	—	—	—	—	—	—	2.02	—
黑玛钢补芯 DN150×80	个	30.29	—	—	—	—	—	—	—	2.02
螺纹截止阀 J11T-16 DN40	个	37.11	—	1.01	—	1.01	1.01	—	—	—
螺纹截止阀 J11T-16 DN50	个	56.65	—	—	1.01	—	1.01	1.01	—	—
法兰截止阀 J41T-16 DN65	个	173.90	—	—	—	1.0	—	1.0	—	—

(材料)

单位：组

编　号			8-705	8-706	8-707	8-708	8-709	8-710	8-711	8-712
项　　目			公称直径（mm以内）							
			20	25	32	40	50	65	80	100
组 成 内 容	单位	单价	数　　量							
法兰截止阀 J41T-16 *DN*80	个	324.47	—	—	—	—	—	—	1.0	1.0
法兰截止阀 J41T-16 *DN*100	个	363.26	—	—	—	—	—	1.0	—	1.0
法兰截止阀 J41T-16 *DN*125	个	587.75	—	—	—	—	—	—	1.0	—
法兰截止阀 J41T-16 *DN*150	个	743.77	—	—	—	—	—	—	—	1
螺纹法兰 0.6MPa *DN*65	个	22.95	—	—	—	2	—	—	—	—
螺纹法兰 0.6MPa *DN*80	个	25.48	—	—	—	—	2	—	—	—
螺纹法兰 0.6MPa *DN*100	个	33.16	—	—	—	—	—	2	—	—
螺纹法兰 0.6MPa *DN*125	个	44.84	—	—	—	—	—	—	2	—
螺纹法兰 0.6MPa *DN*150	个	55.61	—	—	—	—	—	—	—	2
黑玛钢异径管箍 *DN*80×40	个	10.44	—	—	—	—	—	—	1.01	1.01
黑玛钢异径管箍 *DN*100×65	个	21.26	—	—	—	—	—	1.01	—	—
黑玛钢异径管箍 *DN*100×80	个	25.41	—	—	—	—	—	—	1.01	—
黑玛钢异径管箍 *DN*125×100	个	43.72	—	—	—	—	—	—	1.01	—
黑玛钢异径管箍 *DN*150×100	个	60.26	—	—	—	—	—	—	—	1.01
螺纹浮球阀 *DN*20	个	33.63	—	—	—	—	—	—	1	—
压力表弯管 *DN*15	个	11.36	2	2	2	2	2	2	2	2
压力表气门 *DN*15	个	13.39	2	2	2	2	2	2	2	2
弹簧压力表 0～1.6MPa	块	48.67	2	2	2	2	2	2	2	2
石棉橡胶板 低压 δ0.8～6.0	kg	19.35	0.23	0.34	0.34	0.68	1.20	2.28	4.33	6.49
石棉松绳 *D*13～19	kg	14.60	0.01	0.02	0.04	0.06	0.10	0.12	0.16	0.20
线麻	kg	11.36	0.01	0.02	0.02	0.02	0.03	0.04	0.06	0.09
清油	kg	15.06	0.01	0.01	0.02	0.02	0.03	0.04	0.06	0.08
铅油	kg	11.17	0.10	0.13	0.17	0.21	0.24	0.30	0.46	0.65
机油	kg	7.21	0.08	0.09	0.09	0.09	0.10	0.11	0.13	0.14
锯条	根	0.42	1.05	1.05	2.63	3.68	4.12	4.20	4.73	5.25
机械 普通车床 400×1000	台班	205.13	—	—	—	—	—	0.04	0.09	0.21

2.减压器(焊接)

工作内容： 切口、套丝、上零件、组对、焊接、制垫、加垫、安装、水压试验。

单位：组

编　号			8-713	8-714	8-715	8-716	8-717	8-718	8-719	8-720
项　目			公称直径(mm以内)							
			20	25	32	40	50	65	80	100
预算基价	总　　　价(元)		**833.03**	**987.70**	**1178.73**	**1507.06**	**2055.67**	**2594.19**	**3627.81**	**4836.55**
	人　工　费(元)		238.95	267.30	344.25	476.55	660.15	899.10	1205.55	1640.25
	材　料　费(元)		558.05	684.37	774.29	968.75	1293.98	1562.78	2235.90	2963.81
	机　械　费(元)		36.03	36.03	60.19	61.76	101.54	132.31	186.36	232.49
组　成　内　容		单位	单价	数　　　量						
人工	综合工	工日	135.00	1.77	1.98	2.55	3.53	4.89	6.66	8.93	12.15
材料	法兰减压阀	个	—	(1)	(1)	(1)	(1)	(1)	(1)	(1)	(1)
	焊接钢管 DN20	m	6.32	2.32	—	—	—	—	—	—	—
	焊接钢管 DN25	m	9.32	—	2.32	1.90	0.20	0.20	0.20	—	—
	焊接钢管 DN32	m	12.02	0.67	—	0.40	2.00	—	—	0.20	0.20
	焊接钢管 DN40	m	14.72	—	0.67	—	0.43	2.10	—	—	—
	焊接钢管 DN50	m	18.68	—	—	0.65	—	0.46	2.20	—	—
	焊接钢管 DN65	m	25.35	—	—	—	0.78	—	0.41	2.60	—
	焊接钢管 DN80	m	31.81	—	—	—	—	0.81	—	0.39	2.95
	焊接钢管 DN100	m	41.28	—	—	—	—	—	0.76	—	0.23
	焊接钢管 DN125	m	57.70	—	—	—	—	—	—	0.79	—
	焊接钢管 DN150	m	68.51	—	—	—	—	—	—	—	0.78
料	法兰截止阀 J41T-16 DN20	个	32.57	3	—	—	—	—	—	—	—
	法兰截止阀 J41T-16 DN25	个	45.14	—	3	2	1	1	1	1	1
	法兰截止阀 J41T-16 DN32	个	52.11	1	—	1	1	—	—	—	—
	法兰截止阀 J41T-16 DN40	个	90.28	—	1	—	1	1	—	—	—
	法兰截止阀 J41T-16 DN50	个	108.77	—	—	1	—	1	1	—	—
	法兰截止阀 J41T-16 DN65	个	173.90	—	—	—	1	—	1	1	—
	法兰截止阀 J41T-16 DN80	个	324.47	—	—	—	—	1	—	1	1
	法兰截止阀 J41T-16 DN100	个	363.26	—	—	—	—	—	1	—	1

单位：组

编　号			8-713	8-714	8-715	8-716	8-717	8-718	8-719	8-720
项　目			公称直径(mm以内)							
			20	25	32	40	50	65	80	100
组　成　内　容	单位	单价	数　　量							
法兰截止阀 J41T-16 *DN*125	个	587.75	—	—	—	—	—	—	1	—
法兰截止阀 J41T-16 *DN*150	个	743.77	—	—	—	—	—	—	—	1
钢板平焊法兰 1.6MPa *DN*20	个	9.77	8	—	—	—	—	—	—	—
钢板平焊法兰 1.6MPa *DN*25	个	11.73	—	8	4	2	2	2	2	2
钢板平焊法兰 1.6MPa *DN*32	个	15.32	2	—	4	2	—	—	—	—
钢板平焊法兰 1.6MPa *DN*40	个	17.18	—	2	—	4	2	—	—	—
钢板平焊法兰 1.6MPa *DN*50	个	22.98	—	—	2	—	4	2	—	—
钢板平焊法兰 1.6MPa *DN*65	个	32.70	—	—	—	2	—	4	2	—
钢板平焊法兰 1.6MPa *DN*80	个	36.56	—	—	—	—	2	—	4	2
钢板平焊法兰 1.6MPa *DN*100	个	48.19	—	—	—	—	—	2	—	4
钢板平焊法兰 1.6MPa *DN*125	个	62.88	—	—	—	—	—	—	2	—
钢板平焊法兰 1.6MPa *DN*150	个	79.27	—	—	—	—	—	—	—	2
低碳钢管箍 *DN*15	个	1.17	2.02	2.02	2.02	2.02	2.02	2.02	2.02	2.02
低碳钢管箍 *DN*20	个	1.58	1.01	—	—	—	—	—	—	—
低碳钢管箍 *DN*25	个	2.64	—	1.01	—	—	—	—	—	—
低碳钢管箍 *DN*32	个	3.55	—	—	1.01	—	—	—	—	—
低碳钢管箍 *DN*40	个	4.59	—	—	—	1.01	—	—	—	—
低碳钢管箍 *DN*50	个	5.92	—	—	—	—	1.01	—	—	—
低碳钢管箍 *DN*65	个	9.74	—	—	—	—	—	1.01	—	—
低碳钢管箍 *DN*80	个	12.74	—	—	—	—	—	—	1.01	—
低碳钢管箍 *DN*100	个	24.19	—	—	—	—	—	—	—	1.01
弹簧安全阀 A27W-10 *DN*20	个	56.96	1	—	—	—	—	—	—	—
弹簧安全阀 A27W-10 *DN*25	个	75.14	—	1	—	—	—	—	—	—
弹簧安全阀 A27W-10 *DN*32	个	96.34	—	—	1	—	—	—	—	—
弹簧安全阀 A27W-10 *DN*40	个	110.34	—	—	—	1	—	—	—	—
弹簧安全阀 A27W-10 *DN*50	个	146.88	—	—	—	—	1	—	—	—

材

料

编　号			8-713	8-714	8-715	8-716	8-717	8-718	8-719	8-720
项　目			公称直径（mm以内）							
			20	25	32	40	50	65	80	100
组　成　内　容	单位	单价	数　　量							
材	弹簧安全阀 A27W-10 DN65	个	179.96	—	—	—	—	—	1	—	—
	弹簧安全阀 A27W-10 DN80	个	262.37	—	—	—	—	—	—	1	—
	弹簧安全阀 A27W-10 DN100	个	436.95	—	—	—	—	—	—	—	1
	六角带帽螺栓 M12×（14～75）	套	0.77	24.72	24.72	16.48	8.24	8.24	8.24	8.24	8.24
	六角带帽螺栓 M16×（65～80）	套	1.71	16.48	16.48	24.72	32.96	45.32	45.32	57.68	41.20
	六角带帽螺栓 M20×（85～100）	套	2.92	—	—	—	—	—	—	—	24.72
	压力表弯管 DN15	个	11.36	2	2	2	2	2	2	2	2
	压力表气门 DN15	个	13.39	2	2	2	2	2	2	2	2
	弹簧压力表 0～1.6MPa	块	48.67	2	2	2	2	2	2	2	2
	石棉橡胶板 低压 δ0.8～6.0	kg	19.35	0.28	0.35	0.42	0.63	0.84	1.12	1.46	2.13
料	石棉扭绳 D3	kg	19.69	0.04	0.04	0.05	0.05	0.05	0.07	0.07	0.07
	电焊条 E4303 D3.2	kg	7.59	0.57	0.66	0.78	1.20	1.47	2.14	2.86	3.42
	氧气	m³	2.88	0.26	0.29	0.31	0.40	0.47	0.57	0.72	0.80
	乙炔气	kg	14.66	0.09	0.10	0.10	0.13	0.16	0.19	0.24	0.27
	焦炭	kg	1.25	3.0	3.6	5.6	6.9	8.6	12.1	16.0	27.2
	线麻	kg	11.36	0.05	0.05	0.05	0.05	0.05	0.05	0.05	0.06
	清油	kg	15.06	0.04	0.04	0.04	0.04	0.05	0.06	0.06	0.08
	铅油	kg	11.17	0.05	0.05	0.05	0.05	0.05	0.05	0.06	0.06
	机油	kg	7.21	0.04	0.04	0.04	0.04	0.04	0.04	0.05	0.05
	木柴	kg	1.03	2.10	2.10	2.10	2.10	2.10	3.15	4.20	4.20
	棉纱	kg	16.11	0.05	0.05	0.05	0.05	0.05	0.08	0.10	0.10
	锯条	根	0.42	0.53	0.53	1.58	2.10	2.10	2.63	4.20	4.20
	砂布	张	0.93	0.2	0.2	0.2	0.4	0.6	0.8	1.0	1.2
机	直流弧焊机 20kW	台班	75.06	0.48	0.48	0.76	0.76	1.29	1.70	2.42	2.93
械	弯管机 D108	台班	78.53	—	—	0.04	0.06	0.06	0.06	0.06	0.16

三、疏水器组成、安装

1.疏水器(螺纹连接)

工作内容:切管、套丝、上零件、制垫、加垫、组成、安装、水压试验。　　　　　　　　　　　　　　　　　　　　　　　　　　单位:组

编　　号			8-721	8-722	8-723	8-724	8-725
项　　目			公称直径(mm以内)				
			20	25	32	40	50
预算基价	总　　　价(元)		**271.30**	**335.79**	**406.81**	**486.66**	**696.07**
	人　工　费(元)		101.25	139.05	172.80	203.85	324.00
	材　料　费(元)		170.05	196.74	234.01	282.81	372.07
组　成　内　容	单位	单价	数　　　　量				
人工 综合工	工日	135.00	0.75	1.03	1.28	1.51	2.40
材料 螺纹疏水器	个	—	(1)	(1)	(1)	(1)	(1)
焊接钢管 DN15	m	4.84	1.56	0.30	0.30	0.30	0.30
焊接钢管 DN20	m	6.32	0.86	1.40	—	—	—
焊接钢管 DN25	m	9.32	—	0.96	1.53	—	—
焊接钢管 DN32	m	12.02	—	—	1.05	1.71	—
焊接钢管 DN40	m	14.72	—	—	—	1.19	2.10
焊接钢管 DN50	m	18.68	—	—	—	—	1.5
螺纹截止阀 J11T-16 DN15	个	12.12	1.01	—	—	—	—
螺纹截止阀 J11T-16 DN20	个	15.30	2.02	1.01	—	—	—
螺纹截止阀 J11T-16 DN25	个	20.30	—	2.02	1.01	—	—
螺纹截止阀 J11T-16 DN32	个	26.66	—	—	2.02	1.01	—
螺纹截止阀 J11T-16 DN40	个	37.11	—	—	—	2.02	1.01
螺纹截止阀 J11T-16 DN50	个	56.65	—	—	—	—	2.02
螺纹旋塞 X13T-10 DN15	个	48.57	2.02	2.02	2.02	2.02	2.02
黑玛钢弯头 DN15	个	0.57	2.02	—	—	—	—
黑玛钢弯头 DN20	个	1.07	—	2.02	—	—	—
黑玛钢弯头 DN25	个	1.57	—	—	2.02	—	—

续前

编 号			8-721	8-722	8-723	8-724	8-725
项 目			公称直径(mm以内)				
			20	25	32	40	50
组 成 内 容	单位	单价	数 量				
材 / 料 黑玛钢弯头 DN32	个	2.76	—	—	—	2.02	—
黑玛钢弯头 DN40	个	3.45	—	—	—	—	2.02
黑玛钢三通 DN20	个	1.49	4.04	—	—	—	—
黑玛钢三通 DN25	个	2.33	—	4.04	—	—	—
黑玛钢三通 DN32	个	3.65	—	—	4.04	—	—
黑玛钢三通 DN40	个	4.41	—	—	—	4.04	—
黑玛钢三通 DN50	个	6.70	—	—	—	—	4.04
黑玛钢活接头 DN15	个	2.23	1.01	—	—	—	—
黑玛钢活接头 DN20	个	2.97	1.01	1.01	—	—	—
黑玛钢活接头 DN25	个	4.32	—	1.01	1.01	—	—
黑玛钢活接头 DN32	个	5.63	—	—	1.01	1.01	—
黑玛钢活接头 DN40	个	7.64	—	—	—	1.01	1.01
黑玛钢活接头 DN50	个	11.08	—	—	—	—	1.01
黑玛钢管箍 DN20	个	0.89	1.01	—	—	—	—
黑玛钢管箍 DN25	个	1.23	—	1.01	—	—	—
黑玛钢管箍 DN32	个	1.78	—	—	1.01	—	—
黑玛钢管箍 DN40	个	2.26	—	—	—	1.01	—
黑玛钢管箍 DN50	个	3.32	—	—	—	—	1.01
线麻	kg	11.36	0.01	0.02	0.03	0.04	0.05
铅油	kg	11.17	0.11	0.11	0.14	0.17	0.19
机油	kg	7.21	0.10	0.12	0.15	0.17	0.19
锯条	根	0.42	1.0	1.0	1.1	1.5	3.1

2.疏水器(焊接)

工作内容：切管、套丝、上零件、制垫、加垫、焊接、安装、水压试验。

单位：组

编　号				8-726	8-727	8-728	8-729	8-730	8-731	8-732	8-733
项　目				公称直径(mm以内)							
				20	25	32	40	50	65	80	100
预算基价	总　　　价(元)			**269.99**	**326.83**	**364.02**	**449.05**	**834.57**	**1266.35**	**1828.59**	**2270.13**
	人　工　费(元)			79.65	106.65	106.65	145.80	201.15	253.80	303.75	421.20
	材　料　费(元)			188.77	217.04	254.23	300.11	621.20	994.26	1503.51	1823.03
	机　械　费(元)			1.57	3.14	3.14	3.14	12.22	18.29	21.33	25.90
组　成　内　容		单位	单价	数　　　量							
人工	综合工	工日	135.00	0.59	0.79	0.79	1.08	1.49	1.88	2.25	3.12
材料	法兰疏水器	个	—	(1)	(1)	(1)	(1)	(1)	(1)	(1)	(1)
	焊接钢管 DN15	m	4.84	1.29	0.30	0.30	0.30	0.30	—	—	—
	焊接钢管 DN20	m	6.32	0.86	1.53	—	—	—	0.30	0.30	0.30
	焊接钢管 DN25	m	9.32	—	0.96	1.53	—	—	—	—	—
	焊接钢管 DN32	m	12.02	—	—	1.05	1.71	—	—	—	—
	焊接钢管 DN40	m	14.72	—	—	—	1.19	2.10	—	—	—
	焊接钢管 DN50	m	18.68	—	—	—	—	1.5	2.4	—	—
	焊接钢管 DN65	m	25.35	—	—	—	—	—	1.85	2.60	—
	焊接钢管 DN80	m	31.81	—	—	—	—	—	—	2.28	2.80
	焊接钢管 DN100	m	41.28	—	—	—	—	—	—	—	2.5
	螺纹截止阀 J11T-16 DN15	个	12.12	1.01	—	—	—	—	—	—	—
	螺纹截止阀 J11T-16 DN20	个	15.30	2.02	1.01	—	—	—	—	—	—
	螺纹截止阀 J11T-16 DN25	个	20.30	—	2.02	1.01	—	—	—	—	—
	螺纹截止阀 J11T-16 DN32	个	26.66	—	—	2.02	1.01	—	—	—	—
	螺纹截止阀 J11T-16 DN40	个	37.11	—	—	—	2.02	1.01	—	—	—
	法兰截止阀 J41T-16 DN50	个	108.77	—	—	—	—	2	1	—	—
	法兰截止阀 J41T-16 DN65	个	173.90	—	—	—	—	—	2	1	—
	法兰截止阀 J41T-16 DN80	个	324.47	—	—	—	—	—	—	2	1
	法兰截止阀 J41T-16 DN100	个	363.26	—	—	—	—	—	—	—	2
	螺纹旋塞 X13T-10 DN15	个	48.57	2.02	2.02	2.02	2.02	2.02	—	—	—
	螺纹旋塞 X13T-10 DN20	个	57.07	—	—	—	—	—	2.02	2.02	2.02

单位：组

编　号			8-726	8-727	8-728	8-729	8-730	8-731	8-732	8-733
项　目			公称直径(mm以内)							
			20	25	32	40	50	65	80	100
组 成 内 容	单位	单价	数　量							
材	黑玛钢活接头 DN15	个	2.23	1.01	—	—	—	—	—	—	—
	黑玛钢活接头 DN20	个	2.97	—	1.01	—	—	—	—	—	—
	黑玛钢活接头 DN25	个	4.32	—	—	1.01	—	—	—	—	—
	黑玛钢活接头 DN32	个	5.63	—	—	—	1.01	—	—	—	—
	黑玛钢活接头 DN40	个	7.64	—	—	—	—	1.01	—	—	—
	钢板平焊法兰 1.6MPa DN20	个	9.77	2	—	—	—	—	—	—	—
	钢板平焊法兰 1.6MPa DN25	个	11.73	—	2	—	—	—	—	—	—
	钢板平焊法兰 1.6MPa DN32	个	15.32	—	—	2	—	—	—	—	—
	钢板平焊法兰 1.6MPa DN40	个	17.18	—	—	—	2	—	—	—	—
	钢板平焊法兰 1.6MPa DN50	个	22.98	—	—	—	—	6	2	—	—
	钢板平焊法兰 1.6MPa DN65	个	32.70	—	—	—	—	—	6	2	—
	钢板平焊法兰 1.6MPa DN80	个	36.56	—	—	—	—	—	—	6	2
	钢板平焊法兰 1.6MPa DN100	个	48.19	—	—	—	—	—	—	—	6
	六角带帽螺栓 M12×(85～100)	套	0.72	—	—	—	—	—	—	—	65.92
	六角带帽螺栓 M12×(14～75)	套	0.77	8.24	8.24	8.24	8.24	—	—	—	—
	六角带帽螺栓 M16×(65～80)	套	1.71	—	—	—	—	24.72	32.96	57.68	—
料	石棉橡胶板 低压 δ0.8～6.0	kg	19.35	0.04	0.07	0.08	0.10	0.52	0.68	0.97	1.30
	气焊条 D<2	kg	7.96	0.10	0.12	0.13	0.16	—	—	—	—
	氧气	m³	2.88	0.34	0.46	0.54	0.66	0.33	0.74	1.14	1.39
	乙炔气	kg	14.66	0.11	0.15	0.18	0.22	0.11	0.25	0.36	0.46
	铅油	kg	11.17	0.10	0.12	0.15	0.20	0.20	0.22	0.26	0.35
	机油	kg	7.21	0.12	0.12	0.15	0.15	0.15	0.29	0.29	0.31
	线麻	kg	11.36	0.10	0.10	0.15	0.15	0.02	0.02	0.02	0.02
	锯条	根	0.42	1	1	2	2	2	2	2	3
	电焊条 E4303 D3.2	kg	7.59	—	—	—	—	0.37	0.75	1.09	1.23
机 械	弯管机 D108	台班	78.53	0.02	0.04	0.04	0.04	0.06	0.08	0.09	0.11
	直流弧焊机 20kW	台班	75.06	—	—	—	—	0.10	0.16	0.19	0.23

四、法 兰

1.铸铁法兰(螺纹连接)

工作内容：切管、套丝、制垫、加垫、上法兰、组对、紧螺栓、水压试验。 单位：副

编 号				8-734	8-735	8-736	8-737	8-738	8-739	8-740	8-741	8-742	8-743
项 目				公称直径(mm以内)									
				20	25	32	40	50	65	80	100	125	150
预算基价	总 价(元)			17.48	19.26	21.96	27.95	32.31	50.66	65.31	105.71	198.94	353.32
	人 工 费(元)			16.20	17.55	20.25	25.65	29.70	47.25	60.75	99.90	191.70	344.25
	材 料 费(元)			1.28	1.71	1.71	2.30	2.61	3.41	4.56	5.81	7.24	9.07
组 成 内 容		单位	单价	数 量									
人工	综合工	工日	135.00	0.12	0.13	0.15	0.19	0.22	0.35	0.45	0.74	1.42	2.55
材料	铸铁法兰	个	—	(2)	(2)	(2)	(2)	(2)	(2)	(2)	(2)	(2)	(2)
	石棉橡胶板 低压 $\delta0.8\sim6.0$	kg	19.35	0.02	0.04	0.04	0.06	0.07	0.09	0.13	0.17	0.23	0.28
	清油	kg	15.06	0.01	0.01	0.01	0.01	0.01	0.02	0.02	0.03	0.03	0.05
	铅油	kg	11.17	0.04	0.04	0.04	0.05	0.06	0.08	0.11	0.13	0.15	0.17
	线麻	kg	11.36	0.01	0.01	0.01	0.01	0.01	0.01	0.01	0.01	0.01	0.02
	破布	kg	5.07	0.01	0.01	0.01	0.02	0.02	0.02	0.02	0.03	0.03	0.05
	砂纸	张	0.87	0.15	0.20	0.20	0.25	0.25	0.30	0.35	0.40	0.45	0.60

2.碳钢法兰(焊接)

工作内容: 切口、坡口、焊接、制垫、加垫、安装组对、紧螺栓、水压试验。

单位:副

编　号			8-744	8-745	8-746	8-747	8-748	8-749
项　目			公称直径(mm以内)					
			32	40	50	65	80	100
预算基价	总　　价(元)		**54.78**	**58.65**	**61.44**	**92.09**	**100.81**	**115.89**
	人　工　费(元)		37.80	37.80	39.15	60.75	60.75	67.50
	材　料　费(元)		7.22	11.09	11.78	14.08	22.80	28.12
	机　械　费(元)		9.76	9.76	10.51	17.26	17.26	20.27
组　成　内　容	单位	单价	数　　量					
人工 综合工	工日	135.00	0.28	0.28	0.29	0.45	0.45	0.50
材料 碳钢法兰	个	—	(2)	(2)	(2)	(2)	(2)	(2)
六角带帽螺栓 M14×(14~75)	套	1.00	4.12	—	—	—	—	—
六角带帽螺栓 M16×(65~80)	套	1.71	—	4.12	4.12	4.12	8.24	—
六角带帽螺栓 M16×(85~140)	套	2.06	—	—	—	—	—	8.24
石棉橡胶板 低压 δ0.8~6.0	kg	19.35	0.04	0.06	0.07	0.09	0.13	0.17
电焊条 E4303 D3.2	kg	7.59	0.14	0.17	0.21	0.42	0.49	0.59
氧气	m³	2.88	0.02	0.03	0.04	0.06	0.06	0.07
乙炔气	kg	14.66	0.01	0.01	0.01	0.02	0.02	0.02
机油	kg	7.21	0.05	0.07	0.07	0.07	0.07	0.10
铅油	kg	11.17	0.03	0.03	0.04	0.05	0.07	0.11
棉纱	kg	16.11	0.01	0.02	0.02	0.02	0.02	0.03
破布	kg	5.07	0.01	0.01	0.02	0.02	0.02	0.03
清油	kg	15.06	0.01	0.01	0.01	0.01	0.02	0.02
机械 直流弧焊机 20kW	台班	75.06	0.13	0.13	0.14	0.23	0.23	0.27

工作内容：切口、坡口、焊接、制垫、加垫、安装组对、紧螺栓、水压试验。

单位：副

编　号			8-750	8-751	8-752	8-753	8-754	8-755	8-756	8-757
项　目			公称直径(mm以内)							
			125	150	200	250	300	350	400	500
预算基价	总　　价(元)		**136.69**	**150.59**	**270.93**	**385.47**	**466.53**	**599.19**	**701.14**	**985.72**
	人　工　费(元)		85.05	87.75	155.25	209.25	263.25	363.15	363.15	415.80
	材　料　费(元)		30.62	40.32	66.14	105.66	113.96	143.72	226.15	437.81
	机　械　费(元)		21.02	22.52	49.54	70.56	89.32	92.32	111.84	132.11
组成内容	单位	单价	数　　　量							
人工 综合工	工日	135.00	0.63	0.65	1.15	1.55	1.95	2.69	2.69	3.08
材料 碳钢法兰	个	—	(2)	(2)	(2)	(2)	(2)	(2)	(2)	(2)
六角带帽螺栓 M16×(85~140)	套	2.06	8.24	—	—	—	—	—	—	—
六角带帽螺栓 M20×(85~100)	套	2.92	—	8.24	12.36	—	—	—	—	—
六角带帽螺栓 M22×(90~120)	套	4.42	—	—	—	12.36	12.36	16.48	—	—
六角带帽螺栓 M27×(120~140)	套	8.00	—	—	—	—	—	—	16.48	—
六角带帽螺栓 M30×(130~160)	套	15.69	—	—	—	—	—	—	—	20.60
石棉橡胶板 低压 δ0.8~6.0	kg	19.35	0.23	0.28	0.33	0.37	0.40	0.54	0.69	0.81
电焊条 E4303 D3.2	kg	7.59	0.72	0.88	2.35	4.88	5.79	6.85	9.35	11.57
氧气	m³	2.88	0.10	0.12	0.17	0.26	0.29	0.34	0.39	0.49
乙炔气	kg	14.66	0.03	0.03	0.06	0.09	0.09	0.11	0.13	0.16
机油	kg	7.21	0.10	0.10	0.15	0.15	0.15	0.20	0.20	0.20
铅油	kg	11.17	0.12	0.14	0.20	0.20	0.25	0.25	0.30	0.33
棉纱	kg	16.11	0.03	0.03	0.03	0.04	0.05	0.05	0.06	0.06
破布	kg	5.07	0.03	0.03	0.04	0.04	0.04	0.04	0.06	0.07
清油	kg	15.06	0.02	0.03	0.03	0.04	0.04	0.04	0.06	0.06
机械 直流弧焊机 20kW	台班	75.06	0.28	0.30	0.66	0.94	1.19	1.23	1.49	1.76

五、水表组成、安装
1.螺 纹 水 表

工作内容：切管、套丝、制垫、加垫、安装、水压试验。

单位：组

编　号			8-758	8-759	8-760	8-761	8-762	8-763	8-764	8-765	8-766	8-767
项　目			公称直径(mm以内)									
			15	20	25	32	40	50	80	100	125	150
预算基价	总　价(元)		**75.46**	**89.77**	**107.29**	**130.02**	**186.27**	**161.14**	**276.97**	**355.00**	**179.19**	**197.13**
	人 工 费(元)		63.45	74.25	86.40	102.60	149.85	108.00	141.75	157.95	174.15	191.70
	材 料 费(元)		12.01	15.52	20.89	27.42	36.42	53.14	135.22	197.05	5.04	5.43
组 成 内 容	单位	单价	数　　量									
人工 综合工	工日	135.00	0.47	0.55	0.64	0.76	1.11	0.80	1.05	1.17	1.29	1.42
材　料 螺纹水表	个	—	(1)	(1)	(1)	(1)	(1)	(1)	(1)	(1)	(1)	(1)
螺纹闸板阀	个	—	—	—	—	—	—	—	—	—	(1.01)	(1.01)
螺纹闸阀 Z15T-10K DN15	个	11.09	1.01	—	—	—	—	—	—	—	—	—
螺纹闸阀 Z15T-10K DN20	个	14.56	—	1.01	—	—	—	—	—	—	—	—
螺纹闸阀 Z15T-10K DN25	个	19.54	—	—	1.01	—	—	—	—	—	—	—
螺纹闸阀 Z15T-10K DN32	个	25.83	—	—	—	1.01	—	—	—	—	—	—
螺纹闸阀 Z15T-10K DN40	个	34.17	—	—	—	—	1.01	—	—	—	—	—
螺纹闸阀 Z15T-10K DN50	个	50.24	—	—	—	—	—	1.01	—	—	—	—
螺纹闸阀 Z15T-10K DN80	个	130.88	—	—	—	—	—	—	1.01	—	—	—
螺纹闸阀 Z15T-10K DN100	个	191.17	—	—	—	—	—	—	—	1.01	—	—
橡胶板 δ1~3	kg	11.26	0.05	0.05	0.08	0.09	0.13	0.16	0.19	0.24	0.29	0.29
铅油	kg	11.17	0.010	0.010	0.010	0.014	0.020	0.030	0.050	0.080	0.120	0.150
机油	kg	7.21	0.010	0.010	0.010	0.010	0.012	0.012	0.015	0.015	0.020	0.020
线麻	kg	11.36	0.001	0.001	0.001	0.002	0.002	0.003	0.005	0.005	0.007	0.007
锯条	根	0.42	0.11	0.13	0.14	0.17	0.26	0.34	0.41	0.50	0.50	0.62

2.焊接法兰水表(带旁通管及止回阀)

工作内容：切管、焊接、制垫、加垫、水表、止回阀、阀门安装、上螺栓、水压试验。

单位：组

编 号				8-768	8-769	8-770	8-771	8-772	8-773	8-774
项 目				公称直径(mm以内)						
				50	80	100	150	200	250	300
预算基价	总 价(元)			**1421.88**	**2223.63**	**2796.48**	**4764.97**	**8368.87**	**13295.60**	**17232.64**
	人 工 费(元)			386.10	577.80	653.40	891.00	1539.00	2045.25	2509.65
	材 料 费(元)			952.46	1515.98	1990.71	3705.08	6458.32	10588.92	13927.84
	机 械 费(元)			83.32	129.85	152.37	168.89	371.55	661.43	795.15
组 成 内 容		单位	单价	数 量						
人工	综合工	工日	135.00	2.86	4.28	4.84	6.60	11.40	15.15	18.59
材 料	法兰水表	个	—	(1)	(1)	(1)	(1)	(1)	(1)	(1)
	法兰闸阀 Z45T-10 DN50	个	120.42	3.00	—	—	—	—	—	—
	法兰闸阀 Z45T-10 DN80	个	195.82	—	3.00	—	—	—	—	—
	法兰闸阀 Z45T-10 DN100	个	240.73	—	—	3.00	—	—	—	—
	法兰闸阀 Z45T-10 DN150	个	490.86	—	—	—	3.03	—	—	—
	法兰闸阀 Z45T-10 DN200	个	765.63	—	—	—	—	3.03	—	—
	法兰闸阀 Z45T-10 DN250	个	1168.32	—	—	—	—	—	3.03	—
	法兰闸阀 Z45T-10 DN300	个	1339.39	—	—	—	—	—	—	3.03
	法兰止回阀 H44T-10 DN50	个	85.43	1.00	—	—	—	—	—	—
	法兰止回阀 H44T-10 DN80	个	151.80	—	1.00	—	—	—	—	—
	法兰止回阀 H44T-10 DN100	个	175.40	—	—	1.00	—	—	—	—
	法兰止回阀 H44T-10 DN150	个	352.81	—	—	—	1.01	—	—	—
	法兰止回阀 H44T-10 DN200	个	992.48	—	—	—	—	1.01	—	—
	法兰止回阀 H44T-10 DN250	个	1210.34	—	—	—	—	—	1.01	—
	法兰止回阀 H44T-10 DN300	个	1694.78	—	—	—	—	—	—	1.01
	钢板平焊法兰 1.6MPa DN50	个	22.98	14	—	—	—	—	—	—
	钢板平焊法兰 1.6MPa DN80	个	36.56	—	14	—	—	—	—	—
	钢板平焊法兰 1.6MPa DN100	个	48.19	—	—	14	—	—	—	—
	钢板平焊法兰 1.6MPa DN150	个	79.27	—	—	—	14	—	—	—
	钢板平焊法兰 1.6MPa DN200	个	119.54	—	—	—	—	14	—	—
	钢板平焊法兰 1.6MPa DN250	个	246.34	—	—	—	—	—	14	—
	钢板平焊法兰 1.6MPa DN300	个	365.92	—	—	—	—	—	—	14

续前

编　号			8-768	8-769	8-770	8-771	8-772	8-773	8-774
项　目			公称直径(mm以内)						
			50	80	100	150	200	250	300
组　成　内　容	单位	单价	数　　量						
材	焊接钢管 DN50	m	18.68	1.75	—	—	—	—	—	—
	焊接钢管 DN80	m	31.81	—	2.00	—	—	—	—	—
	焊接钢管 DN100	m	41.28	—	—	2.25	—	—	—	—
	焊接钢管 DN150	m	68.51	—	—	—	2.50	—	—	—
	压制弯头 D57×5	个	8.36	2	—	—	—	—	—	—
	压制弯头 D89×6	个	14.48	—	2	—	—	—	—	—
	压制弯头 D108×7	个	22.53	—	—	2	—	—	—	—
	压制弯头 D159×8	个	60.86	—	—	—	2	—	—	—
	压制弯头 D219×9	个	130.76	—	—	—	—	2	—	—
	压制弯头 D273×8	个	295.35	—	—	—	—	—	2	—
	压制弯头 D325×8	个	435.51	—	—	—	—	—	—	2
	六角带帽螺栓 M16×(65～80)	套	1.71	49.44	49.44	98.88	—	—	—	—
	六角带帽螺栓 M20×(85～100)	套	2.92	—	—	—	98.88	148.32	—	—
	六角带帽螺栓 M22×(90～120)	套	4.42	—	—	—	—	—	148.32	148.32
	石棉橡胶板 低压 δ0.8～6.0	kg	19.35	0.83	1.57	2.08	3.31	3.97	4.39	4.80
	热轧一般无缝钢管 D219×7	m	162.97	—	—	—	—	3.00	—	—
	热轧一般无缝钢管 D273×7	m	213.24	—	—	—	—	—	3.25	—
	热轧一般无缝钢管 D325×8	m	290.24	—	—	—	—	—	—	3.45
料	电焊条 E4303 D3.2	kg	7.59	1.59	3.81	4.77	7.06	18.15	36.27	41.36
	氧气	m³	2.88	0.42	0.66	0.78	1.24	1.81	2.58	3.04
	乙炔气	kg	14.66	0.14	0.22	0.26	0.41	0.60	0.86	1.01
	铅油	kg	11.17	0.48	0.72	0.90	1.68	2.04	2.40	3.26
	清油	kg	15.06	0.06	0.09	0.12	0.18	0.18	0.24	0.33
	机油	kg	7.21	0.90	0.90	1.20	1.50	1.80	1.80	2.45
	棉纱	kg	16.11	0.24	0.30	0.36	0.42	0.48	0.59	0.70
	砂纸	张	0.87	2.4	3.0	3.0	4.2	4.8	6.0	7.2
机械	直流弧焊机 20kW	台班	75.06	1.11	1.73	2.03	2.25	4.95	7.05	8.55
	载货汽车 5t	台班	443.55	—	—	—	—	—	0.06	0.06
	卷扬机 单筒慢速 50kN	台班	211.29	—	—	—	—	—	0.5	0.6

六、补 偿 器

1.法兰式套筒补偿器（螺纹连接）

工作内容：切管、套丝、检修盘根、制垫、加垫、安装、水压试验。

单位：个

编 号			8-775	8-776	8-777	8-778
项 目			公称直径（mm以内）			
			25	32	40	50
预算基价	总 价(元)		**40.98**	**41.11**	**56.04**	**74.90**
	人 工 费(元)		40.50	40.50	55.35	70.20
	材 料 费(元)		0.48	0.61	0.69	4.70
组 成 内 容	单位	单价	数 量			
人工 综合工	工日	135.00	0.30	0.30	0.41	0.52
材料 螺纹套筒补偿器	个	—	(1)	(1)	(1)	—
螺纹法兰套筒补偿器 DN50	个	—	—	—	—	(1)
石棉松绳 D13～19	kg	14.60	0.01	0.01	0.01	0.02
线麻	kg	11.36	0.01	0.01	0.01	0.02
机油	kg	7.21	0.01	0.01	0.02	0.02
铅油	kg	11.17	0.01	0.02	0.02	0.03
锯条	根	0.42	0.08	0.14	0.14	—
石棉橡胶板 低压 $\delta0.8\sim6.0$	kg	19.35	—	—	—	0.14
棉纱	kg	16.11	—	—	—	0.04
砂纸	张	0.87	—	—	—	0.4

2.法兰式套筒补偿器（焊接）

工作内容：切管、检修盘根、对口、焊法兰、制垫、加垫、安装、水压试验。

单位：个

编　号			8-779	8-780	8-781	8-782	8-783	8-784	8-785	8-786	8-787	8-788
项　目			公称直径（mm以内）									
			50	65	80	100	125	150	200	300	400	500
预算基价	总　　　价(元)		**142.79**	**187.75**	**223.67**	**296.03**	**369.97**	**445.85**	**663.06**	**1399.15**	**2457.61**	**3968.15**
	人　工　费(元)		64.80	81.00	91.80	129.60	168.75	191.70	261.90	395.55	588.60	658.80
	材　料　费(元)		67.48	89.49	114.61	146.16	180.20	231.63	351.62	914.28	1757.17	3177.24
	机　械　费(元)		10.51	17.26	17.26	20.27	21.02	22.52	49.54	89.32	111.84	132.11
组　成　内　容	单位	单价	数　　量									
人工 综合工	工日	135.00	0.48	0.60	0.68	0.96	1.25	1.42	1.94	2.93	4.36	4.88
法兰套筒补偿器	个	—	(1)	(1)	(1)	(1)	(1)	(1)	(1)	(1)	(1)	(1)
钢板平焊法兰 1.6MPa DN50	个	22.98	2	—	—	—	—	—	—	—	—	—
钢板平焊法兰 1.6MPa DN65	个	32.70	—	2	—	—	—	—	—	—	—	—
钢板平焊法兰 1.6MPa DN80	个	36.56	—	—	2	—	—	—	—	—	—	—
钢板平焊法兰 1.6MPa DN100	个	48.19	—	—	—	2	—	—	—	—	—	—
钢板平焊法兰 1.6MPa DN125	个	62.88	—	—	—	—	2	—	—	—	—	—
钢板平焊法兰 1.6MPa DN150	个	79.27	—	—	—	—	—	2	—	—	—	—
钢板平焊法兰 1.6MPa DN200	个	119.54	—	—	—	—	—	—	2	—	—	—
钢板平焊法兰 1.6MPa DN300	个	365.92	—	—	—	—	—	—	—	2	—	—
钢板平焊法兰 1.6MPa DN400	个	689.44	—	—	—	—	—	—	—	—	2	—
钢板平焊法兰 1.6MPa DN500	个	1195.37	—	—	—	—	—	—	—	—	—	2
六角带帽螺栓 M16×（65～80）	套	1.71	8.24	8.24	16.48	—	—	—	—	—	—	—
六角带帽螺栓 M16×（85～140）	套	2.06	—	—	—	16.48	16.48	—	—	—	—	—
六角带帽螺栓 M20×（85～100）	套	2.92	—	—	—	—	—	16.48	24.72	—	—	—
六角带帽螺栓 M22×（90～120）	套	4.42	—	—	—	—	—	—	—	24.72	—	—
六角带帽螺栓 M27×（120～140）	套	8.00	—	—	—	—	—	—	—	—	32.96	—
六角带帽螺栓 M30×（130～160）	套	15.69	—	—	—	—	—	—	—	—	—	41.20
石棉橡胶板 低压 δ0.8～6.0	kg	19.35	0.14	0.18	0.26	0.35	0.46	0.55	0.66	0.80	1.38	1.66
电焊条 E4303 D3.2	kg	7.59	0.21	0.42	0.49	0.59	0.72	0.88	2.35	5.79	9.35	11.57
氧气	m^3	2.88	0.04	0.06	0.06	0.07	0.10	0.12	0.17	0.29	0.39	0.48
乙炔气	kg	14.66	0.01	0.02	0.02	0.02	0.03	0.04	0.06	0.10	0.13	0.16
铅油	kg	11.17	0.07	0.07	0.10	0.10	0.15	0.20	0.30	0.50	0.60	0.70
清油	kg	15.06	0.04	0.04	0.06	0.06	0.06	0.08	0.08	0.08	0.10	0.10
棉纱	kg	16.11	0.04	0.04	0.06	0.06	0.08	0.08	0.10	0.12	0.15	0.20
机油	kg	7.21	0.04	0.04	0.05	0.05	0.05	0.07	0.09	0.10	0.10	0.10
铁砂布 0#～2#	张	1.15	0.4	0.4	0.5	0.5	0.8	1.0	1.0	1.2	1.5	2.0
锯条	根	0.42	0.2	0.2	0.4	0.4	0.6	0.8	1.0	1.5	2.0	2.0
机械 直流弧焊机 20kW	台班	75.06	0.14	0.23	0.23	0.27	0.28	0.30	0.66	1.19	1.49	1.76

3.方形补偿器

工作内容：做样板、筛砂、炒砂、灌砂、打砂、制堵、加热、撅制、倒砂、清管腔、组成、焊接、张拉、安装。　　　　　　　　　　**单位**：个

编　号			8-789	8-790	8-791	8-792	8-793	8-794
项　目			公称直径(mm以内)					
			32	40	50	65	80	100
预算基价	总　　价（元）		**112.52**	**135.06**	**184.84**	**309.07**	**500.24**	**706.68**
	人　工　费（元）		82.35	98.55	129.60	220.05	390.15	556.20
	材　料　费（元）		26.05	32.39	49.05	69.70	90.77	129.66
	机　械　费（元）		4.12	4.12	6.19	19.32	19.32	20.82
组 成 内 容		单位	单价	数　　量				
人工	综合工	工日	135.00	0.61	0.73	0.96	1.63	2.89	4.12
材料	砂子	t	87.03	0.001	0.001	0.004	0.009	0.021	0.037
	木材　一级红松	m³	3862.26	0.002	0.002	0.002	0.002	0.002	0.002
	气焊条 $D<2$	kg	7.96	0.02	0.02	0.03	—	—	—
	氧气	m³	2.88	0.09	0.11	0.12	0.36	0.41	0.51
	乙炔气	kg	14.66	0.03	0.04	0.04	0.12	0.14	0.16
	焦炭	kg	1.25	12	16	28	40	52	80
	木柴	kg	1.03	2.0	3.0	4.0	4.0	7.2	8.0
	铅油	kg	11.17	0.02	0.03	0.05	0.05	0.05	0.08
	机油	kg	7.21	0.010	0.010	0.015	0.200	0.200	0.200
	锯条	根	0.42	0.05	0.05	0.05	—	—	—
	电焊条 E4303 $D3.2$	kg	7.59	—	—	—	0.30	0.47	0.57
机械	鼓风机 18m³	台班	41.24	0.10	0.10	0.15	0.25	0.25	0.25
	直流弧焊机 20kW	台班	75.06	—	—	—	0.12	0.12	0.14

工作内容：做样板、筛砂、炒砂、灌砂、打砂、制堵、加热、搣制、倒砂、清管腔、组成、焊接、张拉、安装。

单位：个

编　号			8-795	8-796	8-797	8-798	8-799	8-800	8-801
项　目			公称直径（mm以内）						
			125	150	200	250	300	350	400
预算基价	总　　价（元）		**1297.11**	**1461.27**	**3078.72**	**4920.99**	**7012.43**	**10047.42**	**14422.60**
	人　工　费（元）		1042.20	1055.70	2328.75	3645.00	5590.35	8276.85	12297.15
	材　料　费（元）		221.15	281.67	560.18	880.20	1011.59	1268.70	1605.58
	机　械　费（元）		33.76	123.90	189.79	395.79	410.49	501.87	519.87
组　成　内　容		单位	单价	数　　量					
人工	综合工	工日	135.00	7.72	7.82	17.25	27.00	41.41	61.31	91.09
材料	砂子	t	87.03	0.053	0.076	0.134	0.315	0.458	0.615	1.072
	木材　一级红松	m³	3862.26	0.003	0.003	0.003	0.004	0.004	0.004	0.004
	氧气	m³	2.88	0.96	1.12	1.77	3.55	4.31	5.19	5.75
	乙炔气	kg	14.66	0.32	0.49	0.59	1.19	1.44	1.73	1.92
	焦炭	kg	1.25	140	180	360	560	640	800	1000
	木柴	kg	1.03	12.0	16.0	56.0	80.0	88.0	100.0	120.0
	铅油	kg	11.17	0.08	0.08	0.10	0.10	0.12	0.15	0.20
	机油	kg	7.21	0.250	0.250	0.300	0.300	0.300	0.350	0.350
	电焊条 E4303 D3.2	kg	7.59	0.98	1.17	1.61	3.16	3.77	6.88	9.72
机械	鼓风机 18m³	台班	41.24	0.40	0.50	0.80	1.00	1.12	1.20	1.40
	直流弧焊机 20kW	台班	75.06	0.23	0.25	0.40	0.67	0.80	0.96	1.09
	卷扬机 单筒慢速 50kN	台班	211.29	—	0.40	0.60	1.44	1.44	1.80	1.80

七、浮标液面计组成、安装

工作内容：支架制作、安装，液面计安装。

单位：组

编　　号				8-802
项　　目				FQ-Ⅱ型
预算基价	总　　价(元)			**49.43**
	人　工　费(元)			40.50
	材　料　费(元)			5.18
	机　械　费(元)			3.75
组 成 内 容		单位	单价	数　　量
人工	综合工	工日	135.00	0.30
材料	浮标液面计 FQ-Ⅱ	组	—	（1）
	热轧角钢 ＜60	t	3721.43	0.0008
	六角带帽螺栓 M8×（14～75）	套	0.30	4.12
	电焊条 E4303 D3.2	kg	7.59	0.1
	锯条	根	0.42	0.5
机械	直流弧焊机 20kW	台班	75.06	0.05

157

八、水塔及水池浮漂水位标尺制作、安装

工作内容： 预埋螺栓、下料、制作、安装、导杆升降调整。

单位：套

编号			8-803	8-804	8-805	8-806	8-807
项 目			水塔浮漂水位标尺		水池浮漂水位标尺		
			一	二	一	二	三
预算基价	总 价(元)		**3236.24**	**4053.31**	**3111.57**	**1588.68**	**785.54**
	人 工 费(元)		2050.65	2334.15	1574.10	626.40	581.85
	材 料 费(元)		1114.66	1644.48	1469.55	912.37	203.69
	机 械 费(元)		70.93	74.68	67.92	49.91	—
组 成 内 容	单位	单价	数 量				
人工 综合工	工日	135.00	15.19	17.29	11.66	4.64	4.31
钢丝绳 D6	m	1.66	—	—	12.0	11.0	—
钢丝绳 D8	m	1.95	7.5	7.5	—	—	—
焊接钢管 DN20	m	6.32	0.25	0.10	1.25	0.08	0.25
焊接钢管 DN25	m	9.32	—	—	—	—	6.0
焊接钢管 DN32	m	12.02	0.06	0.06	—	—	0.10
焊接钢管 DN50	m	18.68	0.25	0.15	—	0.50	—
焊接钢管 DN100	m	41.28	—	—	4.2	2.9	0.1
焊接钢管 DN125	m	57.70	—	—	0.05	—	—
普碳钢板 Q195~Q235 δ2.0~2.5	t	4001.96	—	—	—	0.1160	—
普碳钢板 Q195~Q235 δ2.6~3.2	t	3953.25	0.0179	0.0179	0.0212	—	—
普碳钢板 Q195~Q235 δ3.5~4.0	t	3945.80	—	—	0.0010	—	—
普碳钢板 Q195~Q235 δ4.5~7.0	t	3843.28	0.0078	0.0011	0.0027	0.0076	—
普碳钢板 Q195~Q235 δ8~15	t	3827.78	0.05030	0.05030	0.00660	—	0.00010
普碳钢板 Q195~Q235 δ36	t	4001.15	0.0091	0.0091	—	—	—
热轧扁钢 <59	t	3665.80	0.02830	0.00070	0.00200	—	0.00300
热轧扁钢 >60	t	3677.90	—	0.1108	0.0020	—	—
圆钢 D8~14	t	3911.00	0.0480	0.0414	0.0062	0.0007	—
圆钢 D15~24	t	3894.21	0.0072	0.1393	—	—	—
热轧角钢 <60	t	3721.43	0.0633	—	0.0550	—	—
热轧角钢 >63	t	3649.53	—	—	0.0277	0.0507	—
硬聚氯乙烯管 D25×3	m	4.98	0.06	0.06	0.06	—	—
木材 一级红松	m³	3862.26	0.002	0.002	0.001	—	—
六角带帽螺栓 M6×(14~75)	套	0.21	—	—	2.06	4.12	4.12
六角带帽螺栓 M10×(30~75)	套	0.52	4.12	4.12	6.18	18.54	—
六角带帽螺栓 M10×(80~130)	套	0.87	4.12	4.12	2.06	—	—
六角带帽螺栓 M24×100	套	5.11	2.06	2.06	—	—	—
六角螺母 M10	个	0.17	—	—	4.12	—	—
地脚螺栓 M12×160	套	1.97	—	—	—	4.12	—

单位：套

编　号			8-803	8-804	8-805	8-806	8-807
项　目			水塔浮漂水位标尺		水池浮漂水位标尺		
			一	二	一	二	三
组 成 内 容	单位	单价	数　量				
地脚螺栓 M14×（120～230）	套	2.03	14.42	11.33	—	—	—
地脚螺栓 M16×（120～300）	套	3.14	—	—	20.60	—	—
钢垫圈 M14	个	0.11	14.42	11.33	—	—	—
黑玛钢丝堵 DN32	个	1.47	1.01	1.01	—	1.01	—
调和漆	kg	14.11	2.50	2.50	0.25	0.30	0.30
电焊条 E4303 D3.2	kg	7.59	0.76	0.85	0.50	—	—
气焊条 D<2	kg	7.96	1.27	1.27	0.85	—	—
氧气	m³	2.88	9.5	9.5	7.6	—	—
乙炔气	kg	14.66	3.65	3.65	2.92	—	—
机油	kg	7.21	0.25	0.25	0.25	0.10	0.10
黄干油	kg	15.77	0.2	0.2	0.2	0.3	—
棉纱	kg	16.11	0.5	0.7	0.4	0.3	0.1
汽油	kg	7.74	0.25	0.25	0.20	0.10	0.10
砂纸	张	0.87	3.0	4.0	2.5	2.0	1.0
锯条	根	0.42	5	7	3	2	1
钢垫圈 M12	个	0.08	—	—	—	4.12	—
钢垫圈 M16	个	0.12	—	—	20.60	—	—
钢板平焊法兰 1.6MPa DN100	个	48.19	—	—	1	—	—
青铅	kg	22.81	—	—	25	—	—
防锈漆 C53-1	kg	13.20	—	—	0.50	0.65	0.65
热轧槽钢 12#	t	3609.42	—	—	—	0.0017	—
黑玛钢丝堵 DN20	个	0.68	—	—	—	1.01	—
石棉绒（综合）	kg	12.32	—	—	—	0.7	2.1
硅酸盐水泥 42.5级	kg	0.41	—	—	—	1.0	4.6
油麻	kg	16.48	—	—	—	1.25	—
螺纹闸阀 Z15T-10 DN20	个	11.42	—	—	—	—	1.01
旋塞阀 DN15	个	50.19	—	—	—	—	1.01
黑玛钢弯头 DN20	个	1.07	—	—	—	—	1.01
黑玛钢三通 DN20	个	1.49	—	—	—	—	1.01
异径管箍 DN25×20	个	1.95	—	—	—	—	1.01
油浸石棉盘根 D6～10 250℃扭制	kg	31.14	—	—	—	—	0.5
乒乓球	个	1.30	—	—	—	—	1
直流弧焊机 20kW	台班	75.06	0.28	0.33	0.24	—	—
普通车床 400×1000	台班	205.13	0.24	0.24	0.24	0.24	—
立式钻床 D25	台班	6.78	0.1	0.1	0.1	0.1	—

九、排水管阻火圈

工作内容： 打堵洞眼、裁木砖、安装固定。

单位：10个

编 号				8-808	8-809	8-810	8-811
项 目				管外径（mm以内）			
				50	75	110	160
预算基价	总 价(元)			**135.60**	**149.10**	**162.60**	**189.60**
	人 工 费(元)			108.00	121.50	135.00	162.00
	材 料 费(元)			27.60	27.60	27.60	27.60
组 成 内 容		单位	单价	数 量			
人工	综合工	工日	135.00	0.80	0.90	1.00	1.20
材料	阻火圈	个	—	(10)	(10)	(10)	(10)
	垫圈 M2～8	个	0.03	41.2	41.2	41.2	41.2
	塑料胀管 M6～8	个	0.31	41.20	41.20	41.20	41.20
	镀锌木螺钉 M6×100	个	0.33	41.2	41.2	41.2	41.2

十、橡胶软接头
1.橡胶软接头(螺纹连接)

工作内容：切管、套丝、安装、水压试验。

单位：个

编　号			8-812	8-813	8-814	8-815	8-816	8-817
项　目			公称直径(mm以内)					
			15	20	25	32	40	50
预算基价	总　　　价(元)		**12.63**	**15.55**	**21.41**	**24.62**	**30.39**	**37.81**
	人　工　费(元)		12.15	14.85	20.25	22.95	28.35	35.10
	材　料　费(元)		0.44	0.62	1.04	1.47	1.80	2.43
	机　械　费(元)		0.04	0.08	0.12	0.20	0.24	0.28
组　成　内　容	单位	单价	数　　　量					
人工 综合工	工日	135.00	0.09	0.11	0.15	0.17	0.21	0.26
材料 橡胶软管接头	个	—	(1)	(1)	(1)	(1)	(1)	(1)
聚四氟乙烯生料带 $\delta 20$	m	1.15	0.38	0.54	0.77	1.07	1.34	1.83
氧气	m³	2.88	—	—	0.018	0.026	0.030	0.036
乙炔气	kg	14.66	—	—	0.0070	0.0110	0.0120	0.0150
机械 砂轮切割机 $D500$	台班	39.52	0.001	0.002	0.003	0.005	0.006	0.007

2.橡胶软接头(法兰连接)

工作内容: 切管、焊接法兰、制垫、加垫、紧螺栓、水压试验。

单位:个

编　号			8-818	8-819	8-820	8-821	8-822
项　目			公称直径(mm以内)				
			40	50	70	80	100
预算基价	总　　价(元)		**92.08**	**110.00**	**156.02**	**178.05**	**205.12**
	人　工　费(元)		37.80	43.20	64.80	64.80	64.80
	材　料　费(元)		50.05	62.57	83.98	106.01	131.87
	机　械　费(元)		4.23	4.23	7.24	7.24	8.45
组　成　内　容	单位	单价	数　　量				
人工 综合工	工日	135.00	0.28	0.32	0.48	0.48	0.48
材料 橡胶软管接头	个	—	(1)	(1)	(1)	(1)	(1)
平焊法兰 1.6MPa DN40	个	17.18	2	—	—	—	—
平焊法兰 1.6MPa DN50	个	22.98	—	2	—	—	—
平焊法兰 1.6MPa DN65	个	32.70	—	—	2	—	—
平焊法兰 1.6MPa DN80	个	36.56	—	—	—	2	—
平焊法兰 1.6MPa DN100	个	48.19	—	—	—	—	2
精制六角带帽螺栓 M16×(61~80)	套	1.35	8.24	8.24	8.24	16.48	16.48
垫圈 M16	个	0.10	8.24	8.24	8.24	16.48	16.48
石棉橡胶板 低压 δ0.8~6.0	kg	19.35	0.11	0.14	0.18	0.26	0.35
电焊条 E4303	kg	7.59	0.09	0.11	0.21	0.25	0.30
铅油	kg	11.17	0.07	0.08	0.09	0.12	0.15
清油	kg	15.06	0.010	0.015	0.015	0.015	0.020
氧气	m³	2.88	—	—	0.040	0.060	0.070
乙炔气	kg	14.66	—	—	0.0143	0.0220	0.0250
机械 交流弧焊机 21kV·A	台班	60.37	0.07	0.07	0.12	0.12	0.14

工作内容：切管、焊接法兰、制垫、加垫、紧螺栓、水压试验。

单位：个

编　号			8-823	8-824	8-825	8-826	8-827	8-828	8-829
项　目			公称直径(mm以内)						
			125	150	200	250	300	350	400
预算基价	总　　　价(元)		**247.49**	**326.00**	**535.25**	**881.80**	**1164.96**	**1528.22**	**2144.26**
	人　工　费(元)		74.25	91.80	176.85	211.95	241.65	314.55	383.40
	材　料　费(元)		164.79	225.14	338.48	641.48	887.09	1176.24	1715.58
	机　械　费(元)		8.45	9.06	19.92	28.37	36.22	37.43	45.28
组　成　内　容	单位	单价	数　　　量						
人工 综合工	工日	135.00	0.55	0.68	1.31	1.57	1.79	2.33	2.84
材料 橡胶软管接头	个	—	(1)	(1)	(1)	(1)	(1)	(1)	(1)
平焊法兰 1.6MPa DN125	个	62.88	2	—	—	—	—	—	—
平焊法兰 1.6MPa DN150	个	79.27	—	2	—	—	—	—	—
平焊法兰 1.6MPa DN200	个	119.54	—	—	2	—	—	—	—
平焊法兰 1.6MPa DN250	个	246.34	—	—	—	2	—	—	—
平焊法兰 1.6MPa DN300	个	365.92	—	—	—	—	2	—	—
平焊法兰 1.6MPa DN350	个	487.00	—	—	—	—	—	2	—
平焊法兰 1.6MPa DN400	个	689.44	—	—	—	—	—	—	2
精制六角带帽螺栓 M16×(61~80)	套	1.35	16.48	—	—	—	—	—	—
六角带帽螺栓 M20×(85~100)	套	2.92	—	16.48	24.72	—	—	—	—
六角带帽螺栓 M22×(90~120)	套	4.42	—	—	—	24.72	24.72	32.96	—
六角带帽螺栓 M27×(120~140)	套	8.00	—	—	—	—	—	—	32.96
垫圈 M16	个	0.10	16.48	—	—	—	—	—	—
石棉橡胶板 低压 δ0.8~6.0	kg	19.35	0.46	0.55	0.66	0.73	0.80	1.08	1.38
电焊条 E4303	kg	7.59	0.36	0.44	1.18	2.44	2.90	3.43	4.68
氧气	m³	2.88	0.09	0.11	0.15	0.22	0.26	0.33	0.38
乙炔气	kg	14.66	0.0330	0.0410	0.0550	0.0810	0.0960	0.1210	0.1430
铅油	kg	11.17	0.22	0.28	0.34	0.40	0.50	0.55	0.60
清油	kg	15.06	0.020	0.030	0.030	0.040	0.050	0.050	0.060
机械 交流弧焊机 21kV·A	台班	60.37	0.14	0.15	0.33	0.47	0.60	0.62	0.75

第四章　卫生器具制作、安装

说　明

一、本章适用范围：各种卫生器具的制作、安装。

二、本章所有卫生器具安装项目均参照《全国通用给水排水标准图集》中有关标准图计算，除以下说明者外，设计无特殊要求均不做调整。

三、成组安装的卫生器具，基价均已按标准图计算了与给水、排水管道连接的人工和材料。

四、浴盆安装适用于各种型号的浴盆，但浴盆支座和浴盆周边的砌砖、瓷砖粘贴可另行计算。

五、洗脸盆、洗涤盆适用于各种型号。

六、化验盆安装中的鹅颈水嘴、化验单嘴、双嘴适用于成品件安装。

七、洗脸盆肘式开关安装不分单双把均执行同一子目。

八、脚踏开关安装包括弯管和喷头的安装人工和材料。

九、淋浴器铜制品安装适用于各种成品淋浴器安装。

十、蒸汽-水加热器安装项目中，包括了莲蓬头安装，但不包括支架制作与安装、阀门和疏水器安装，可按相应项目计算。

十一、冷热水混合器安装项目中包括了温度计安装，但不包括支座制作与安装，可按相应项目计算。

十二、小便槽冲洗管制作安装基价中，不包括阀门安装，可按相应项目另行计算。

十三、大、小便槽自动冲洗水箱安装已包括水箱和冲洗管的成品支托架、管卡安装，水箱支托架及管卡的制作及刷漆另行计算。

十四、高（无）水箱蹲式大便器，低水箱坐式大便器安装适用于各种型号。

十五、电热水器、电开水炉安装基价内只考虑了本体安装，连接管、连接件等可按相应项目另行计算。

十六、饮水器安装的阀门和脚踏开关安装，可按相应项目另行计算。

十七、容积式水加热器安装，基价内已按标准图计算了其中的附件，但不包括安全阀安装、本体保温、刷油和基础砌筑。

十八、水箱安装按成品水箱考虑，适用于玻璃钢、不锈钢、钢板等各种材质，不分圆形、方形，均按箱体容积执行相应项目。水箱消毒冲洗及注水试验用水按设计图示容积或施工方案计算。组装水箱的连接材料是按随水箱配套供应考虑的。

工程量计算规则

一、浴盆、净身盆、洗脸盆、洗涤盆、化验盆,依据不同材质、组装形式、型号、开关,按设计图示数量计算。

二、淋浴器依据不同材质,组装方式、型号、规格,按设计图示数量计算。

三、淋浴间安装按设计图示数量计算。

四、桑拿浴房安装依据使用人数,按设计图示数量计算。

五、大便器、小便器依据不同材质、组装方式、型号、规格,按设计图示数量计算。

六、水箱安装项目按水箱设计容量计算;钢板水箱制作区分型号、设计容量,按箱体金属质量计算。

七、大便槽、小便槽自动冲洗水箱制作按设计图示尺寸计算质量计算。大便槽、小便槽自动冲洗水箱安装分容积按设计图示数量计算。

八、排水栓依据不同材质、型号、规格、是否带存水弯,按设计图示数量计算。

九、水龙头、地漏、地面扫除口依据不同材质、型号、规格,按设计图示数量计算。

十、雨水斗安装按设计图示数量计算。

十一、小便槽冲洗管制作安装,依据不同材质、型号、规格,按设计图示长度计算。

十二、热水器依据不同能源种类、规格、型号,按设计图示数量计算。

十三、开水炉、容积式热交换器依据不同类型、型号、规格、安装方式,按设计图示数量计算。

十四、蒸汽-水加热器、冷热水混合器、电消毒器、消毒锅、饮水器,依据不同类型、型号、规格,按设计图示数量计算。

十五、感应式冲水器依据不同安装方式(明装、暗装),按设计图示数量计算。

十六、水处理器依据不同材质、型号、规格,按设计图示数量计算。

十七、隔油器区分安装方式和进水管径,按设计图示数量计算。

十八、气压罐依据不同的型号、规格,按设计图示数量计算。

一、浴　盆

工作内容: 1.搪瓷浴盆:栽木砖、切管、套丝、盆及附件安装、上下水管连接、试水。2.玻璃钢浴盆、塑料浴盆:栽木砖、切管、套丝、盆及附件安装、上下水管连接、试水。

单位:10组

编　号			8-830	8-831	8-832	8-833	8-834	8-835	8-836
项　目			搪瓷浴盆			玻璃钢浴盆		塑料浴盆	
			冷水	冷热水	冷热水带喷头	冷热水	冷热水带喷头	冷热水	冷热水带喷头
预算基价	总　　　价(元)		**1125.65**	**1192.02**	**1431.87**	**939.57**	**1179.42**	**886.92**	**1126.77**
	人　工　费(元)		1055.70	1096.20	1316.25	843.75	1063.80	791.10	1011.15
	材　料　费(元)		69.95	95.82	115.62	95.82	115.62	95.82	115.62
组成内容	单位	单价	数　　　量						
人工 综合工	工日	135.00	7.82	8.12	9.75	6.25	7.88	5.86	7.49
材料 搪瓷浴盆	个	—	(10)	(10)	(10)	—	—	—	—
浴盆水嘴 *DN*15	个	—	(10.1)	(20.2)	—	(20.2)	—	(20.2)	—
浴盆排水配件	套	—	(10.10)	(10.10)	(10.10)	(10.10)	(10.10)	(10.10)	(10.10)
浴盆存水弯 *DN*50 铸铁	个	—	(10.05)	(10.05)	(10.05)	(10.05)	(10.05)	(10.05)	(10.05)
浴盆混合水嘴带喷头	套	—	—	—	(10.1)	—	(10.1)	—	(10.1)
玻璃钢浴盆	个	—	—	—	—	(10)	(10)	—	—
塑料浴盆	个	—	—	—	—	—	—	(10)	(10)
镀锌弯头 *DN*15	个	1.07	10.1	20.2	—	20.2	—	20.2	—
镀锌弯头 *DN*20	个	1.54	—	—	20.2	—	20.2	—	20.2
镀锌钢管 *DN*15	m	6.70	1.5	3.0	—	3.0	—	3.0	—
镀锌钢管 *DN*20	m	8.60	—	—	3.0	—	3.0	—	3.0
橡胶板 *δ*1~3	kg	11.26	0.4	0.4	0.4	0.4	0.4	0.4	0.4
油灰	kg	2.94	1.3	1.3	1.3	1.3	1.3	1.3	1.3
机油	kg	7.21	0.3	0.3	0.3	0.3	0.3	0.3	0.3
锯条	根	0.42	1	2	2	2	2	2	2
聚四氟乙烯生料带 *δ*20	m	1.15	33.200	37.200	41.200	37.200	41.200	37.200	41.200

二、净 身 盆

工作内容：裁木砖、切管、套丝、盆及附件安装、上下水管连接、试水。

单位：10组

编　　号			8-837
项　　目			冷热水
预算基价	总　　　价(元)		**1073.56**
	人　工　费(元)		710.10
	材　料　费(元)		363.46
组　成　内　容	单位	单价	数　　　量
人工 综合工	工日	135.00	5.26
材料 净身盆	个	—	(10.1)
妇女卫生盆铜活	套	—	(10.10)
浴盆存水弯 DN50铸铁	个	10.97	10.05
镀锌弯头 DN15	个	1.07	20.2
金属软管 DN15	根	6.51	20.200
木材 一级红松	m³	3862.26	0.01
橡胶板 δ1～3	kg	11.26	0.2
油灰	kg	2.94	1.3
砂子	t	87.03	0.014
硅酸盐水泥 42.5级	kg	0.41	5
木螺钉 M6×50	个	0.18	41.6
机油	kg	7.21	0.2
锯条	根	0.42	1
聚四氟乙烯生料带 δ20	m	1.15	37.200

三、洗脸盆

1.洗脸盆

工作内容：裁木砖、切管、套丝、上附件、盆及托架安装、上下水管连接、试水。　　　　　　　　　　　　　　单位：10组

编　号			8-838	8-839	8-840	8-841	8-842	8-843	8-844
项　　目			钢管组成		铜管冷热水	立式冷热水	理发用冷热水	肘式开关	脚踏开关
			冷水	冷热水					
预算基价	总　　　　价(元)		**1509.42**	**2018.25**	**2119.16**	**989.72**	**3034.68**	**1406.46**	**1240.24**
	人　工　费(元)		523.80	564.30	646.65	776.25	2720.25	845.10	668.25
	材　料　费(元)		985.62	1453.95	1472.51	213.47	314.43	561.36	571.99
组　成　内　容	单位	单价	数　　　量						
人工 综合工	工日	135.00	3.88	4.18	4.79	5.75	20.15	6.26	4.95
洗脸盆	个	—	(10.1)	(10.1)	(10.1)	(10.1)	(10.1)	(10.1)	(10.1)
立式洗脸盆铜活	套	—	—	—	—	(10.1)	—	—	—
理发用洗脸盆铜活	套	—	—	—	—	—	(10.1)	—	—
肘式开关阀门	套	—	—	—	—	—	—	(10.1)	—
脚踏式开关阀门	套	—	—	—	—	—	—	—	(10.1)
金属软管 DN15	根	6.51	20.200	20.200	20.200	20.200	20.200	20.200	20.200
存水弯 DN32塑料	个	7.83	10.05	10.05	10.05	—	—	10.05	10.05
洗脸盆下水口 DN32铜	个	10.07	10.1	10.1	10.1	—	—	10.1	10.1
洗脸盆托架	副	11.86	10.1	10.1	10.1	—	—	10.1	10.1
镀锌管箍 DN15	个	0.81	—	—	—	—	20.2	—	—
橡胶板 δ1～3	kg	11.26	0.15	0.15	0.15	0.15	0.15	0.15	0.15
油灰	kg	2.94	1.0	1.0	1.0	1.5	1.5	1.0	1.0
木材 一级红松	m³	3862.26	0.01	0.01	0.01	—	—	0.01	0.01
硅酸盐水泥 42.5级	kg	0.41	3	3	3	—	—	3	3
砂子	t	87.03	0.029	0.029	0.029	0.014	0.014	0.029	0.029
防腐油	kg	0.52	0.5	0.5	0.5	—	—	0.5	0.5
机油	kg	7.21	0.20	0.40	0.20	0.10	0.80	0.15	0.20
木螺钉 M6×50	个	0.18	62.4	62.4	62.4	—	—	62.4	62.4
锯条	根	0.42	2	3	3	1	5	2	3
立式水嘴 DN15	个	22.08	10.1	20.2	20.2	—	—	—	—
铜截止阀 DN15	个	19.75	10.1	20.2	—	—	—	—	—
镀锌弯头 DN15	个	1.07	10.1	20.2	20.2	—	30.3	20.2	40.4
镀锌活接头 DN15	个	2.83	10.1	20.2	—	—	20.2	—	—
角形阀(带铜活) DN15	个	23.57	—	—	20.2	—	—	—	—
膨胀螺栓 M8×100	套	0.70	—	—	—	20.6	20.6	—	—
白水泥 一级	kg	0.64	—	—	—	2.5	2.5	—	—
镀锌三通 DN15	个	1.30	—	—	—	—	20.2	—	—
聚四氟乙烯生料带 δ20	m	1.15	27.200	31.200	31.200	31.200	31.200	27.200	31.200

2.光电控洗脸盆

工作内容：上附件、盆及托架安装、试水。

单位：10组

编 号			8-845	8-846	8-847
项 目			立式	台式	挂墙式
预算基价	总 价(元)		**1125.51**	**2278.67**	**1230.44**
	人 工 费(元)		670.95	1849.50	689.85
	材 料 费(元)		454.56	429.17	540.59
组 成 内 容		单位	单价	数 量		
人工	综合工	工日	135.00	4.97	13.70	5.11
材料	洗脸盆	个	—	(10.10)	(10.10)	(10.10)
	感应控制器及龙头	个	—	(10.10)	(10.10)	—
	洗脸盆排水附件	套	—	(10.10)	(10.10)	(10.10)
	螺纹管件 DN15	个	—	—	—	(10.10)
	感应式冲水器	组	—	—	—	(10.10)
	金属软管	m	—	(10.10)	(10.10)	(10.10)
	角形阀（带铜活）DN15	个	23.57	10.10	10.10	10.10
	洗脸盆托架	副	11.86	10.10	—	10.10
	膨胀螺栓 M(6～12)×(50～120)	套	0.94	62.40	—	103.00
	膨胀螺栓 M8×100	套	0.70	—	41.20	—
	聚四氟乙烯生料带 δ20	m	1.15	10.80	21.84	35.20
	玻璃胶 310g	支	23.15	1.00	1.00	1.50
	YJ建筑密封胶	kg	33.77	—	2.60	—
	YJ-Ⅲ型胶	kg	20.97	—	1.06	—
	锯条	根	0.42	—	—	1.000
	冲击钻头 D8～16	个	6.92	—	—	1.100
	电	kW·h	0.73	—	—	1.600
	水	m³	7.62	—	—	0.200
	零星材料费	元	—	2.49	3.98	—

四、洗 涤 盆

工作内容：裁螺栓、切管、套丝、上零件、器具安装、托架安装、上下水管连接、试水。

单位：10组

编　号			8-848	8-849	8-850	8-851	8-852	8-853	8-854
项　目			单嘴	双嘴	肘式开关		脚踏开关	回转龙头	回转混合龙头
					单把	双把			
预算基价	总　　价(元)		**1270.36**	**1543.32**	**1264.74**	**1433.16**	**1463.18**	**1407.76**	**1595.21**
	人　工　费(元)		432.00	492.75	535.95	618.30	603.45	676.35	781.65
	材　料　费(元)		838.36	1050.57	728.79	814.86	859.73	731.41	813.56
组成内容	单位	单价	数　　　量						
人工	综合工	工日	135.00	3.20	3.65	3.97	4.58	4.47	5.01	5.79
材料	洗涤盆	个	—	(10.1)	(10.1)	(10.1)	(10.1)	(10.1)	(10.1)	(10.1)
	肘式开关（带弯管）	套	—	—	—	(10.1)	(10.1)	—	—	—
	脚踏开关（带弯管）	套	—	—	—	—	—	(10.1)	—	—
	洗手喷头（带弯管）	套	—	—	—	—	—	(10.1)	—	—
	回转龙头	个	—	—	—	—	—	—	(10.1)	—
	回转混合龙头 DN15	套	—	—	—	—	—	—	—	(10.1)
	金属软管 DN15	根	6.51	10.100	20.200	10.100	20.200	20.200	10.100	20.000
	普通水嘴 DN15铜	个	10.89	10.1	20.2	—	—	—	—	—
	排水栓（带链堵）DN50铝合金	套	13.43	10.1	10.1	10.1	10.1	10.1	10.1	10.1
	存水弯 S形 DN50塑料	个	15.11	10.05	10.05	10.05	10.05	10.05	10.05	10.05
	洗涤盆托架 40×5	副	21.83	10.1	10.1	10.1	10.1	10.1	10.1	10.1
	六角带帽螺栓 M6×100	套	0.42	41.2	41.2	41.2	41.2	41.2	41.2	41.2
	镀锌管箍 DN15	个	0.81	10.1	20.2	10.1	—	—	—	—
	焊接钢管 DN50	m	18.68	4	4	4	4	4	4	4
	黑玛钢管箍 DN50	个	3.32	10.1	10.1	10.1	10.1	10.1	10.1	10.1
	橡胶板 δ1～3	kg	11.26	0.2	0.2	0.2	0.2	0.2	0.2	0.2
	油灰	kg	2.94	1.5	1.5	1.5	1.5	1.5	1.5	1.5
	硅酸盐水泥 42.5级	kg	0.41	10	10	10	10	10	10	10
	砂子	t	87.03	0.029	0.029	0.029	0.029	0.029	0.029	0.029
	机油	kg	7.21	0.2	0.3	0.2	0.3	0.3	0.2	0.3
	锯条	根	0.42	1.0	1.5	2.0	3.0	4.0	2.0	3.0
	镀锌弯头 DN15	个	1.07	—	20.2	—	20.2	40.4	10.1	20.2
	镀锌活接头 DN15	个	2.83	—	—	—	—	10.1	—	—
	聚四氟乙烯生料带 δ20	m	1.15	5.000	10.000	5.000	10.000	5.000	5.000	10.000

五、化 验 盆

工作内容： 切管、套丝、上零件、器具安装、托架安装、上下水管连接、试水。

单位：10组

编 号			8-855	8-856	8-857	8-858	8-859
项 目			单联	双联	三联	脚踏开关	鹅颈水嘴
预算基价	总　　价(元)		**1333.22**	**2159.98**	**2281.47**	**1431.99**	**1091.40**
	人 工 费(元)		584.55	622.35	660.15	781.65	584.55
	材 料 费(元)		748.67	1537.63	1621.32	650.34	506.85
组 成 内 容		单位	单价	数　　量			
人工	综合工	工日	135.00	4.33	4.61	4.89	5.79	4.33
材料	化验盆	个	—	(10.1)	(10.1)	(10.1)	(10.1)	(10.1)
	脚踏式开关阀门	套	—	—	—	—	(10.1)	—
	鹅颈水嘴	个	—	—	—	—	—	(10.1)
	化验盆托架 D12	个	16.79	10.1	10.1	10.1	10.1	10.1
	单联化验水嘴 DN15铜	套	24.17	10.1	—	—	—	—
	排水栓（带链堵） DN50铝合金	套	13.43	10.1	10.1	10.1	10.1	10.1
	镀锌钢管 DN15	m	6.70	2	2	2	13	2
	镀锌管箍 DN15	个	0.81	10.1	10.1	10.1	—	10.1
	焊接钢管 DN50	m	18.68	6	6	6	6	6
	黑玛钢管箍 DN50	个	3.32	10.1	10.1	10.1	10.1	10.1
	橡胶板 δ1~3	kg	11.26	0.2	0.2	0.2	0.2	0.2
	机油	kg	7.21	0.2	0.2	0.2	0.3	0.2
	锯条	根	0.42	2	2	2	4	2
	二联化验水嘴 DN15铜	套	101.83	—	10.1	—	—	—
	三联化验水嘴 DN15铜	套	109.66	—	—	10.1	—	—
	镀锌弯头 DN15	个	1.07	—	—	—	40.4	—
	镀锌活接头 DN15	个	2.83	—	—	—	10.1	—
	聚四氟乙烯生料带 δ20	m	1.15	24.000	28.000	32.000	30.000	26.000

六、淋浴器

工作内容： 打堵洞眼、栽木砖、切管、套丝、淋浴器组成与安装、试水。

单位：10组

编　号				8-860	8-861	8-862	8-863	8-864	8-865	8-866	8-867	8-868
项　目				钢管组成		铜管制品		刷卡式		脚踏开关		带恒温控制和温度显示功能的冷热水混合淋浴器
				冷水	冷热水	冷水	冷热水	冷水	冷热水	冷水	冷热水	
预算基价	总　　　价(元)			**631.06**	**1331.98**	**324.60**	**507.01**	**872.91**	**969.86**	**731.16**	**828.11**	**788.96**
	人　工　费(元)			302.40	756.00	151.20	256.50	847.80	935.55	706.05	793.80	754.65
	材　料　费(元)			328.66	575.98	173.40	250.51	25.11	34.31	25.11	34.31	34.31
组成内容		单位	单价	数　　　量								
人工	综合工	工日	135.00	2.24	5.60	1.12	1.90	6.28	6.93	5.23	5.88	5.59
材料	莲蓬喷头	个	—	(10)	(10)	—	—	—	—	—	—	—
	莲蓬喷头（含混合水管及固定支座）	套	—	—	—	—	—	—	—	(10.00)	(10.00)	—
	单管成品淋浴器	套	—	—	—	(10.00)	—	(10.00)	—	—	—	—
	双管成品淋浴器	套	—	—	—	—	(10.00)	—	(10.00)	—	—	(10.00)
	脚踏式开关阀门	套	—	—	—	—	—	—	—	(10.10)	(10.10)	—
	螺纹管件 DN15	个	—	—	—	—	—	(10.10)	(20.20)	(10.10)	(20.20)	(20.20)
	镀锌钢管 DN15	m	6.70	18	25	1	3	—	—	—	—	—
	镀锌弯头 DN15	个	1.07	10.1	30.3	—	—	—	—	—	—	—
	镀锌活接头 DN15	个	2.83	10.1	10.1	—	—	—	—	—	—	—
	管卡子（单立管）DN25以内	个	1.64	10.5	10.5	—	—	—	—	—	—	—
	螺纹截止阀 J11T-16 DN15	个	12.12	10.1	20.2	—	—	—	—	—	—	—
	镀锌三通 DN15	个	1.30	—	10.1	—	—	—	—	—	—	—
	硅酸盐水泥 42.5级	kg	0.41	3	3	3	3	—	—	—	—	—
	砂子	t	87.03	0.029	0.029	0.029	0.029	—	—	—	—	—
	机油	kg	7.21	0.20	0.40	0.07	0.10	—	—	—	—	—
	锯条	根	0.42	2	3	1	1	—	—	—	—	—
	镀锌管箍 DN15	个	0.81	—	—	10.1	20.2	—	—	—	—	—
	木材 一级红松	m³	3862.26	—	—	0.03	0.04	—	—	—	—	—
	木螺钉 M6×50	个	0.18	—	—	83.2	124.8	—	—	—	—	—
	聚四氟乙烯生料带 δ20	m	1.15	20.00	56.00	20.00	28.00	20.00	28.00	20.00	28.00	28.00
	冲击钻头 D8～16	个	6.92	—	—	—	—	0.110	0.110	0.110	0.110	0.110
	电	kW·h	0.73	—	—	—	—	0.180	0.180	0.180	0.180	0.180
	水	m³	7.62	—	—	—	—	0.160	0.160	0.160	0.160	0.160

七、淋 浴 间

工作内容：开箱检查、本体及附件安装、与上下水管连接、找平找正、试水。

单位：10套

编　号				8-869
项　目				整体淋浴室安装
				冷热水
预算基价	总　　价(元)			**3782.02**
	人　工　费(元)			2119.50
	材　料　费(元)			1261.13
	机　械　费(元)			401.39
组 成 内 容		单位	单价	数　　量
人工	综合工	工日	135.00	15.70
材料	整体淋浴室	套	—	(10.000)
	螺纹管件 DN15	个	5.61	20.200
	角型阀（带铜活）DN15	个	25.77	20.200
	金属软管 DN15	根	6.51	20.200
	存水弯 S形 DN50塑料	个	15.11	10.100
	排水接头 DN50	个	18.74	10.500
	聚四氟乙烯生料带 $\delta20$	m	1.15	16.000
	防水密封胶	支	12.98	9.000
	白水泥砂浆 1:2	m³	496.52	0.020
	水	m³	7.62	0.160
机械	载货汽车 5t	台班	443.55	0.800
	吊装机械（综合）	台班	664.97	0.070

八、桑 拿 浴 房

工作内容：膨胀螺栓固定木方、组装湿蒸房、与上下水管连接、配合电气安装。　　　　　　　　　　　　　　　　　　　　　　单位：座

编　　号			8-870	8-871	8-872	8-873	8-874
项　　目			湿蒸房安装				
			2人以内	6人以内	8人以内	10人以内	10人以上
预算基价	总　　价(元)		**1229.45**	**1721.92**	**2073.14**	**2450.44**	**2834.22**
	人 工 费(元)		905.85	1246.05	1474.20	1748.25	2072.25
	材 料 费(元)		323.60	475.87	598.94	702.19	761.97
组 成 内 容	单位	单价	数　　量				
人工　综合工	工日	135.00	6.71	9.23	10.92	12.95	15.35
材料　湿蒸房	座	—	(1.000)	(1.000)	(1.000)	(1.000)	(1.000)
螺纹管件 DN15	个	5.61	2.020	2.020	2.020	2.020	2.020
杉木枋 30×40	m³	2650.00	0.046	0.088	0.124	0.148	0.160
圆钉	kg	6.68	0.150	0.350	0.500	0.600	0.700
膨胀螺栓 M(6~12)×(50~120)	套	0.94	24.720	28.840	32.960	37.080	41.200
冲击钻头 D8~16	个	6.92	19.200	22.400	25.600	28.800	32.000
聚四氟乙烯生料带 δ20	m	1.15	3.000	3.000	3.000	3.000	3.000
防水密封胶	支	12.98	2.000	3.000	3.000	4.000	4.000
电	kW·h	0.73	5.280	6.160	7.040	7.020	8.800

九、大 便 器

1.蹲式大便器

工作内容： 打堵洞眼、裁木砖、切管、套丝、大便器与水箱及附件安装、上下水管连接、试水。

单位：10套

编　号			8-875	8-876	8-877	8-878	8-879	8-880	8-881	8-882
项　目			瓷高水箱	瓷低水箱	普通阀冲洗	手压阀冲洗	脚踏阀冲洗	感应式冲洗阀	自闭式冲洗	
									20	25
预算基价	总　　　价（元）		**2656.41**	**2621.03**	**1882.72**	**1677.69**	**1659.19**	**1310.14**	**2424.06**	**2588.98**
	人　工　费（元）		1304.10	1304.10	777.60	777.60	777.60	904.50	915.30	973.35
	材　料　费（元）		1352.31	1316.93	1105.12	900.09	881.59	405.64	1508.76	1615.63
组　成　内　容	单位	单价	数　　量							
人工 综合工	工日	135.00	9.66	9.66	5.76	5.76	5.76	6.70	6.78	7.21
瓷蹲式大便器	个	—	(10.10)	(10.10)	(10.10)	(10.10)	(10.10)	(10.10)	(10.10)	(10.10)
瓷蹲式大便器高水箱	个	—	(10.1)	—	—	—	—	—	—	—
瓷蹲式大便器低水箱	个	—	—	(10.1)	—	—	—	—	—	—
瓷蹲式大便器高水箱配件	套	—	(10.1)	—	—	—	—	—	—	—
瓷蹲式大便器低水箱配件	套	—	—	(10.1)	—	—	—	—	—	—
大便器手压阀 DN25	个	—	—	—	—	(10.1)	—	—	—	—
大便器脚踏阀	个	—	—	—	—	—	(10.1)	—	—	—
感应式冲洗阀	个	—	—	—	—	—	—	(10.10)	—	—
冲洗管（铜镀铬）DN15	套	—	—	—	—	—	—	(10.10)	—	—
锁紧螺母（铝合金）	个	—	—	—	—	—	—	(10.10)	—	—
角形阀（带铜活）DN15	个	23.57	10.1	10.1	—	—	—	—	—	—
镀锌钢管 DN15	m	6.70	3	—	—	—	5	—	—	—
镀锌钢管 DN20	m	8.60	—	—	—	—	—	—	10	—
镀锌钢管 DN25	m	12.56	25	—	15	15	10	—	—	10
镀锌钢管 DN50	m	24.59	—	11	—	—	—	—	—	—
镀锌弯头 DN15	个	1.07	10.1	10.1	—	—	10.1	—	—	—
镀锌弯头 DN25	个	2.24	10.1	—	10.1	10.1	10.1	—	—	—
镀锌弯头 DN50	个	6.74	—	10.1	—	—	—	—	—	—

续前

编　号			8-875	8-876	8-877	8-878	8-879	8-880	8-881	8-882
项　目			瓷高水箱	瓷低水箱	普通阀冲洗	手压阀冲洗	脚踏阀冲洗	感应式冲洗阀	自闭式冲洗	
									20	25
组　成　内　容	单位	单价	数　　量							
材料	镀锌活接头 DN15	个	2.83	10.1	10.1	—	—	—	—	—	—
	镀锌活接头 DN25	个	4.71	—	—	10.1	10.1	10.1	—	—	—
	大便器存水弯 DN100瓷	个	43.42	10.05	10.05	10.05	10.05	10.05	—	10.05	10.05
	大便器胶皮碗	个	2.51	11.00	11.00	11.00	11.00	11.00	11.00	11.00	11.00
	管卡子(单立管) DN25以内	个	1.64	10.5	—	—	—	—	—	10.5	10.5
	页岩标砖 240×115×53	千块	513.60	0.16	0.16	0.16	0.16	0.16	0.16	0.16	0.16
	橡胶板 δ1~3	kg	11.26	0.2	0.2	0.2	0.2	0.2	—	0.2	0.2
	油灰	kg	2.94	5	5	5	5	5	—	5	5
	铜丝	kg	73.55	0.8	0.8	0.8	0.8	0.8	—	0.8	0.8
	木材 一级红松	m³	3862.26	0.01	0.01	—	—	—	—	—	—
	铅板 δ2.6~3.0	kg	25.95	0.3	0.3	—	—	—	—	—	—
	硅酸盐水泥 42.5级	kg	0.41	10	10	—	—	—	—	—	—
	砂子	t	87.03	0.029	0.029	—	—	—	—	—	—
	机油	kg	7.21	0.15	0.15	0.10	0.10	0.10	—	0.10	0.10
	木螺钉 M6×50	个	0.18	31.2	31.2	—	—	—	—	—	—
	锯条	根	0.42	2	2	1	1	1	—	—	—
	螺纹截止阀 J11T-16 DN25	个	20.30	—	—	10.1	—	—	—	—	—
	聚四氟乙烯生料带 δ20	m	1.15	16.00	16.00	16.00	16.00	16.00	16.00	16.00	16.00
	玻璃胶 310g	支	23.15	—	—	—	—	—	5.00	—	—
	便器接头	个	16.01	—	—	—	—	—	10.10	—	—
	自闭式冲洗阀 DN20	个	74.57	—	—	—	—	—	—	10.1	—
	自闭式冲洗阀 DN25	个	80.68	—	—	—	—	—	—	—	10.1
	镀锌管箍 DN20	个	1.12	—	—	—	—	—	—	10.1	—
	镀锌管箍 DN25	个	1.67	—	—	—	—	—	—	—	10.1

2.坐式大便器

工作内容： 打堵洞眼、裁木砖、切管、套丝、大便器与水箱及附件安装、上下水管连接、试水。

单位：10套

编　号			8-883	8-884	8-885	8-886	8-887
项　目			低水箱坐便器	带水箱坐便器	连体水箱坐便器	儿童坐便器	自闭冲洗阀坐便器
预算基价	总　　价(元)		**1489.81**	**1027.54**	**955.05**	**1251.31**	**1894.31**
	人　工　费(元)		1084.05	916.65	916.65	884.25	855.90
	材　料　费(元)		405.76	110.89	38.40	367.06	1038.41
组　成　内　容	单位	单价	数　　　量				
人工 综合工	工日	135.00	8.03	6.79	6.79	6.55	6.34
材　　　　　　料 低水箱坐便器	个	—	(10.1)	—	—	—	—
坐式低水箱	个	—	(10.1)	—	—	—	—
低水箱配件	套	—	(10.1)	—	—	—	—
坐便器桶盖	套	—	(10.1)	(10.1)	(10.1)	—	(10.1)
带水箱坐便器	个	—	—	(10.1)	—	—	—
坐式带水箱	个	—	—	(10.1)	—	—	—
带水箱配件	套	—	—	(10.1)	—	—	—
连体坐便器	个	—	—	—	(10.1)	—	—
连体进水阀配件	套	—	—	—	(10.1)	—	—
连体排水口配件	套	—	—	—	(10.1)	—	—
自闭式冲洗坐便器配件	套	—	—	—	—	—	(10.1)
坐便器	个	—	—	—	—	(10.1)	(10.1)
水箱	个	—	—	—	—	(10.1)	—
软管	根	—	(10.1)	(10.1)	(10.1)	(10.1)	(10.1)
进水阀配件 DN15(塑料)	套	—	—	—	—	(10.1)	—
冲水连接管(含防污器) DN32	套	—	—	—	—	—	(10.1)
大便器存水弯 DN100	个	—	—	—	—	—	(10.1)
角形阀(带铜活) DN15	个	23.57	10.10	—	—	10.10	—

续前

编　号			8-883	8-884	8-885	8-886	8-887
项　目			低水箱坐便器	带水箱坐便器	连体水箱坐便器	儿童坐便器	自闭冲洗阀坐便器
组 成 内 容	单位	单价	数 量				
材	镀锌弯头 DN15	个	1.07	10.1	—	—	—	—
	镀锌活接头 DN15	个	2.83	10.1	—	—	—	—
	橡胶板 δ1～3	kg	11.26	0.3	0.3	0.3	—	—
	油灰	kg	2.94	5	5	5	—	—
	木材 一级红松	m³	3862.26	0.01	0.01	—	—	—
	铅板 δ2.6～3.0	kg	25.95	0.8	0.8	—	—	—
	硅酸盐水泥 42.5级	kg	0.41	10	—	—	—	—
	砂子	t	87.03	0.029	—	—	—	—
	白水泥 一级	kg	0.64	2.5	—	—	2.5	—
	机油	kg	7.21	0.15	0.15	0.15	—	—
	木螺钉 M6×50	个	0.18	72.8	72.8	—	—	—
	锯条	根	0.42	2	2	2	—	2
	自闭式冲洗阀 DN25	个	80.68	—	—	—	—	10.1
	聚四氟乙烯生料带 δ20	m	1.15	24.00	16.00	16.00	8.28	12.00
	玻璃胶 310g	支	23.15	—	—	—	5.00	—
	大便器排水接头	个	5.98	—	—	—	—	10.100
	膨胀螺栓 M(6～12)×(50～120)	套	0.94	—	—	—	—	41.200
料	密封胶	支	20.97	—	—	—	—	5.000
	冲击钻头 D8～16	个	6.92	—	—	—	—	0.500
	电	kW·h	0.73	—	—	—	—	0.760
	水	m³	7.62	—	—	—	—	0.120
	零星材料费	元	—	—	—	—	2.13	—

十、小 便 器

工作内容：栽木砖、切管、套丝、小便器安装、上下水管连接、试水。

编　号			8-888	8-889	8-890	8-891	8-892	8-893
项　目			挂斗式			立式		
			普通式	感应自动冲洗阀	脚踏阀开关	普通式	感应自动冲洗阀	脚踏阀开关
预算基价	总　　价(元)		**1204.39**	**560.79**	**769.02**	**1558.65**	**981.63**	**900.94**
	人　工　费(元)		453.60	438.75	395.55	542.70	490.05	522.45
	材　料　费(元)		750.79	122.04	373.47	1015.95	491.58	378.49
组成内容	单位	单价	数　　量					
人工 综合工	工日	135.00	3.36	3.25	2.93	4.02	3.63	3.87
挂式小便器	个	—	(10.1)	—	(10.1)	—	—	(10.1)
挂斗式小便器及附件	套	—	—	(10.10)	(10.10)	—	—	(10.10)
小便器存水弯(铜镀铬)	根	—	—	(10.10)	—	—	—	—
感应式冲洗阀	个	—	—	(10.10)	—	—	(10.10)	—
立式小便器	个	—	—	—	—	(10.1)	—	—
立式小便器及附件	套	—	—	—	—	—	(10.10)	—
金属软管	根	—	—	—	(20.20)	—	—	(20.20)
脚踏式开关阀门	套	—	—	—	(10.10)	—	—	(10.10)
小便器存水弯 DN32铸铁	个	12.60	10.05	—	—	—	—	—
小便器存水弯 DN50铜	个	15.17	—	—	—	10.05	—	—
小便器角形阀 DN15	个	50.35	10.1	—	—	10.1	—	—
镀锌钢管 DN15	m	6.70	1.5	—	—	1.5	—	—
镀锌管箍 DN15	个	0.81	10.1	—	10.1	10.1	—	10.1
镀锌压盖 DN32	个	0.80	10.6	—	10.1	—	—	10.1
锁紧螺母 DN40	个	0.93	10.6	—	10.1	—	—	10.1

单位：10套

编　号			8-888	8-889	8-890	8-891	8-892	8-893
项　目			挂斗式			立式		
			普通式	感应自动冲洗阀	脚踏阀开关	普通式	感应自动冲洗阀	脚踏阀开关
组 成 内 容	单位	单价	数　　量					
材 料	角形阀（带铜活）DN15	个	23.57	—	—	10.100	—	—	10.100
	木材 一级红松	m³	3862.26	0.01	—	—	—	—	—
	油灰	kg	2.94	0.7	—	—	1.0	—	—
	铅板 δ2.6~3.0	kg	25.95	0.4	—	—	—	—	—
	硅酸盐水泥 42.5级	kg	0.41	5	—	—	3	—	—
	砂子	t	87.03	0.014	—	—	0.014	—	—
	木螺钉 M6×50	个	0.18	41.6	—	—	—	—	—
	机油	kg	7.21	0.1	—	—	0.1	—	—
	锯条	根	0.42	1	—	—	2	—	—
	膨胀螺栓 M（6~12）×（50~120）	套	0.94	—	61.80	82.40	—	41.20	41.20
	罩盖（铜镀铬）	个	4.37	—	10.60	—	—	—	—
	聚四氟乙烯生料带 δ20	m	1.15	14.00	15.33	14.00	34.00	15.50	46.00
	橡胶板 δ1~3	kg	11.26	—	—	—	0.30	—	—
	排水栓（带链堵）DN50铁	套	13.92	—	—	—	10.10	10.10	—
	角式长柄截止阀 DN15	个	38.17	—	—	—	10.1	—	—
	喷水鸭嘴 DN15	个	18.13	—	—	—	10.1	—	—
	承插铸铁排水管 DN50	m	28.87	—	—	—	3	—	—
	喷水鸭嘴 DN20	个	26.86	—	—	—	—	10.10	—
	玻璃胶 310g	支	23.15	—	—	0.70	—	1.00	1.00

十一、水箱制作、安装
1.矩形钢板水箱制作

工作内容：下料、坡口、平直、开孔、接板组对、装配零部件、焊接、注水试验。

单位：100kg

编　　号			8-894	8-895	8-896	8-897	8-898	8-899	8-900	8-901
项　　目			水箱总容量（m³以内）							
			3	6	10	15	25	35	45	60
预算基价	总　　价（元）		**490.90**	**407.17**	**359.18**	**309.97**	**267.22**	**233.38**	**207.05**	**193.94**
	人　工　费（元）		364.50	298.35	251.10	218.70	187.65	168.75	156.60	148.50
	材　料　费（元）		51.52	43.15	43.07	36.83	32.16	26.36	21.00	18.89
	机　械　费（元）		74.88	65.67	65.01	54.44	47.41	38.27	29.45	26.55
组　成　内　容	单位	单价	数　　　量							
人工 综合工	工日	135.00	2.70	2.21	1.86	1.62	1.39	1.25	1.16	1.10
材料 钢材	kg	—	(105.000)	(105.000)	(105.000)	(105.000)	(105.000)	(105.000)	(105.000)	(105.000)
低碳钢焊条 J422 D3.2	kg	3.60	1.606	1.465	1.823	1.655	1.591	1.452	1.335	1.169
尼龙砂轮片 D100×16×3	片	3.92	0.950	0.747	0.916	0.805	0.805	0.732	0.680	0.601
尼龙砂轮片 D400	片	15.64	0.070	0.060	0.050	0.040	0.030	0.020	0.012	0.008
氧气	m³	2.88	1.620	1.380	1.632	1.482	1.428	1.302	1.206	1.062
乙炔气	kg	14.66	0.540	0.460	0.544	0.494	0.476	0.434	0.402	0.354
电	kW·h	0.73	1.780	0.162	0.202	0.183	0.176	0.161	0.148	0.130
木材 一级红松	m³	3862.26	0.007	0.006	0.005	0.004	0.003	0.002	0.001	0.001
机械 吊装机械（综合）	台班	664.97	0.070	0.060	0.050	0.040	0.030	0.020	0.010	0.010
电焊机（综合）	台班	74.17	0.330	0.301	0.375	0.330	0.327	0.299	0.274	0.240
电焊条烘干箱 600×500×750	台班	27.16	0.033	0.030	0.038	0.033	0.033	0.030	0.027	0.024
电焊条恒温箱 600×500×750	台班	55.04	0.033	0.030	0.038	0.033	0.033	0.030	0.027	0.024
砂轮切割机 D400	台班	32.78	0.035	0.030	0.025	0.020	0.015	0.010	0.008	0.004

2.圆形钢板水箱制作

工作内容: 下料、坡口、压头、卷圆、找圆、组对、焊接、装配、注水试验。

单位:100kg

编　号			8-902	8-903	8-904	8-905	8-906	8-907	8-908	8-909
项　目			水箱总容量(m³以内)							
			0.5	1	3	6	10	15	25	35
预算基价	总　价(元)		**457.86**	**411.34**	**412.70**	**379.33**	**321.79**	**285.72**	**246.28**	**199.05**
	人　工　费(元)		398.25	352.35	307.80	282.15	232.20	202.50	175.50	141.75
	材　料　费(元)		30.26	30.10	29.83	29.44	28.87	24.03	22.77	17.89
	机　械　费(元)		29.35	28.89	75.07	67.74	60.72	59.19	48.01	39.41
组　成　内　容	单位	单价	数　　　量							
人工 综合工	工日	135.00	2.95	2.61	2.28	2.09	1.72	1.50	1.30	1.05
材料 钢材	kg	—	(105.000)	(105.000)	(105.000)	(105.000)	(105.000)	(105.000)	(105.000)	(105.000)
低碳钢焊条 J422 D3.2	kg	3.60	1.390	1.380	1.360	1.320	1.290	1.260	1.200	1.140
尼龙砂轮片 D100×16×3	片	3.92	0.820	0.800	0.780	0.770	0.750	0.698	0.634	0.570
尼龙砂轮片 D400	片	15.64	0.015	0.015	0.013	0.012	0.010	0.010	0.010	0.010
氧气	m³	2.88	1.302	1.296	1.284	1.260	1.215	1.131	1.029	0.960
乙炔气	kg	14.66	0.434	0.432	0.428	0.420	0.405	0.377	0.343	0.320
木材 一级红松	m³	3862.26	0.003	0.003	0.003	0.003	0.003	0.002	0.002	0.001
电	kW·h	0.73	0.154	0.153	0.150	0.147	0.143	0.133	0.121	0.109
机械 吊装机械(综合)	台班	664.97	—	—	0.070	0.060	0.050	0.050	0.040	0.030
电焊机(综合)	台班	74.17	0.288	0.283	0.278	0.270	0.265	0.247	0.225	0.202
电焊条烘干箱 600×500×750	台班	27.16	0.029	0.028	0.028	0.027	0.027	0.025	0.023	0.020
电焊条恒温箱 600×500×750	台班	55.04	0.029	0.028	0.028	0.027	0.027	0.025	0.023	0.020
卷板机 20×2500	台班	273.51	0.02	0.02	0.02	0.02	0.02	0.02	0.01	0.01
砂轮切割机 D400	台班	32.78	0.004	0.004	0.004	0.004	0.004	0.003	0.003	0.003

3.整体水箱安装

工作内容: 稳固、找平、找正、安装、调距、上零件、消毒、清洗、满水试验。　　　　　　　　　　　　　　　　　　　　　**单位:个**

	编　号			8-910	8-911	8-912	8-913	8-914	8-915	8-916	8-917
	项　目			水箱总容量(m³以内)							
				3	6	10	15	25	35	45	60
预算基价	总　　　价(元)			**616.36**	**748.28**	**883.57**	**1257.37**	**1573.53**	**1734.73**	**1940.44**	**2159.25**
	人　工　费(元)			432.00	471.15	577.80	849.15	1071.90	1125.90	1243.35	1370.25
	材　料　费(元)			89.69	129.98	149.23	199.06	264.51	330.53	395.97	457.76
	机　械　费(元)			94.67	147.15	156.54	209.16	237.12	278.30	301.12	331.24
	组 成 内 容	单位	单价	数　　　量							
人工	综合工	工日	135.00	3.20	3.49	4.28	6.29	7.94	8.34	9.21	10.15
材料	整体水箱	个	—	(1.000)	(1.000)	(1.000)	(1.000)	(1.000)	(1.000)	(1.000)	(1.000)
	聚四氟乙烯生料带 δ20	m	1.15	2.010	2.010	2.010	2.010	2.010	2.512	2.512	2.512
	垫铁	kg	8.61	3.532	3.932	4.832	7.864	11.796	15.728	19.660	23.592
	道木	m³	3660.04	0.015	0.025	0.028	0.034	0.042	0.050	0.058	0.065
	氧气	m³	2.88	0.180	0.201	0.246	0.399	0.600	0.801	1.002	1.203
	乙炔气	kg	14.66	0.060	0.067	0.082	0.133	0.200	0.267	0.334	0.401
	低碳钢焊条 J422 D3.2	kg	3.60	0.187	0.208	0.256	0.416	0.625	0.833	1.041	1.250
机械	载货汽车 5t	台班	443.55	—	0.090	0.090	0.090	0.100	0.100	—	—
	载货汽车 8t	台班	521.59	—	—	—	—	—	—	0.100	0.120
	吊装机械(综合)	台班	664.97	0.134	0.152	0.164	0.236	0.262	0.315	0.328	0.346
	电焊机(综合)	台班	74.17	0.075	0.083	0.102	0.166	0.250	0.330	0.416	0.520

十二、大、小便池冲洗水箱制作

工作内容：下料、坡口、平直、开孔、接板组对、装配零件、焊接、注水试验。

单位：100kg

编　　号			8-918	8-919
项　　目			1#～5#	1#～7#
预算基价	总　　　价(元)		**1628.41**	**1417.18**
	人　工　费(元)		403.65	403.65
	材　料　费(元)		1224.76	959.03
	机　械　费(元)		—	54.50
组 成 内 容	单位	单价	数　　　　量	
人工　综合工	工日	135.00	2.99	2.99
材料　普碳钢板 Q195～Q235 δ3.5～4.0	t	3945.80	0.10500	0.10442
水	m³	7.62	0.16	0.28
木材　一级红松	m³	3862.26	0.200	0.120
氧气	m³	2.88	4.42	5.45
乙炔气	kg	14.66	1.51	1.83
气焊条 D<2	kg	7.96	0.24	—
热轧角钢 ＜60	t	3721.43	—	0.00058
电	kW·h	0.73	—	1.10
电焊条 E4303 D3.2	kg	7.59	—	3.22
砂轮片 D100	片	3.83	—	2.13
砂轮片 D400	片	19.56	—	0.17
机械　直流弧焊机 20kW	台班	75.06	—	0.66
电焊条烘干箱 600×500×750	台班	27.16	—	0.07
管子切断机 D150	台班	33.97	—	0.090

十三、小便槽自动冲洗水箱安装

工作内容：打螺栓孔、托架安装、水箱安装、接管、试水。

单位：10套

编　号			8-920	8-921	8-922	8-923	8-924
项　目			容量（L）				
			8.4	10.9	16.1	20.7	25.9
预算基价	总　　　价（元）		**546.65**	**546.71**	**555.57**	**619.08**	**621.66**
	人　工　费（元）		486.00	486.00	492.75	556.20	556.20
	材　料　费（元）		60.65	60.71	62.82	62.88	65.46
组　成　内　容	单位	单价	数　　　量				
人工 综合工	工日	135.00	3.60	3.60	3.65	4.12	4.12
材料 小便槽自动冲洗水箱	个	—	(10.000)	(10.000)	(10.000)	(10.000)	(10.000)
螺纹管件 DN15	个	—	(10.100)	(10.100)	(10.100)	(10.100)	(10.100)
水箱进水嘴 DN15	个	—	(10.100)	(10.100)	(10.100)	(10.100)	(10.100)
水箱自动冲洗阀 DN20	个	—	(10.100)	(10.100)	—	—	—
水箱自动冲洗阀 DN25	个	—	—	—	(10.100)	(10.100)	—
水箱自动冲洗阀 DN32	个	—	—	—	—	—	(10.100)
橡胶板 $\delta1\sim3$	kg	11.26	0.200	0.200	0.250	0.250	0.300
膨胀螺栓 M（6～12）×（50～120）	套	0.94	41.200	41.200	41.200	41.200	41.200
冲击钻头 D8～16	个	6.92	0.520	0.520	0.520	0.520	0.520
电	kW·h	0.73	0.880	0.880	0.880	0.880	0.880
聚四氟乙烯生料带 $\delta20$	m	1.15	13.000	13.000	14.300	14.300	16.000
锯条	根	0.42	1	1	1	1	1
水	m³	7.62	0.008	0.015	0.023	0.030	0.038

十四、大便槽自动冲洗水箱安装

工作内容：打螺栓孔、托架安装、水箱安装、接管、试水。

单位：10套

编　号			8-925	8-926	8-927	8-928	8-929	8-930	8-931
项　目			容量(L)						
			40	48	64.4	67.5	81	94.5	108
预算基价	总　　价(元)		**713.84**	**713.93**	**731.66**	**772.22**	**791.27**	**791.65**	**791.80**
	人　工　费(元)		627.75	627.75	645.30	645.30	664.20	664.20	664.20
	材　料　费(元)		86.09	86.18	86.36	126.92	127.07	127.45	127.60
组 成 内 容	单位	单价	数　　量						
人工	综合工	工日	135.00	4.65	4.65	4.78	4.78	4.92	4.92	4.92
材料	大便槽自动冲洗水箱	个	—	(10.000)	(10.000)	(10.000)	(10.000)	(10.000)	(10.000)	(10.000)
	大便自动冲洗水箱托架	副	—	(10.000)	(10.000)	(10.000)	(10.000)	(10.000)	(10.000)	(10.000)
	螺纹管件 DN15	个	—	(10.100)	(10.100)	(10.100)	(10.100)	(10.100)	(10.100)	(10.100)
	水箱进水嘴 DN15	个	—	(10.100)	(10.100)	(10.100)	(10.100)	(10.100)	(10.100)	(10.100)
	水箱自动冲洗阀 DN40	个	—	(10.100)	(10.100)	(10.100)	—	—	—	—
	水箱自动冲洗阀 DN50	个	—	—	—	—	(10.100)	(10.100)	(10.100)	(10.100)
	转换接头 DN40	个	—	(10.100)	(10.100)	(10.100)	—	—	—	—
	转换接头 DN50	个	—	—	—	—	(10.100)	(10.100)	(10.100)	(10.100)
	塑料管 DN50	m	—	(22.000)	(22.000)	(22.000)	—	—	—	—
	塑料管 DN63	m	—	—	—	—	(22.000)	(22.000)	(22.000)	(22.000)
	塑料弯头45° DN50	m	—	(20.200)	(20.200)	(20.200)	—	—	—	—
	塑料弯头45° DN63	个	—	—	—	—	(10.100)	(10.100)	(10.100)	(10.100)
	塑料管卡子 40	个	0.54	10.050	10.050	10.050	—	—	—	—
	塑料管卡子 50	个	0.77	—	—	—	10.050	10.050	10.050	10.050
	膨胀螺栓 M(6~12)×(50~120)	套	0.94	61.800	61.800	61.800	82.400	82.400	82.400	82.400
	聚四氟乙烯生料带 δ20	m	1.15	8.000	8.000	8.000	22.000	22.000	22.000	22.000
	橡胶板 δ1~3	kg	11.26	0.35	0.35	0.35	0.35	0.35	0.37	0.37
	胶粘剂	kg	18.17	0.070	0.070	0.070	0.090	0.090	0.090	0.090
	冲击钻头 D8~16	个	6.92	0.840	0.840	0.840	1.120	1.120	1.120	1.120
	锯条	根	0.42	2.200	2.200	2.200	2.500	2.500	2.500	2.500
	电	kW·h	0.73	1.320	1.320	1.320	1.760	1.760	1.760	1.760
	水	m³	7.62	0.060	0.072	0.096	0.100	0.120	0.140	0.160

十五、排 水 栓

工作内容：切管、套丝、上零件、安装、与下水管连接、试水。

单位：10组

编　号			8-932	8-933	8-934	8-935	8-936	8-937
项　目			带存水弯			不带存水弯		
			32	40	50	32	40	50
预算基价	总　　价(元)		**356.48**	**401.14**	**436.40**	**272.83**	**292.89**	**325.91**
	人　工　费(元)		256.50	256.50	256.50	179.55	179.55	179.55
	材　料　费(元)		99.98	144.64	179.90	93.28	113.34	146.36
组 成 内 容		单位	单价	数　　量				
人工	综合工	工日	135.00	1.90	1.90	1.90	1.33	1.33	1.33
材料	排水栓（带链堵）	套	—	(10)	(10)	(10)	(10)	(10)	(10)
	存水弯 DN32塑料	个	7.83	10.05	—	—	—	—	—
	存水弯 S形 DN40塑料	个	12.02	—	10.05	—	—	—	—
	存水弯 S形 DN50塑料	个	15.11	—	—	10.05	—	—	—
	橡胶板 δ1~3	kg	11.26	0.35	0.40	0.40	0.35	0.40	0.40
	硅酸盐水泥 42.5级	kg	0.41	4	4	4	4	4	4
	油灰	kg	2.94	0.65	0.70	0.80	—	—	—
	焊接钢管 DN32	m	12.02	—	—	—	5	—	—
	焊接钢管 DN40	m	14.72	—	—	—	—	5	—
	焊接钢管 DN50	m	18.68	—	—	—	—	—	5
	黑玛钢管箍 DN32	个	1.78	—	—	—	10.1	—	—
	黑玛钢管箍 DN40	个	2.26	—	—	—	—	10.1	—
	黑玛钢管箍 DN50	个	3.32	—	—	—	—	—	10.1
	锯条	根	0.42	—	—	—	1.0	1.0	1.5
	聚四氟乙烯生料带 δ20	m	1.15	12.000	13.600	17.000	8.000	9.000	11.000

190

十六、水 龙 头

工作内容：上水嘴、试水。

单位：10个

编 号				8-938	8-939	8-940
项 目				公称直径(mm以内)		
				15	20	25
预算基价	总 价(元)			**42.40**	**43.55**	**56.85**
	人 工 费(元)			37.80	37.80	49.95
	材 料 费(元)			4.60	5.75	6.90
组 成 内 容		单位	单价	数 量		
人工	综合工	工日	135.00	0.28	0.28	0.37
材料	铜水嘴	个	—	(10.1)	(10.1)	(10.1)
	聚四氟乙烯生料带 $\delta 20$	m	1.15	4.000	5.000	6.000

191

十七、地　漏

工作内容：切管、套丝、安装、与下水管连接。

	编　号			8-941	8-942	8-943	8-944
	项　目			公称直径(mm以内)			
				50	80	100	150
预算基价	总　　价(元)			**226.11**	**430.35**	**508.08**	**803.38**
	人　工　费(元)			203.85	394.20	461.70	729.00
	材　料　费(元)			22.26	36.15	46.38	74.38
组成内容		**单位**	**单价**	**数　　量**			
人工	综合工	工日	135.00	1.51	2.92	3.42	5.40
材料	地漏	个	—	(10)	(10)	(10)	(10)
	焊接钢管 DN50	m	18.68	1	—	—	—
	焊接钢管 DN80	m	31.81	—	1	—	—
	焊接钢管 DN100	m	41.28	—	—	1	—
	焊接钢管 DN150	m	68.51	—	—	—	1
	硅酸盐水泥 42.5级	kg	0.41	6.0	6.5	7.0	7.5
	铅油	kg	11.17	0.10	0.15	0.20	0.25

十八、地面扫除口

工作内容: 安装、与下水管连接、试水。

单位:10个

编　号				8-945	8-946	8-947	8-948	8-949
项　目				公称直径(mm以内)				
				50	80	100	125	150
预算基价	总　　价(元)			**102.89**	**130.10**	**133.00**	**164.26**	**164.46**
	人　工　费(元)			101.25	128.25	130.95	162.00	162.00
	材　料　费(元)			1.64	1.85	2.05	2.26	2.46
组 成 内 容		单位	单价	数　　量				
人工	综合工	工日	135.00	0.75	0.95	0.97	1.20	1.20
材料	地面扫除口	个	—	(10)	(10)	(10)	(10)	(10)
	硅酸盐水泥 42.5级	kg	0.41	4.0	4.5	5.0	5.5	6.0

十九、雨 水 斗

1.普通雨水斗

工作内容:安装、与雨水管连接、试水。

单位:10个

编　号			8-950	8-951	8-952
项　目			公称直径(mm以内)		
			100	125	150
预算基价	总　价(元)		**393.67**	**413.55**	**434.02**
	人 工 费(元)		388.80	407.70	425.25
	材 料 费(元)		4.87	5.85	8.77
组 成 内 容	单位	单价	数　量		
人工 综合工	工日	135.00	2.88	3.02	3.15
材料 铸铁雨水斗	套	—	(10.000)	(10.000)	(10.000)
低温密封膏	kg	19.49	0.250	0.300	0.450

2.虹吸式雨水斗

工作内容：安装、与雨水管连接、试水。

单位：10个

编　号			8-953	8-954	8-955
项　目			公称直径(mm以内)		
			50	100	150
预算基价	总　　价(元)		**487.20**	**503.02**	**543.15**
	人　工　费(元)		483.30	498.15	537.30
	材　料　费(元)		3.90	4.87	5.85
组　成　内　容		单位	单价	数　　量	
人工	综合工	工日	135.00	3.58	3.69	3.98
材料	虹吸式雨水斗	套	—	(10.000)	(10.000)	(10.000)
	低温密封膏	kg	19.49	0.200	0.250	0.300

二十、小便槽冲洗管制作、安装

工作内容：切管、套丝、钻眼、上零件、栽管卡、试水。

单位：10m

编　号			8-956	8-957	8-958
项　　　目			公称直径(mm以内)		
			15	20	25
预算基价	总　　　价(元)		**981.42**	**1005.39**	**1164.27**
	人　工　费(元)		876.15	876.15	982.80
	材　料　费(元)		101.88	125.85	177.40
	机　械　费(元)		3.39	3.39	4.07
组　成　内　容		单位	单价	数　　　量	
人工	综合工	工日	135.00	6.49	6.49	7.28
材料	镀锌钢管 DN15	m	6.70	10.2	—	—
	镀锌钢管 DN20	m	8.60	—	10.2	—
	镀锌钢管 DN25	m	12.56	—	—	10.2
	镀锌三通 DN15	个	1.30	3	—	—
	镀锌三通 DN20	个	2.05	—	3	—
	镀锌三通 DN25	个	3.05	—	—	3
	镀锌管箍 DN15	个	0.81	6	—	—
	镀锌管箍 DN20	个	1.12	—	6	—
	镀锌管箍 DN25	个	1.67	—	—	6
	镀锌丝堵 DN15	个	0.73	6	—	—
	镀锌丝堵 DN20	个	0.81	—	6	—
	镀锌丝堵 DN25	个	1.16	—	—	6
	管卡子(单立管) DN25以内	个	1.64	6	6	6
	锯条	根	0.42	0.5	0.5	0.5
	聚四氟乙烯生料带 δ20	m	1.15	9.000	9.000	11.400
机械	立式钻床 D25	台班	6.78	0.5	0.5	0.6

二十一、电热水器、电开水炉

工作内容：打堵洞眼、栽螺栓、就位、稳固、附件安装、试水。

单位：台

编　　号			8-959	8-960	8-961	8-962	8-963	8-964	8-965	8-966
项　　目			电热水器						电开水炉	
			挂式			立式			立式	
			RS15型	RS30型	RS50型	RS50型	RS100型	RS300型	KSA型	KSC型
预算基价	总　　价(元)		**93.01**	**107.86**	**173.86**	**169.71**	**231.81**	**378.27**	**133.40**	**133.40**
	人工费(元)		83.70	98.55	159.30	159.30	221.40	363.15	128.25	128.25
	材料费(元)		9.31	9.31	14.56	10.41	10.41	15.12	5.15	5.15
组　成　内　容	单位	单价	数　　量							
人工　综合工	工日	135.00	0.62	0.73	1.18	1.18	1.64	2.69	0.95	0.95
材料　电热水器	台	—	(1)	(1)	(1)	(1)	(1)	(1)	—	—
电开水炉	台	—	—	—	—	—	—	—	(1)	(1)
镀锌管箍 DN15	个	0.81	2	2	—	—	—	—	2	2
镀锌管箍 DN25	个	1.67	—	—	2	2	2	—	—	—
镀锌管箍 DN40	个	3.14	—	—	—	—	—	2	—	—
六角带帽螺栓 M10×(80～130)	套	0.87	4	4	4	—	—	—	—	—
硅酸盐水泥 42.5级	kg	0.41	1	1	1	—	—	—	—	—
砂子	t	87.03	0.003	0.003	0.003	—	—	—	—	—
锯条	根	0.42	0.2	0.2	0.4	0.4	0.4	0.5	0.2	0.2
聚四氟乙烯生料带 $\delta20$	m	1.15	3.000	3.000	6.000	6.000	6.000	7.500	3.000	3.000

二十二、蒸汽间断式加热器

工作内容：切管、套丝、器具安装、试水。

单位：台

编　　　号			8-967	8-968	8-969
项　　　目			1#	2#	3#
预算基价	总　　　价(元)		**415.15**	**415.15**	**461.05**
	人　工　费(元)		251.10	251.10	297.00
	材　料　费(元)		164.05	164.05	164.05
组 成 内 容		单位	单价	数　　　量	
人工	综合工	工日	135.00	1.86	1.86	2.20
材料	蒸汽间断式开水炉	台	—	(1)	(1)	(1)
	水位计（带玻璃管）DN15	套	47.38	1	1	1
	木柄铜水嘴 DN20	个	18.02	2.02	2.02	2.02
	螺纹截止阀 J11T-16 DN20	个	15.30	1.01	1.01	1.01
	螺纹闸阀 Z15T-10 DN20	个	11.42	1.01	1.01	1.01
	温度计 0～120℃	套	18.18	1	1	1
	镀锌钢管 DN20	m	8.60	1	1	1
	镀锌弯头 DN15	个	1.07	1	1	1
	镀锌弯头 DN20	个	1.54	1	1	1
	镀锌三通 DN15	个	1.30	1	1	1
	镀锌三通 DN20	个	2.05	1	1	1
	镀锌活接头 DN15	个	2.83	1	1	1
	石棉松绳 D13～19	kg	14.60	0.01	0.01	0.01
	锯条	根	0.42	0.4	0.4	0.4
	机油	kg	7.21	0.02	0.02	0.02
	聚四氟乙烯生料带 δ20	m	1.15	15.000	15.000	15.000

198

二十三、容积式热交换器

工作内容：切管、套丝、器具安装、试水。

单位：台

编 号			8-970	8-971	8-972	8-973	8-974	8-975	8-976
项 目			1#	2#	3#	4#	5#	6#	7#
预算基价	总 价(元)		**779.48**	**930.68**	**991.43**	**1431.61**	**1440.06**	**1900.89**	**2326.49**
	人 工 费(元)		558.90	710.10	770.85	982.80	982.80	1409.40	1826.55
	材 料 费(元)		202.84	202.84	202.84	272.60	272.60	272.60	272.60
	机 械 费(元)		17.74	17.74	17.74	176.21	184.66	218.89	227.34
组 成 内 容	单位	单价	数 量						
人工 综合工	工日	135.00	4.14	5.26	5.71	7.28	7.28	10.44	13.53
材料 容器式水加热器	台	—	(1)	(1)	(1)	(1)	(1)	(1)	(1)
钢板平焊法兰 1.6MPa DN50	个	22.98	1	1	1	—	—	—	—
钢板平焊法兰 1.6MPa DN80	个	36.56	1	1	1	1	1	1	1
钢板平焊法兰 1.6MPa DN100	个	48.19	—	—	—	1	1	1	1
六角带帽螺栓 M14×(14~75)	套	1.00	8.24	8.24	8.24	—	—	—	—
六角带帽螺栓 M16×(65~80)	套	1.71	—	—	—	8.24	8.24	8.24	8.24
弹簧压力表 0~1.6MPa	块	48.67	1	1	1	1	1	1	1
压力表气门及弯管 DN15	套	18.72	1	1	1	1	1	1	1
温度计 0~120℃	套	18.18	1	1	1	1	1	1	1
石棉橡胶板 低压 δ0.8~6.0	kg	19.35	1.62	1.62	1.62	3.62	3.62	3.62	3.62
机油	kg	7.21	0.1	0.1	0.1	0.1	0.1	0.1	0.1
锯条	根	0.42	0.4	0.4	0.4	0.4	0.4	0.4	0.4
聚四氟乙烯生料带 δ20	m	1.15	15.000	15.000	15.000	15.000	15.000	15.000	15.000
机械 载货汽车 5t	台班	443.55	0.04	0.04	0.04	0.04	0.04	0.06	0.06
卷扬机 单筒慢速 50kN	台班	211.29	—	—	—	0.75	0.79	0.91	0.95

二十四、蒸汽-水加热器、冷热水混合器

工作内容： 切管、套丝、器具安装、试水。

单位：10套

编　号			8-977	8-978	8-979
项　目			蒸汽-水加热器	冷热水混合器	
			小型单管式	小型	大型
预算基价	总　价(元)		**700.93**	**544.18**	**887.40**
	人 工 费(元)		434.70	344.25	683.10
	材 料 费(元)		266.23	199.93	204.30
组 成 内 容	单位	单价	数　量		
人工 综合工	工日	135.00	3.22	2.55	5.06
材料 蒸汽式水加热器	个	—	(10)	—	—
小型冷热水混合器	个	—	—	(10)	—
大型冷热水混合器	个	—	—	—	(10)
莲蓬喷头 100×15铜镀铬	个	16.52	10	—	—
镀锌钢管 DN15	m	6.70	10	—	—
镀锌弯头 DN15	个	1.07	20	—	—
机油	kg	7.21	0.2	—	—
聚四氟乙烯生料带 δ20	m	1.15	9.000	15.400	19.200
锯条	根	0.42	2	1	1
温度计 0～120℃	套	18.18	—	10	10

二十五、消毒器、消毒锅

工作内容： 就位、安装、上附件、试水。

单位：10台

编　号				8-980	8-981	8-982	8-983	8-984	8-985	8-986
项　目				消毒器			消毒锅			
				湿式		干式	1#	2#	3#	4#
				250×400	900×900	700×1600				
预算基价	总　价(元)			**850.53**	**1107.03**	**1623.78**	**1444.01**	**1727.51**	**1891.17**	**2215.17**
	人　工　费(元)			756.00	1012.50	1512.00	1377.00	1660.50	1809.00	2133.00
	材　料　费(元)			94.53	94.53	111.78	67.01	67.01	82.17	82.17
组　成　内　容		单位	单价	数　量						
人工	综合工	工日	135.00	5.60	7.50	11.20	10.20	12.30	13.40	15.80
材料	湿式消毒器	台	—	(10.0)	(10.0)	—	—	—	—	—
	干式消毒器 700×1600	台	—	—	—	(10.0)	—	—	—	—
	消毒锅	台	—	—	—	—	(10.0)	(10.0)	(10.0)	(10.0)
	石棉橡胶板 低压 δ0.8～6.0	kg	19.35	1.50	1.50	1.50	—	—	—	—
	油浸石棉绳	kg	18.95	1.00	1.00	1.00	1.00	1.00	1.80	1.80
	红丹粉	kg	12.42	0.10	0.10	0.10	0.10	0.10	0.10	0.10
	机油	kg	7.21	1.00	1.00	1.00	1.00	1.00	1.00	1.00
	清油	kg	15.06	0.10	0.10	0.10	0.20	0.20	0.20	0.20
	锯条	根	0.42	5.0	5.0	5.0	5.0	5.0	5.0	5.0
	聚四氟乙烯生料带 δ20	m	1.15	30.000	30.000	45.000	30.000	30.000	30.000	30.000

二十六、饮 水 器

工作内容： 就位、安装、上附件、试水。

编　　号	8-987
项　　目	饮水器

预算基价	总　　价(元)	804.16
	人　工　费(元)	756.00
	材　料　费(元)	48.16

	组 成 内 容	单位	单价	数　　量
人工	综合工	工日	135.00	5.60
材料	饮水器	套	—	(10.0)
	机油	kg	7.21	0.30
	聚四氟乙烯生料带 $\delta20$	m	1.15	40.000

二十七、感应式冲水器

工作内容：场内搬运、感应式冲水器安装、管道连接、试水。

单位：10组

	编　号			8-988	8-989
	项　目			明装	暗装
预算基价	总　　　价(元)			**363.03**	**411.66**
	人　工　费(元)			337.50	405.00
	材　料　费(元)			25.53	6.66
	组成内容	单位	单价	数　　量	
人工	综合工	工日	135.00	2.50	3.00
材料	感应式冲水器	组	—	(10.00)	(10.00)
	冲水器配件	套	—	(10.00)	(10.00)
	木螺钉 M(4.5～6)×(15～100)	个	0.14	41.200	—
	垫圈 M2～8	个	0.03	41.200	—
	塑料胀管 M6～8	个	0.31	41.200	—
	聚四氟乙烯生料带 $\delta20$	m	1.15	5.000	5.000
	硅酸盐水泥	kg	0.39	—	2.000
	砂子	kg	0.09	—	1.43

二十八、水 处 理 器
1.水处理器安装(螺纹连接)

工作内容:外观检查、设备安装、接管、通水调试。

单位:10台

编 号			8-990	8-991	8-992	8-993	8-994	8-995
项 目			进口管径(mm以内)					
			15	20	25	32	40	50
预算基价	总 价(元)		**454.37**	**507.10**	**650.86**	**803.58**	**898.35**	**1226.34**
	人 工 费(元)		378.00	418.50	540.00	661.50	715.50	999.00
	材 料 费(元)		76.37	88.60	110.86	142.08	182.85	227.34
组 成 内 容	单位	单价	数 量					
人工 综合工	工日	135.00	2.80	3.10	4.00	4.90	5.30	7.40
镀锌丝堵 DN15	个	0.73	10.100	10.100	10.100	10.100	10.100	10.100
镀锌活接头 DN15	个	2.83	10.100	—	—	—	—	—
镀锌活接头 DN20	个	3.37	—	10.100	—	—	—	—
镀锌活接头 DN25	个	4.71	—	—	10.100	—	—	—
镀锌活接头 DN32	个	6.40	—	—	—	10.100	—	—
镀锌活接头 DN40	个	9.16	—	—	—	—	10.100	—
镀锌活接头 DN50	个	12.00	—	—	—	—	—	10.100
聚四氟乙烯生料带 δ20	m	1.15	21.180	25.900	30.630	37.200	44.740	54.160
水	m³	7.62	0.010	0.020	0.030	0.040	0.070	0.110
机油	kg	7.21	0.720	0.790	0.920	1.090	1.390	1.660
清油	kg	15.06	—	—	—	0.300	0.370	0.450
汽油	kg	7.74	1.200	1.300	1.400	1.500	1.600	1.700
煤油	kg	7.49	0.200	0.200	0.400	0.400	0.400	0.500

2.水处理器安装（法兰连接）

工作内容： 外观检查、设备安装、接管、通水调试。

单位：10台

编 号				8-996	8-997	8-998	8-999	8-1000	8-1001
项 目				进口管径（mm以内）					
				50	70	80	100	125	150
预算基价	总 价（元）			**2215.56**	**3479.48**	**4463.97**	**5488.09**	**6427.85**	**7078.83**
	人 工 费（元）			1255.50	2335.50	3159.00	3955.50	4671.00	5103.00
	材 料 费（元）			35.13	56.32	74.60	98.10	127.88	155.35
	机 械 费（元）			924.93	1087.66	1230.37	1434.49	1628.97	1820.48
组 成 内 容		单位	单价	数 量					
人工	综合工	工日	135.00	9.30	17.30	23.40	29.30	34.60	37.80
材料	石棉橡胶板 $\delta3\sim6$	kg	15.68	1.400	1.800	2.600	3.500	4.600	5.500
	低碳钢焊条 J422 D3.2	kg	3.60	1.330	2.370	2.710	3.630	4.230	4.740
	氧气	m³	2.88	0.090	0.720	0.900	1.170	1.350	1.740
	乙炔气	kg	14.66	0.030	0.240	0.300	0.390	0.450	0.580
	机油	kg	7.21	0.500	0.750	0.850	1.200	1.300	1.700
	汽油	kg	7.74	0.420	0.900	1.140	1.180	2.000	2.440
	水	m³	7.62	0.110	0.210	0.280	0.430	0.680	0.970
机械	载货汽车 5t	台班	443.55	2.000	2.300	2.600	3.000	3.400	3.800
	电焊机（综合）	台班	74.17	0.510	0.910	1.040	1.400	1.630	1.820

工作内容：外观检查、设备安装、接管、通水调试。

单位：10台

编　号				8-1002	8-1003	8-1004	8-1005	8-1006
项　目				进口管径(mm以内)				
				200	300	400	500	600
预算基价	总　　价(元)			**8063.23**	**14863.20**	**22014.14**	**27672.70**	**31792.98**
	人　工　费(元)			7209.00	13216.50	19305.00	24124.50	27850.50
	材　料　费(元)			221.12	342.14	571.04	734.15	799.25
	机　械　费(元)			633.11	1304.56	2138.10	2814.05	3143.23
组　成　内　容		单位	单价	数　　量				
人工	综合工	工日	135.00	53.40	97.90	143.00	178.70	206.30
材料	石棉橡胶板 δ3～6	kg	15.68	6.600	7.300	13.800	16.600	16.800
	低碳钢焊条 J422 D3.2	kg	3.60	11.920	29.990	50.490	69.590	72.890
	氧气	m³	2.88	4.590	6.210	7.920	8.340	8.580
	乙炔气	kg	14.66	1.530	2.070	2.640	2.780	2.860
	机油	kg	7.21	2.410	3.570	4.560	5.650	6.840
	汽油	kg	7.74	1.100	2.080	3.340	4.600	5.046
	水	m³	7.62	1.730	3.890	6.910	10.790	15.540
机械	载货汽车 5t	台班	443.55	0.360	0.650	1.000	1.100	1.210
	吊装机械（综合）	台班	664.97	0.200	0.240	0.380	0.510	0.790
	电焊机（综合）	台班	74.17	4.590	11.550	19.440	26.790	28.060

二十九、隔 油 器

工作内容： 隔油器和附件安装、接管、试水。

单位：10套

编　号				8-1007	8-1008	8-1009	8-1010	8-1011	8-1012
项　目				地上式			悬挂式		
				DN50	DN75	DN100	DN75	DN100	DN150
预算基价	总　价(元)			**387.88**	**597.46**	**715.68**	**940.50**	**1327.21**	**2007.22**
	人　工　费(元)			297.00	472.50	540.00	648.00	972.00	1539.00
	材　料　费(元)			73.15	100.58	140.21	257.03	302.01	379.55
	机　械　费(元)			17.73	24.38	35.47	35.47	53.20	88.67
组　成　内　容		单位	单价	数　　量					
人工	综合工	工日	135.00	2.20	3.50	4.00	4.80	7.20	11.40
材料	隔油器	套	—	(10.000)	(10.000)	(10.000)	(10.000)	(10.000)	(10.000)
	卡箍件	套	—	(20.200)	(20.200)	(20.200)	(20.200)	(20.200)	(20.200)
	橡胶板 δ1~3	kg	11.26	—	—	—	13.000	13.000	14.400
	防水密封胶	支	12.98	—	—	—	6.000	7.000	9.000
	水	m³	7.62	9.600	13.200	18.400	4.300	8.500	13.200
机械	载货汽车 5t	台班	443.55	0.010	0.010	0.020	0.020	0.030	0.050
	吊装机械（综合）	台班	664.97	0.020	0.030	0.040	0.040	0.060	0.100

三十、隔膜式气压水罐（气压罐）

工作内容： 外观检查、罐体及其配套的部件、附件安装、就位、充水、试压、调试。

单位：10 台

编　号			8-1013	8-1014	8-1015	8-1016	8-1017	8-1018
项　目			罐体直径（mm以内）					
			400	600	800	1000	1200	1400
预算基价	总　　价（元）		**13492.12**	**15498.86**	**17805.67**	**20466.72**	**23958.61**	**28711.26**
	人　工　费（元）		6655.50	7479.00	8383.50	9382.50	10503.00	11772.00
	材　料　费（元）		3100.47	3408.27	3728.98	4637.18	5049.51	6205.06
	机　械　费（元）		3736.15	4611.59	5693.19	6447.04	8406.10	10734.20
组　成　内　容	单位	单价	数　　量					
人工　综合工	工日	135.00	49.30	55.40	62.10	69.50	77.80	87.20
材料　隔膜式气压水罐	台	—	(10.00)	(10.00)	(10.00)	(10.00)	(10.00)	(10.00)
聚氨酯泡沫塑料板	m³	242.28	9.900	10.620	11.160	13.440	13.800	14.640
平垫铁（综合）	kg	7.42	20.660	23.250	28.300	41.320	51.660	103.300
斜垫铁（综合）	kg	10.34	10.790	12.140	13.490	21.580	26.980	53.960
低碳钢焊条 J422 D3.2	kg	3.60	1.670	1.880	2.080	3.300	4.170	8.330
氧气	m³	2.88	1.830	2.070	2.280	3.660	4.590	9.150
乙炔气	kg	14.66	0.610	0.690	0.760	1.220	1.530	3.050
煤油	kg	7.49	9.700	11.200	12.800	14.550	16.850	19.050
道木 250×200×2500	根	452.90	0.490	0.520	0.560	0.610	0.650	0.750
水	m³	7.62	6.900	15.540	27.600	43.200	62.200	84.600
镀锌钢丝 D2.8~4.0	kg	6.91	10.080	11.080	13.120	13.960	14.260	15.280
机械　吊装机械（综合）	台班	664.97	3.690	4.610	5.760	6.500	8.600	11.000
载货汽车 5t	台班	443.55	2.780	3.360	4.060	4.570	5.780	7.160
电焊机（综合）	台班	74.17	0.640	0.720	0.800	1.270	1.610	3.210
试压泵 30MPa	台班	23.45	0.080	0.100	0.120	0.150	0.180	0.240

第五章　供暖器具安装

说　明

一、本章适用范围：各种供暖器具的安装。

二、本章参照 T9、N112《暖通空调标准图集》"采暖系统及散热器安装"编制。

三、柱形和 M132 型铸铁散热器安装用拉条时，拉条另计。

四、基价中列出的接口密封材料，除圆翼汽包垫采用橡胶石棉板外，其余均采用成品汽包垫，如采用其他材料，不做换算。

五、光排管散热器制作安装项目，联管作为材料已列入基价，不得重复计算。

六、板式、壁板式、闭式散热器，已计算了托钩的安装人工和材料，如主材价不包括托钩者，托钩价格另行计算。

七、地源热泵机组均按整体组成安装编制。

八、地板辐射采暖塑料管道敷设项目包括了固定管道的塑料卡钉（管卡）安装、局部套管敷设及地面浇筑的配合用工。如管道实际固定方式与基价不同时，固定管道的材料按设计要求调整，其他不变。

九、地板辐射采暖的隔热板项目中的塑料薄膜，是指在接触土壤或室外空气的楼板与绝热层之间所铺设的塑料薄膜防潮层。如隔热板带有保护层（铝箔），应扣除塑料薄膜材料消耗量。地板辐射采暖塑料管道在跨越建筑物的伸缩缝、沉降缝时所铺设的塑料板条，应按照边界保温带安装项目计算，塑料板条材料消耗量可按设计要求的厚度、宽度进行调整。

十、热量表组成安装是依据国家建筑标准设计图集 10K509　10R504《暖通动力施工安装图集（一）（水系统）》编制的，如实际组成与此不同时，可按法兰、阀门等附件安装相应项目计算或调整。

十一、成组热媒集配装置包括成品分集水器和配套供应的固定支架及与分支管连接的部件。固定支架如不随分集水器配套供应，需现场制作时，按照相应项目另行计算。

工程量计算规则

一、铸铁散热器、钢制闭式散热器依据不同型号、规格,按设计图示数量计算。

二、钢制板式散热器依据不同型号、规格,按设计图示数量计算。

三、光排管散热器制作安装依据不同管径、型号、规格,按设计图示长度计算。

四、钢制壁板式散热器依据不同质量、型号、规格,按设计图示数量计算。

五、钢制柱式散热器依据不同片数、型号、规格,按设计图示数量计算。

六、暖风机、空气幕依据不同质量、型号、规格,按设计图示数量计算。

七、板式换热器依据不同的换热面积,按设计图示数量计算。

八、太阳能集热器依据不同的质量,按设计图示数量计算。

九、地板辐射采暖管道区分管道外径,按设计图示中心线长度计算,保护层(铝箔)、隔热板、钢丝网按实际铺设面积计算,边界保温带按设计图示长度计算。

十、地源热泵机组依据不同的质量,按设计图示数量计算;采暖分户箱依据不同规格,按设计图示数量计算。

十一、热量表组成安装,按照不同组成结构、连接方式、公称直径,按设计图示数量计算。

十二、热媒集配装置安装区分带箱、不带箱,按分支管环路数计算。

十三、PE集分水器安装按不同直径,按设计图示数量计算。

一、铸铁散热器组成、安装

工作内容: 场内搬运,清除口锈,制垫,加垫,组成,托架制作、安装,稳固,水压试验。

单位:片

编　号			8-1019	8-1020	8-1021
项　目			柱形		辐射对流
			落地安装	挂装	
预算基价	总　　价(元)		**10.80**	**14.15**	**8.44**
	人　工　费(元)		5.40	8.10	6.75
	材　料　费(元)		5.40	6.05	1.69
组成内容		单位	单价	数　量	
人工	综合工	工日	135.00	0.04	0.06	0.05
材料	散热器	片	—	(1.010)	(1.010)	(1.010)
	汽包对丝 DN38	个	1.30	1.81	1.81	—
	汽包丝堵 DN38	个	2.18	0.175	0.175	—
	汽包补芯 DN38	个	2.84	0.175	0.175	—
	汽包胶垫 δ3	个	0.44	2.352	2.352	—
	黑玛钢活接头 DN20	个	2.97	0.175	0.175	0.175
	垫圈 M2~8	个	0.03	0.240	—	—
	垫圈 DN20	个	0.04	0.175	0.175	0.175
	热轧扁钢 <59	kg	3.66	0.047	0.129	0.129
	圆钢 D5.5~10	kg	3.90	0.005	0.014	0.014
	膨胀螺栓 M8×100	套	0.70	0.240	0.606	0.606
	六角螺母 M8	个	0.12	0.240	—	—
	氧气	m³	2.88	0.001	0.004	0.004
	乙炔气	m³	16.13	0.001	0.002	0.002
	电焊条 E4303	kg	7.59	0.002	0.004	0.004
	硅酸盐水泥 42.5级	kg	0.41	0.03	0.04	0.04
	砂子	t	87.03	0.00016	0.00016	0.00016
	零星材料费	元	—	0.15	0.20	0.11

二、钢制闭式散热器安装

工作内容： 打墙眼、托架安装、散热器稳固、水压试验。

单位：片

编 号			8-1022	8-1023	8-1024	8-1025	8-1026
项 目			高×长（mm以内）				
			H200×2000	H300×1000 H400×1000	H300×2000 H400×2000	H500×1000 H600×1000	H500×2000 H600×2000
预算基价	总 价（元）		**483.52**	**339.52**	**498.41**	**344.94**	**501.14**
	人 工 费（元）		27.00	35.10	41.85	40.50	44.55
	材 料 费（元）		456.34	304.24	456.38	304.26	456.41
	机 械 费（元）		0.18	0.18	0.18	0.18	0.18
组 成 内 容		单位	单价	数 量			
人工	综合工	工日	135.00	0.20	0.26	0.31	0.30	0.33
材料	钢制闭式散热器	片	—	(1)	(1)	(1)	(1)	(1)
	散热器托架 D型	个	143.23	3.150	2.100	3.150	2.100	3.150
	膨胀螺栓 M10	套	1.53	3.090	2.060	3.090	2.060	3.090
	冲击钻头 D14	个	8.58	0.042	0.028	0.042	0.028	0.042
	电	kW·h	0.73	0.066	0.044	0.066	0.044	0.066
	水	m³	7.62	0.004	0.004	0.009	0.007	0.013
机械	试压泵 3MPa	台班	18.08	0.010	0.010	0.010	0.010	0.010

三、钢制板式散热器安装

工作内容：打墙眼、固定组件安装、散热器稳固、水压试验。

单位：组

编　　　号			8-1027	8-1028	8-1029	8-1030
项　　目			单板		双板	
			高×长(mm以内)			
			H600×1000	H600×2000	H600×1000	H600×2000
预算基价	总　　　价(元)		**36.26**	**46.94**	**51.23**	**63.25**
	人　工　费(元)		33.75	43.20	48.60	59.40
	材　料　费(元)		2.33	3.56	2.45	3.67
	机　械　费(元)		0.18	0.18	0.18	0.18
组　成　内　容	单位	单价	数　　　　量			
人工 综合工	工日	135.00	0.25	0.32	0.36	0.44
材料 钢制板式散热器	组	—	(1)	(1)	(1)	(1)
膨胀螺栓 M6	套	0.44	4.120	6.180	4.120	6.180
冲击钻头 D10	个	7.47	0.048	0.072	0.048	0.072
电	kW·h	0.73	0.064	0.096	0.064	0.096
水	m³	7.62	0.015	0.030	0.030	0.045
机械 试压泵 3MPa	台班	18.08	0.010	0.010	0.010	0.010

四、光排管散热器制作、安装

1.A型（2～4m）

工作内容：切管、焊接、组成、打眼栽钩、稳固、水压试验。

单位：10m

编　号			8-1031	8-1032	8-1033	8-1034	8-1035	8-1036
项　目			公称直径（mm以内）					
			50	65	80	100	125	150
预算基价	总　　　　价（元）		**387.31**	**496.62**	**523.58**	**682.84**	**872.47**	**1148.38**
	人　工　费（元）		297.00	379.35	379.35	488.70	633.15	734.40
	材　料　费（元）		49.78	64.73	83.43	119.83	157.50	292.38
	机　械　费（元）		40.53	52.54	60.80	74.31	81.82	121.60
组成内容		单位	单价	数　　量				
人工	综合工	工日	135.00	2.20	2.81	2.81	3.62	4.69	5.44
材料	焊接钢管	m	—	(10.3)	(10.3)	(10.3)	(10.3)	(10.3)	(10.3)
	焊接钢管 DN65	m	25.35	0.92	—	—	—	—	—
	焊接钢管 DN80	m	31.81	—	1.01	—	—	—	—
	焊接钢管 DN100	m	41.28	—	—	1.07	—	—	—
	焊接钢管 DN125	m	57.70	—	—	—	1.17	—	—
	焊接钢管 DN150	m	68.51	—	—	—	—	1.34	—
	普碳钢板 Q195～Q235 δ3.5～4.0	t	3945.80	0.00115	0.00146	0.00204	0.00335	0.00400	0.00713
	低碳钢管箍 DN15	个	1.17	2	2	2	2	2	2
	硅酸盐水泥 42.5级	kg	0.41	0.36	0.36	0.42	0.48	0.48	0.56
	汽包托钩	个	2.44	3.00	3.00	3.50	4.00	4.00	4.60
	砂子	t	87.03	0.003	0.003	0.003	0.003	0.003	0.003
	水	m³	7.62	0.05	0.08	0.12	0.19	0.30	0.45
	氧气	m³	2.88	0.62	0.81	0.93	1.14	1.46	1.77
	乙炔气	kg	14.66	0.21	0.27	0.31	0.38	0.48	0.59
	电焊条 E4303 D3.2	kg	7.59	0.87	1.30	1.55	2.14	3.14	4.44
	热轧一般无缝钢管 D219×6	m	140.36	—	—	—	—	—	1.42
机械	直流弧焊机 20kW	台班	75.06	0.54	0.70	0.81	0.99	1.09	1.62

2.A型（4.5～6m）

工作内容： 切管、焊接、组成、打眼栽钩、稳固、水压试验。

单位：10m

编 号						8-1037	8-1038	8-1039	8-1040	8-1041	8-1042
项 目						公称直径（mm以内）					
						50	65	80	100	125	150
预算基价	总 价（元）					**274.98**	**348.17**	**362.69**	**471.63**	**640.43**	**803.27**
	人 工 费（元）					217.35	275.40	275.40	352.35	498.15	557.55
	材 料 费（元）					34.36	42.75	52.01	76.50	95.74	175.91
	机 械 费（元）					23.27	30.02	35.28	42.78	46.54	69.81
组 成 内 容		单位	单价			数 量					
人工	综合工	工日	135.00			1.61	2.04	2.04	2.61	3.69	4.13
材料	焊接钢管	m	—			(10.3)	(10.3)	(10.3)	(10.3)	(10.3)	(10.3)
	焊接钢管 DN65	m	25.35			0.51	—	—	—	—	—
	焊接钢管 DN80	m	31.81			—	0.57	—	—	—	—
	焊接钢管 DN100	m	41.28			—	—	0.61	—	—	—
	焊接钢管 DN125	m	57.70			—	—	—	0.74	—	—
	焊接钢管 DN150	m	68.51			—	—	—	—	0.77	—
	普碳钢板 Q195～Q235 δ3.5～4.0	t	3945.80			0.00066	0.00083	0.00117	0.00191	0.00229	0.00407
	低碳钢管箍 DN20	个	1.58			2	2	2	2	2	2
	硅酸盐水泥 42.5级	kg	0.41			0.41	0.51	0.32	0.34	0.41	0.60
	汽包托钩	个	2.44			3.43	3.14	2.86	2.86	3.40	5.00
	砂子	t	87.03			0.003	0.003	0.003	0.003	0.003	0.003
	水	m³	7.62			0.04	0.09	0.11	0.18	0.25	0.41
	氧气	m³	2.88			0.35	0.46	0.53	0.65	0.83	1.01
	乙炔气	kg	14.66			0.12	0.16	0.18	0.22	0.28	0.34
	电焊条 E4303 D3.2	kg	7.59			0.50	0.75	0.88	1.22	1.80	2.54
	热轧一般无缝钢管 D219×6	m	140.36			—	—	—	—	—	0.81
机械	直流弧焊机 20kW	台班	75.06			0.31	0.40	0.47	0.57	0.62	0.93

3.B型（2～4m）

工作内容: 切管、焊接、组成、打眼栽钩、稳固、水压试验。

单位：10m

编　号			8-1043	8-1044	8-1045	8-1046	8-1047	8-1048
项　目			公称直径（mm以内）					
			50	65	80	100	125	150
预算基价	总　　　价（元）		**338.94**	**411.15**	**472.11**	**519.73**	**634.96**	**745.39**
	人　工　费（元）		247.05	307.80	348.30	379.35	476.55	549.45
	材　料　费（元）		49.86	56.06	62.26	71.32	81.10	99.86
	机　械　费（元）		42.03	47.29	61.55	69.06	77.31	96.08
组　成　内　容		单位	单价	数　　量				
人工	综合工	工日	135.00	1.83	2.28	2.58	2.81	3.53	4.07
材料	焊接钢管	m	—	(10.3)	(10.3)	(10.3)	(10.3)	(10.3)	(10.3)
	焊接钢管 DN40	m	14.72	1.26	1.26	1.26	1.26	1.26	1.26
	普碳钢板 Q195～Q235 δ3.5～4.0	t	3945.80	0.00088	0.00151	0.00189	0.00277	0.00410	0.00570
	低碳钢管箍 DN15	个	1.17	2.0	2.0	2.0	2.0	2.0	2.0
	硅酸盐水泥 42.5级	kg	0.41	0.36	0.36	0.42	0.48	0.48	0.56
	汽包托钩	个	2.44	3.0	3.0	3.5	4.0	4.0	4.7
	砂子	t	87.03	0.001	0.001	0.003	0.003	0.003	0.003
	水	m³	7.62	0.040	0.040	0.100	0.150	0.226	0.350
	氧气	m³	2.88	0.970	1.247	1.310	1.500	1.860	2.250
	乙炔气	kg	14.66	0.33	0.42	0.44	0.50	0.62	0.75
	电焊条 E4303 D3.2	kg	7.59	0.85	1.01	1.29	1.57	1.66	2.46
	砂轮片 D100	片	3.83	0.37	0.43	0.48	0.53	0.59	0.70
	镀锌钢丝 D2.8～4.0	kg	6.91	0.090	0.090	0.090	0.090	0.090	0.090
	破布	kg	5.07	0.28	0.31	0.31	0.35	0.39	0.43
	棉纱	kg	16.11	0.006	0.006	0.008	0.009	0.012	0.014
机械	直流弧焊机 20kW	台班	75.06	0.560	0.630	0.820	0.920	1.030	1.280

4.B型（4.5～6m）

工作内容： 切管、焊接、组成、打眼栽钩、稳固、水压试验。

单位：10m

编　号			8-1049	8-1050	8-1051	8-1052	8-1053	8-1054
项　目			公称直径（mm以内）					
			50	65	80	100	125	150
预算基价	总　　价（元）		**257.01**	**314.52**	**370.66**	**401.57**	**507.50**	**594.85**
	人　工　费（元）		193.05	241.65	283.50	302.40	390.15	449.55
	材　料　费（元）		34.69	39.09	42.12	47.75	57.30	70.24
	机　械　费（元）		29.27	33.78	45.04	51.42	60.05	75.06
组　成　内　容		单位	单价	数　　量				
人工	综合工	工日	135.00	1.43	1.79	2.10	2.24	2.89	3.33
材料	焊接钢管	m	—	(10.3)	(10.3)	(10.3)	(10.3)	(10.3)	(10.3)
	焊接钢管 DN40	m	14.72	0.70	0.70	0.70	0.70	0.70	0.70
	普碳钢板 Q195～Q235 δ3.5～4.0	t	3945.80	0.00051	0.00086	0.00108	0.00158	0.00234	0.00326
	低碳钢管箍 DN20	个	1.58	1.1	1.1	1.1	1.1	1.1	1.1
	硅酸盐水泥 42.5级	kg	0.41	0.43	0.43	0.43	0.43	0.41	0.60
	汽包托钩	个	2.44	3.4	3.4	3.4	3.4	4.0	5.0
	砂子	t	87.03	0.001	0.001	0.001	0.001	0.003	0.003
	水	m³	7.62	0.040	0.070	0.080	0.150	0.226	0.350
	氧气	m³	2.88	0.560	0.710	0.750	0.860	1.100	1.290
	乙炔气	kg	14.66	0.19	0.24	0.25	0.29	0.36	0.43
	电焊条 E4303 D3.2	kg	7.59	0.59	0.72	0.96	1.19	1.48	1.97
	砂轮片 D100	片	3.83	0.25	0.35	0.35	0.39	0.44	0.53
	镀锌钢丝 D2.8～4.0	kg	6.91	0.083	0.083	0.083	0.086	0.086	0.088
	破布	kg	5.07	0.25	0.30	0.30	0.35	0.39	0.42
	棉纱	kg	16.11	0.006	0.006	0.006	0.009	0.011	0.014
机械	直流弧焊机 20kW	台班	75.06	0.390	0.450	0.600	0.685	0.800	1.000

219

五、钢制壁式散热器安装

工作内容： 预埋螺栓、汽包及钩架安装、稳固。

单位：组

编　号			8-1055	8-1056
项　　目			质量(kg)	
			15以内	15以外
预算基价	总　　价(元)		**45.58**	**56.38**
	人　工　费(元)		35.10	45.90
	材　料　费(元)		10.48	10.48
组　成　内　容	单位	单价	数　　　量	
人工	综合工	工日	135.00	0.26
材料	钢制壁式散热器	组	—	(1)
	汽包托钩	个	2.44	4
	硅酸盐水泥 42.5级	kg	0.41	0.57
	砂子	t	87.03	0.003
	铅油	kg	11.17	0.01
	线麻	kg	11.36	0.01

六、钢柱式散热器安装

工作内容：打墙眼、托钩安装、散热器稳固、水压试验。

单位：组

编 号				8-1057	8-1058	8-1059	8-1060	8-1061	8-1062	8-1063	8-1064
项 目				散热器高度600mm以内				散热器高度1000mm以内			
				单组片数（片以内）							
				10	15	25	35	10	15	25	35
预算基价	总 价（元）			**35.75**	**62.52**	**84.76**	**113.51**	**38.54**	**67.15**	**93.09**	**124.66**
	人 工 费（元）			27.00	48.60	72.90	95.85	29.70	55.35	81.00	106.65
	材 料 费（元）			8.57	13.74	11.68	17.48	8.66	11.62	11.91	17.83
	机 械 费（元）			0.18	0.18	0.18	0.18	0.18	0.18	0.18	0.18
组 成 内 容		单位	单价	数 量							
人工	综合工	工日	135.00	0.20	0.36	0.54	0.71	0.22	0.41	0.60	0.79
材料	钢制柱式散热器	组	—	(1)	(1)	(1)	(1)	(1)	(1)	(1)	(1)
	汽包托钩	个	2.44	3.15	4.20	4.20	6.30	3.15	4.20	4.20	6.30
	冲击钻头 $D20$	个	10.28	0.063	0.084	0.084	0.126	0.063	0.084	0.084	0.126
	电	kW·h	0.73	0.120	0.160	0.160	0.240	0.120	0.160	0.160	0.240
	水	m³	7.62	0.020	0.330	0.059	0.084	0.031	0.051	0.090	0.129
机械	试压泵 3MPa	台班	18.08	0.010	0.010	0.010	0.010	0.010	0.010	0.010	0.010

工作内容：打墙眼、托钩安装、散热器稳固、水压试验。

单位：组

编 号				8-1065	8-1066	8-1067	8-1068
项 目				散热器高度1500mm以内		散热器高度2000mm以内	
				单组片数（片以内）			
				10	15	10	15
预算基价	总 价(元)			**54.94**	**91.59**	**64.49**	**107.96**
	人 工 费(元)			43.20	79.65	52.65	95.85
	材 料 费(元)			11.56	11.76	11.66	11.93
	机 械 费(元)			0.18	0.18	0.18	0.18
组 成 内 容		单位	单价	数 量			
人工	综合工	工日	135.00	0.32	0.59	0.39	0.71
材料	钢制柱式散热器	组	—	(1)	(1)	(1)	(1)
	汽包托钩	个	2.44	4.20	4.20	4.20	4.20
	冲击钻头 D20	个	10.28	0.084	0.084	0.084	0.084
	电	kW·h	0.73	0.160	0.160	0.160	0.160
	水	m³	7.62	0.043	0.070	0.056	0.092
机械	试压泵 3MPa	台班	18.08	0.010	0.010	0.010	0.010

七、暖 风 机

工作内容：吊装、稳固、试运转。

单位：台

编　号				8-1069	8-1070	8-1071	8-1072	8-1073	8-1074	8-1075	8-1076
项　目				质量（kg以内）							
				50	100	150	200	500	1000	1500	2000
预算基价	总　　　　价（元）			**250.21**	**266.41**	**342.01**	**514.81**	**653.52**	**936.75**	**1262.91**	**1478.09**
	人　工　费（元）			234.90	251.10	326.70	499.50	579.15	816.75	1121.85	1274.40
	材　料　费（元）			15.31	15.31	15.31	15.31	16.26	45.10	45.10	76.85
	机　械　费（元）			—	—	—	—	58.11	74.90	95.96	126.84
组 成 内 容		单位	单价	数　　　量							
人工	综合工	工日	135.00	1.74	1.86	2.42	3.70	4.29	6.05	8.31	9.44
材料	暖风机	台	—	(1)	(1)	(1)	(1)	(1)	(1)	(1)	(1)
	低碳钢管箍 DN50	个	5.92	2	2	2	2	2	2	2	2
	六角带帽螺栓 M12×（14～75）	套	0.77	4.12	4.12	4.12	4.12	—	—	—	—
	六角带帽螺栓 M14×（14～75）	套	1.00	—	—	—	—	4.12	—	—	—
	六角带帽螺栓 M27×（120～140）	套	8.00	—	—	—	—	—	4.12	4.12	—
	六角带帽螺栓 M30×（130～160）	套	15.69	—	—	—	—	—	—	—	4.12
	机油	kg	7.21	0.01	0.01	0.01	0.01	0.01	0.01	0.01	0.02
	铅油	kg	11.17	0.01	0.01	0.01	0.01	0.01	0.01	0.01	0.01
	线麻	kg	11.36	0.01	0.01	0.01	0.01	0.01	0.01	0.01	0.01
机械	载货汽车 5t	台班	443.55	—	—	—	—	0.015	0.025	0.040	0.040
	卷扬机 单筒慢速 30kN	台班	205.84	—	—	—	—	0.25	0.31	0.38	0.53

八、热 空 气 幕

工作内容：安装、稳固、试运转。

单位：台

编 号				8-1077	8-1078	8-1079
项 目				RML/W-1×8/4	RML/W-1×12/4	RML/W-1×15/4
				质量(kg)		
				150以内	150~200	200以外
预算基价	总 价(元)			**501.75**	**504.40**	**507.05**
	人 工 费(元)			460.35	460.35	460.35
	材 料 费(元)			41.40	44.05	46.70
组 成 内 容		单位	单价	数 量		
人工	综合工	工日	135.00	3.41	3.41	3.41
材料	热空气幕	台	—	(1)	(1)	(1)
	普碳钢板 Q195~Q235 δ0.7~0.9	t	4087.34	0.00036	0.00040	0.00044
	六角带帽螺栓 M12×(14~75)	套	0.66	10	10	10
	钢丝 D4.0	kg	7.08	1.1	1.4	1.7
	机油	kg	7.21	0.75	0.80	0.85
	棉纱	kg	16.11	1.25	1.25	1.25

九、板式换热器

工作内容： 安装、稳固、试运转。

单位：台

编 号				8-1080	8-1081	8-1082	8-1083	8-1084	8-1085
项 目				换热面积（m²）					
				10	20	50	100	200	300
预算基价	总 价（元）			**2213.62**	**3006.03**	**3333.51**	**4131.68**	**5412.01**	**6518.12**
	人 工 费（元）			1188.00	1822.50	1957.50	2497.50	2936.25	3645.00
	材 料 费（元）			449.29	469.11	494.52	546.73	674.45	835.82
	机 械 费（元）			576.33	714.42	881.49	1087.45	1801.31	2037.30
组 成 内 容		单位	单价	数 量					
人工	综合工	工日	135.00	8.80	13.50	14.50	18.50	21.75	27.00
材料	型钢	t	3699.72	0.008	0.009	0.010	0.011	0.012	0.013
	普碳钢板 δ8～20	t	3684.69	0.05460	0.05660	0.05910	0.06430	0.07200	0.07970
	平垫铁（综合）	kg	7.42	8	8	8	8	12	16
	斜垫铁（综合）	kg	10.34	4	4	4	4	6	8
	石棉橡胶板 低压 δ0.8～6.0	kg	19.35	1.50	1.60	1.80	2.50	4.00	6.00
	精制六角带帽螺栓 M12×75以内	套	1.04	4.12	4.12	4.12	—	—	—
	精制六角带帽螺栓 M16×（61～80）	套	1.35	—	—	—	8.24	10.30	12.36
	道木 250×200×2500	根	452.90	0.06	0.07	0.08	0.09	0.10	0.11
	电焊条 E5015 D3.2	kg	9.17	1.22	1.32	1.42	1.52	2.00	2.50
	氧气	m³	2.88	4.83	4.95	5.28	5.55	6.00	9.00
	乙炔气	kg	14.66	2.123	2.178	2.321	2.442	2.640	3.960
	机油	kg	7.21	0.15	0.18	0.20	0.22	0.24	0.26
	垫圈 M16	个	0.10	—	—	—	8.24	10.30	12.36
机械	交流弧焊机 32kV·A	台班	87.97	0.50	0.50	0.75	1.75	2.50	2.75
	汽车式起重机 8t	台班	767.15	0.36	0.54	0.72	0.72	1.40	1.65
	电动空气压缩机 3m³	台班	123.57	0.25	0.25	0.30	0.40	0.50	0.60
	试压泵 3MPa	台班	18.08	1.00	1.00	1.00	1.00	1.50	2.00
	卷扬机 单筒慢速 30kN	台班	205.84	1.00	1.00	1.00	1.50	2.00	2.00
	电焊条烘干箱 600×500×750	台班	27.16	0.05	0.05	0.08	0.18	0.25	0.28

十、太阳能集热器

工作内容： 预埋件及支架制作、安装，吊装，稳固，找正。

单位：台

	编　号			8-1086	8-1087	8-1088	8-1089	8-1090
	项　　目			单元质量（kg以内）				
				140	200	250	300	300以外
预算基价	总　　价（元）			**222.23**	**313.24**	**515.74**	**560.85**	**657.92**
	人　工　费（元）			159.30	224.10	349.65	392.85	463.05
	材　料　费（元）			54.82	81.03	142.02	142.02	168.89
	机　械　费（元）			8.11	8.11	24.07	25.98	25.98
组　成　内　容		单位	单价	数　　　量				
人工	综合工	工日	135.00	1.18	1.66	2.59	2.91	3.43
材料	热轧角钢	t	3685.48	0.00389	0.01100	0.02755	0.02755	0.03484
	圆钢	t	3875.42	0.00263	0.00263	0.00263	0.00263	0.00263
	普碳钢板	t	3696.76	0.00494	0.00494	0.00494	0.00494	0.00494
	精制六角带帽螺栓 M12×75以内	套	1.04	4.12	4.12	4.12	4.12	4.12
	电焊条 E4303	kg	7.59	0.38	0.38	0.38	0.38	0.38
	氧气	m³	2.88	0.62	0.62	0.62	0.62	0.62
	乙炔气	kg	14.66	0.21	0.21	0.21	0.21	0.21
机械	直流弧焊机 20kW	台班	75.06	0.108	0.108	0.108	0.108	0.108
	载货汽车 5t	台班	443.55	—	—	0.036	0.036	0.036
	卷扬机 单筒慢速 50kN	台班	211.29	—	—	—	0.009	0.009

十一、地板辐射采暖

1.塑料管道敷设

工作内容：定位、画线、切管、调直、撖弯、管道固定、隐蔽充压、冲洗及水压试验。

单位：10m

编　号			8-1091	8-1092	8-1093
项　目			外径(mm以内)		
			16	20	25
预算基价	总　　价(元)		**49.32**	**60.99**	**72.29**
	人　工　费(元)		25.65	25.65	27.00
	材　料　费(元)		23.63	35.30	45.25
	机　械　费(元)		0.04	0.04	0.04
组　成　内　容		单位	单价	数　　量	
人工	综合工	工日	135.00	0.19	0.19	0.20
材料	塑料管	m	—	(10.200)	(10.200)	(10.200)
	柔性塑料套管 *DN*20	m	3.66	0.204	—	—
	柔性塑料套管 *DN*25	m	5.49	—	0.204	—
	柔性塑料套管 *DN*32	m	7.32	—	—	0.204
	塑料卡钉 *DN*16	个	0.87	26.250	—	—
	塑料卡钉 *DN*20	个	1.30	—	26.250	—
	塑料卡钉 *DN*25	个	1.73	—	—	25.250
	锯条	根	0.42	0.024	0.030	0.037
	水	m³	7.62	0.005	0.006	0.008
机械	试压泵 3MPa	台班	18.08	0.002	0.002	0.002

2.保温隔热层敷设

工作内容：基层清理、下料切割、铺装、边缝填补。

编　号			8-1094	8-1095	8-1096	8-1097
项　目			保护层（铝箔） （10m²）	隔热板 （10m²）	边界保温带 （10m）	钢丝网 （10m²）
预算基价	总　　价（元）		**178.00**	**211.42**	**90.16**	**167.44**
	人　工　费（元）		18.90	31.05	6.75	33.75
	材　料　费（元）		159.10	180.37	83.41	133.69
组　成　内　容	单位	单价	数　　　量			
人工 综合工	工日	135.00	0.14	0.23	0.05	0.25
铝箔	m²	12.80	10.300	—	—	—
聚苯乙烯泡沫板 δ30	m²	17.31	—	10.300	—	—
聚苯乙烯条 10×180	m	6.06	—	—	10.500	—
镀锌钢丝网 D3×50×50	m²	12.98	—	—	—	10.300
胶粘剂	kg	18.17	1.500	—	—	—
塑料薄膜	m²	1.90	—	1.093	—	—
低温密封膏	kg	19.49	—	—	1.015	—

3.地源热泵机组安装

工作内容: 基础验收、开箱检查、设备及附件就位、固定、垫铁焊接、单机试运转。

单位:台

编 号			8-1098	8-1099	8-1100	8-1101	8-1102	8-1103
项 目			设备质量(t以内)					
			1	3	5	8	10	15
预算基价	总 价(元)		**1813.51**	**3427.19**	**5195.23**	**7491.68**	**8939.84**	**11431.54**
	人 工 费(元)		1282.50	2481.30	3940.65	5741.55	6484.05	8101.35
	材 料 费(元)		225.28	443.75	638.51	897.87	1312.81	1828.61
	机 械 费(元)		305.73	502.14	616.07	852.26	1142.98	1501.58
组 成 内 容		单位	单价	数 量				
人工	综合工	工日	135.00	9.50	18.38	29.19	42.53	48.03	60.01
材料	平垫铁 (综合)	kg	7.42	5.080	8.130	12.260	15.490	31.500	47.250
	斜垫铁 (综合)	kg	10.34	5.100	8.160	12.610	16.050	25.470	45.710
	电焊条 E4303 D3.2	kg	7.59	0.410	0.720	0.800	1.050	1.680	2.100
	木材 方木	m³	2716.33	0.009	0.016	0.030	0.035	0.038	0.044
	道木	m³	3660.04	0.010	0.030	0.040	0.062	0.070	0.077
	煤油	kg	7.49	1.73	3.15	4.18	5.88	10.50	15.75
	机油	kg	7.21	0.98	1.48	1.97	2.80	3.03	3.54
	汽油	kg	7.74	0.153	0.408	0.550	0.920	3.060	4.570
	黄干油	kg	15.77	0.41	0.72	1.00	1.87	2.02	2.22
	氧气	m³	2.88	0.36	0.69	0.81	1.53	6.12	9.18
	乙炔气	kg	14.66	0.12	0.23	0.27	0.51	2.04	3.06
	石棉橡胶板 δ3~6	kg	15.68	1.860	4.615	6.000	9.000	12.000	15.000
	镀锌钢丝 D2.8~4.0	kg	6.91	1.60	2.00	2.50	4.80	7.50	9.80
机械	载货汽车 5t	台班	443.55	0.400	0.440	0.500	0.600	0.830	1.080
	吊装机械 (综合)	台班	664.97	0.171	0.423	0.550	0.825	1.075	1.425
	直流弧焊机 30kW	台班	92.43	0.158	0.278	0.309	0.406	0.649	0.811

4．采暖分户箱安装

工作内容：预留孔洞、找正、安装、抹水泥砂浆、封堵洞口。

单位：台

编 号			8-1104	8-1105	8-1106
项 目			半周长（m以内）		
			0.8	1.0	1.5
预算基价	总 价（元）		**55.73**	**68.66**	**77.90**
	人 工 费（元）		40.50	45.90	51.30
	材 料 费（元）		15.23	22.76	26.60
组 成 内 容	单位	单价	数 量		
人工 综合工	工日	135.00	0.30	0.34	0.38
材料 采暖分户箱	台	—	(1.00)	(1.00)	(1.00)
冲击钻头 D10	个	7.47	0.16	0.16	0.16
膨胀螺栓 M6	套	0.44	4.20	4.20	4.20
棉纱	kg	16.11	0.10	0.13	0.15
湿拌砌筑砂浆 M10	m³	352.38	0.03	0.05	0.06

十二、热量表

1.热水采暖入口热量表组成、安装（螺纹连接）

工作内容： 切管、套丝、组对、制垫、加垫,成套热量表、过滤器、阀门、压力表、温度计等附件安装,循环管安装及其压力试验、水冲洗。　　　　　　　　　　　　**单位：组**

编　号				8-1107	8-1108
项　目				入口管道公称直径(mm)	
				32	40
预算基价	总　　　价(元)			**817.76**	**899.55**
	人　工　费(元)			403.65	438.75
	材　料　费(元)			385.31	430.34
	机　械　费(元)			28.80	30.46
组成内容		单位	单价	数　量	
人工	综合工	工日	135.00	2.99	3.25
材料	螺纹热量表	套	—	(1.000)	(1.000)
	过滤器	个	—	(2.000)	(2.000)
	螺纹闸阀 Z15T-10K DN32	个	25.83	4.040	—
	螺纹闸阀 Z15T-10K DN40	个	34.17	—	4.040
	螺纹截止阀 J11T-16 DN15	个	12.12	5.050	5.050
	螺纹截止阀 J11T-16 DN25	个	20.30	1.010	1.010
	压力表 0~2.5MPa DN50(带表弯)	个	21.63	4.040	4.040
	温度计 0~120℃	套	18.18	2.020	2.020
	黑玛钢管箍 DN15	个	0.67	4.040	4.040
	黑玛钢弯头 DN25	个	1.57	2.020	2.020
	黑玛钢活接头 DN25	个	4.32	2.020	1.010
	黑玛钢六角外丝 DN25	个	1.84	1.010	1.010
	黑玛钢三通 DN32	个	3.65	2.020	—
	黑玛钢管箍 DN32	个	1.78	2.020	—
	黑玛钢活接头 DN32	个	5.63	1.010	1.010
	黑玛钢六角外丝 DN32	个	2.64	2.020	1.010
	黑玛钢三通 DN40	个	4.41	—	2.020
	黑玛钢管箍 DN40	个	2.26	—	2.020
	黑玛钢活接头 DN40	个	7.64	—	1.010

单位：组

编号				8-1107	8-1108
项目				入口管道直径(mm)	
				32	40
组成内容		单位	单价	数量	
材料	黑玛钢六角外丝 *DN*40	个	3.24	—	2.020
	焊接钢管 *DN*15	m	4.84	0.900	0.900
	焊接钢管 *DN*25	m	9.32	1.250	1.270
	尼龙砂轮片 *D*400	片	15.64	0.128	0.147
	尼龙砂轮片 *D*100×16×3	片	3.92	0.704	0.704
	石棉橡胶板 低压 δ0.8～6.0	kg	19.35	0.025	0.029
	氧气	m^3	2.88	0.545	0.573
	乙炔气	kg	14.66	0.191	0.202
	低碳钢焊条 J422 *D*3.2	kg	3.60	0.412	0.412
	机油	kg	7.21	0.221	0.264
	铅油	kg	11.17	0.156	0.175
	线麻	kg	11.36	0.015	0.018
	电	kW·h	0.73	1.086	1.086
	热轧厚钢板 δ12～20	kg	5.04	0.170	0.197
	热轧一般无缝钢管 *D*22×2	m	5.15	0.012	0.012
	输水软管 *D*25	m	6.02	0.024	0.024
	螺纹阀门 *DN*15	个	15.28	0.024	0.024
	六角螺栓	kg	8.39	0.288	0.300
	压力表弯管 *DN*15	个	11.36	0.024	0.024
	弹簧压力表 0～1.6MPa	块	48.67	0.024	0.024
机械	砂轮切割机 *D*400	台班	32.78	0.039	0.044
	管子切断套丝机 *D*159	台班	21.98	0.326	0.394
	电焊机（综合）	台班	74.17	0.242	0.242
	电焊条烘干箱 600×500×750	台班	27.16	0.024	0.024
	电焊条恒温箱 600×500×750	台班	55.04	0.024	0.024
	试压泵 3MPa	台班	18.08	0.024	0.024

2.热水采暖入口热量表组成、安装（法兰连接）

工作内容： 切管、焊接、制垫、加垫、组对,成套热量表、过滤器、阀门、压力表、温度计等附件安装,循环管安装及其压力试验、水冲洗。

单位：组

编　号			8-1109	8-1110	8-1111	8-1112
项　目			入口管道公称直径(mm)			
			50	65	80	100
预算基价	总　　价(元)		**1998.01**	**2453.70**	**2884.18**	**3449.92**
	人　工　费(元)		643.95	766.80	905.85	1077.30
	材　料　费(元)		1284.89	1596.41	1886.91	2259.88
	机　械　费(元)		69.17	90.49	91.42	112.74
组　成　内　容		单位	单价	数　　量		
人工	综合工	工日	135.00	4.77	5.68	6.71	7.98
材料	法兰热量表	套	—	(1.000)	(1.000)	(1.000)	(1.000)
	过滤器	个	—	(2.000)	(2.000)	(2.000)	(2.000)
	法兰闸阀 Z45T-10 *DN*50	个	120.42	4.000	—	—	—
	法兰闸阀 Z45T-10 *DN*65	个	158.86	—	4.000	—	—
	法兰闸阀 Z45T-10 *DN*80	个	195.82	—	—	4.000	—
	法兰闸阀 Z45T-10 *DN*100	个	240.73	—	—	—	4.000
	螺纹截止阀 J11T-16 *DN*15	个	12.12	5.050	5.050	5.050	5.050
	法兰截止阀 J41T-16 *DN*25	个	45.14	1.000	1.000	1.000	1.000
	平焊法兰 1.6MPa *DN*25	个	11.73	2.000	2.000	2.000	2.000
	平焊法兰 1.6MPa *DN*40	个	17.18	4.000	—	—	—
	平焊法兰 1.6MPa *DN*50	个	22.98	12.000	4.000	4.000	4.000
	平焊法兰 1.6MPa *DN*65	个	32.70	—	12.000	—	—
	平焊法兰 1.6MPa *DN*80	个	36.56	—	—	12.000	—
	平焊法兰 1.6MPa *DN*100	个	48.19	—	—	—	12.000
	压制异径管 *DN*50	个	3.33	2.000	—	—	—
	压制异径管 *DN*65	个	4.44	—	2.000	—	—
	压制异径管 *DN*80	个	4.44	—	—	2.000	—
	压制异径管 *DN*100	个	5.55	—	—	—	2.000
	压力表 0~2.5MPa *DN*50(带表弯)	个	21.63	4.040	4.040	4.040	4.040
	温度计 0~120℃	套	18.18	2.020	2.020	2.020	2.020
	焊接钢管 *DN*15	m	4.84	0.900	0.900	0.900	0.900
	焊接钢管 *DN*25	m	9.32	1.300	1.360	1.380	1.420
	黑玛钢管箍 *DN*15	个	0.67	4.040	4.040	4.040	4.040
	石棉橡胶板 低压 δ0.8~6.0	kg	19.35	0.886	1.195	1.674	2.177
	六角螺栓带螺母、垫圈 M12×(14~75)	套	1.51	8.240	8.240	8.240	8.240

续前

编　　号			8-1109	8-1110	8-1111	8-1112
项　　目			入口管道公称直径(mm)			
			50	65	80	100
组 成 内 容	单位	单价	数　　量			
六角螺栓带螺母、垫圈 M16×（65～80）	套	1.38	65.920	65.920	115.360	16.480
六角螺栓带螺母、垫圈 M16×（85～140）	套	1.64	—	—	—	98.880
氧气	m³	2.88	1.233	1.371	2.337	2.631
乙炔气	kg	14.66	0.411	0.457	0.779	0.877
碳钢气焊条 D2以内	kg	15.58	0.252	0.252	0.252	0.252
低碳钢焊条 J422 D3.2	kg	3.60	0.937	1.705	2.906	3.304
尼龙砂轮片 D100×16×3	片	3.92	0.559	0.772	0.858	0.993
水	m³	7.62	0.716	0.922	1.234	1.988
机油	kg	7.21	0.772	0.772	0.801	0.981
破布	kg	5.07	0.218	0.278	0.326	0.326
砂纸	张	0.87	1.568	1.968	2.316	2.616
锯条	根	0.42	0.715	0.715	0.715	0.715
尼龙砂轮片 D400	片	15.64	0.248	0.252	0.282	0.341
电	kW·h	0.73	0.379	0.511	0.569	0.678
铅油	kg	11.17	0.112	0.112	0.112	0.112
线麻	kg	11.36	0.091	0.091	0.091	0.091
白铅油	kg	8.16	0.320	0.440	0.560	0.500
清油	kg	15.06	0.080	0.080	0.140	0.140
热轧厚钢板 δ12～20	kg	5.04	0.640	0.810	0.950	1.372
热轧一般无缝钢管 D22×2	m	5.15	0.032	0.032	0.032	0.038
输水软管 D25	m	6.02	0.064	0.064	0.064	0.076
螺纹阀门 DN15	个	15.28	0.064	0.064	0.064	0.076
六角螺栓	kg	8.39	0.800	0.832	0.864	0.928
压力表弯管 DN15	个	11.36	0.064	0.064	0.064	0.076
弹簧压力表 0～1.6MPa	块	48.67	0.064	0.064	0.064	0.076
管子切断套丝机 D159	台班	21.98	0.034	0.034	0.034	0.034
弯管机 D108	台班	78.53	0.031	0.031	0.031	0.031
砂轮切割机 D400	台班	32.78	0.042	0.058	0.064	0.076
电焊机（综合）	台班	74.17	0.768	1.015	1.015	1.275
电焊条烘干箱 600×500×750	台班	27.16	0.079	0.102	0.111	0.127
电焊条恒温箱 600×500×750	台班	55.04	0.079	0.102	0.111	0.127
试压泵 3MPa	台班	18.08	0.064	0.096	0.096	0.114

234

3.户用热量表组成、安装(螺纹连接)

工作内容：切管、套丝、制垫、加垫,阀门、成套热量表安装,配合调试、水压试验。

单位：组

	编 号			8-1113	8-1114	8-1115	8-1116	8-1117
	项 目			公称直径(mm以内)				
				15	20	25	32	40
预算基价	总 价(元)			**155.51**	**193.77**	**250.98**	**308.02**	**372.23**
	人 工 费(元)			87.75	94.50	114.75	141.75	174.15
	材 料 费(元)			65.03	95.96	131.44	160.25	190.93
	机 械 费(元)			2.73	3.31	4.79	6.02	7.15
	组 成 内 容	单位	单价	数 量				
人工	综合工	工日	135.00	0.65	0.70	0.85	1.05	1.29
材料	螺纹热量表	套	—	(1.000)	(1.000)	(1.000)	(1.000)	(1.000)
	Y型过滤器	个	—	(1.000)	(1.000)	(1.000)	(1.000)	(1.000)
	螺纹阀门 $DN15$	个	15.28	3.048	0.018	0.018	0.018	0.018
	螺纹阀门 $DN20$	个	22.72	—	3.030	—	—	—
	螺纹阀门 $DN25$	个	30.90	—	—	3.030	—	—
	螺纹阀门 $DN32$	个	35.78	—	—	—	3.030	—
	螺纹阀门 $DN40$	个	41.81	—	—	—	—	3.030
	黑玛钢活接头 $DN15$	个	2.23	2.020	—	—	—	—
	黑玛钢活接头 $DN20$	个	2.97	—	2.020	—	—	—
	黑玛钢活接头 $DN25$	个	4.32	—	—	2.020	—	—
	黑玛钢活接头 $DN32$	个	5.63	—	—	—	2.020	—
	黑玛钢活接头 $DN40$	个	7.64	—	—	—	—	2.020
	黑玛钢管箍 $DN15$	个	0.67	2.020	—	—	—	—
	黑玛钢管箍 $DN20$	个	0.89	—	2.020	—	—	—
	黑玛钢管箍 $DN25$	个	1.23	—	—	2.020	—	—
料	黑玛钢管箍 $DN32$	个	1.78	—	—	—	2.020	—
	黑玛钢管箍 $DN40$	个	2.26	—	—	—	—	2.020
	黑玛钢三通 $DN15$	个	0.83	2.020	—	—	—	—
	黑玛钢三通 $DN20$	个	1.49	—	2.020	—	—	—
	黑玛钢三通 $DN25$	个	2.33	—	—	2.020	—	—

续前

单位：组

编　　号			8-1113	8-1114	8-1115	8-1116	8-1117
项　　目			公称直径（mm以内）				
			15	20	25	32	40
组　成　内　容	单位	单价	数　　量				
黑玛钢三通 DN32	个	3.65	—	—	—	2.020	—
黑玛钢三通 DN40	个	4.41	—	—	—	—	2.020
黑玛钢六角外丝 DN15	个	0.49	5.050	—	—	—	—
黑玛钢六角外丝 DN20	个	1.15	—	5.050	—	—	—
黑玛钢六角外丝 DN25	个	1.84	—	—	5.050	—	—
黑玛钢六角外丝 DN32	个	2.64	—	—	—	5.050	—
黑玛钢六角外丝 DN40	个	3.24	—	—	—	—	5.050
石棉橡胶板 低压 δ0.8～6.0	kg	19.35	0.008	0.010	0.012	0.015	0.018
聚四氟乙烯生料带 δ20	m	1.15	3.391	4.522	5.652	7.235	9.043
锯条	根	0.42	0.379	0.384	0.396	0.418	0.446
尼龙砂轮片 D400	片	15.64	0.021	0.025	0.057	0.072	0.084
机油	kg	7.21	0.033	0.043	0.052	0.067	0.084
水	m³	7.62	0.001	0.001	0.001	0.001	0.001
氧气	m³	2.88	0.111	0.120	0.126	0.135	0.144
乙炔气	kg	14.66	0.037	0.040	0.042	0.045	0.048
低碳钢焊条 J422 D3.2	kg	3.60	0.115	0.139	0.158	0.208	0.237
热轧厚钢板 δ12～20	kg	5.04	0.064	0.077	0.093	0.128	0.148
热轧一般无缝钢管 D22×2	m	5.15	0.009	0.009	0.009	0.009	0.009
输水软管 D25	m	6.02	0.018	0.018	0.018	0.018	0.018
六角螺栓	kg	8.39	0.099	0.108	0.108	0.216	0.225
压力表弯管 DN15	个	11.36	0.018	0.018	0.018	0.018	0.018
弹簧压力表 0～1.6MPa	块	48.67	0.018	0.018	0.018	0.018	0.018
砂轮切割机 D400	台班	32.78	0.005	0.007	0.018	0.024	0.026
管子切断套丝机 D159	台班	21.98	0.031	0.041	0.082	0.105	0.130
电焊机（综合）	台班	74.17	0.021	0.025	0.028	0.035	0.042
试压泵 3MPa	台班	18.08	0.018	0.018	0.018	0.018	0.018

材料（材/料）　机械（机/械）

十三、热媒集配装置安装
1.不带箱热媒集配装置安装

工作内容： 外观检查,固定支架、分集水器安装,与分支管连接,水压试验。

单位：组

编　号				8-1118	8-1119	8-1120	8-1121
项　目				分支管（环路以内）			
				2	4	6	8
预算基价	总　　价(元)			**33.32**	**49.55**	**60.39**	**73.93**
	人　工　费(元)			31.05	47.25	58.05	71.55
	材　料　费(元)			2.27	2.30	2.34	2.38
组　成　内　容		单位	单价	数　　量			
人工	综合工	工日	135.00	0.23	0.35	0.43	0.53
材料	分集水器（不带箱）	组	—	(1.000)	(1.000)	(1.000)	(1.000)
	膨胀螺栓 M6	套	0.44	4.120	4.120	4.120	4.120
	冲击钻头 $D10$	个	7.47	0.048	0.048	0.048	0.048
	锯条	根	0.42	0.060	0.104	0.164	0.224
	铁砂布 $0^{\#} \sim 2^{\#}$	张	1.15	0.007	0.012	0.019	0.026
	电	kW•h	0.73	0.064	0.064	0.064	0.064
	水	m^3	7.62	0.002	0.003	0.004	0.005

2.带箱热媒集配装置安装

工作内容： 外观检查,箱体、固定支架、分集水器安装,箱体周边缝隙填堵,与分支管连接,水压试验。

单位：组

编 号				8-1122	8-1123	8-1124	8-1125
项 目				分支管（环路以内）			
				2	4	6	8
预算基价	总 价（元）			**45.73**	**69.25**	**83.33**	**101.46**
	人 工 费（元）			33.75	54.00	64.80	79.65
	材 料 费（元）			11.98	15.25	18.53	21.81
组 成 内 容		单位	单价	数 量			
人工	综合工	工日	135.00	0.25	0.40	0.48	0.59
材料	分集水器（带箱）	组	—	(1.000)	(1.000)	(1.000)	(1.000)
	膨胀螺栓 M6	套	0.44	4.120	4.120	4.120	4.120
	水泥砂浆 1:2.5	m³	323.89	0.030	0.040	0.050	0.060
	冲击钻头 D10	个	7.47	0.048	0.048	0.048	0.048
	电	kW·h	0.73	0.064	0.064	0.064	0.064
	锯条	根	0.42	0.060	0.104	0.164	0.224
	铁砂布 0#～2#	张	1.15	0.007	0.012	0.019	0.026
	水	m³	7.62	0.002	0.003	0.004	0.005

3.地源热泵用集、分水器安装

工作内容：集分水器固定，安装。

单位：个

编　号				8-1126	8-1127
项　目				DN200以内	DN325以内
预算基价	总　价(元)			**54.15**	**73.81**
	人　工　费(元)			52.65	71.55
	机　械　费(元)			1.50	2.26
组　成　内　容		单位	单价	数　量	
人工	综合工	工日	135.00	0.39	0.53
材料	PE集分水器	个	—	(1.000)	(1.000)
机械	试压泵 3MPa	台班	18.08	0.083	0.125

239

第六章　燃气管道、附件、器具安装

说　　明

一、本章适用范围：各种燃气器具的安装。

二、燃气管道界线划分：

1. 地下引入室内的管道,以室内第一个阀门为界。

2. 地上引入室内的管道以墙外三通为界。

3. 室外管道包括生活用庭院管网与市政管道,以两者的碰头为界。

三、阀门安装,按本册基价相应项目另计。

四、法兰安装,按本册基价相应项目另计(调长器安装、调长器与阀门连接、燃气计量表安装除外)。

五、燃气加热器具只包括器具与燃气管终端阀门连接,其他执行相应基价。

工程量计算规则

一、镀锌钢管、不锈钢管、钢管、承插燃气铸铁管(柔性机械接口)按设计图示管道中心线长度以延长米计算,不扣除阀门、管件及各种井类所占长度。

二、燃气表依据不同用途、型号、规格,按设计图示数量计算。

三、燃气管道调长器、调长器与阀门连接依据不同型号、规格,按设计图示数量计算。

四、燃气开水炉、燃气采暖炉依据不同型号、规格,按设计图示数量计算。

五、沸水器、燃气快速热水器,依据不同类型、规格、型号,按设计图示数量计算。

六、燃气灶具依据不同用途、燃气类别、型号、规格,按设计图示数量计算。

七、气嘴安装依据不同型号、规格、单嘴、双嘴、连接方式,按设计图示数量计算。

一、燃气镀锌钢管（螺纹连接）

1.室外燃气镀锌钢管

工作内容：打堵洞眼、切管、套丝、上零件、调直、裁管卡及钩钉、管道及管件安装、气压试验。

单位：10m

编　号				8-1128	8-1129	8-1130	8-1131
项　目				公称直径(mm以内)			
				25	32	40	50
预算基价	总　　　价(元)			**125.92**	**145.70**	**151.41**	**177.90**
	人　工　费(元)			91.80	99.90	108.00	116.10
	材　料　费(元)			29.07	40.64	37.49	54.56
	机　械　费(元)			5.05	5.16	5.92	7.24
组　成　内　容		单位	单价	数　　　量			
人工	综合工	工日	135.00	0.68	0.74	0.80	0.86
材料	镀锌钢管	m	—	(10.15)	(10.15)	(10.15)	(10.15)
	镀锌管接头零件 DN25	个	2.20	10.08	—	—	—
	镀锌管接头零件 DN32	个	3.17	—	10.08	—	—
	镀锌管接头零件 DN40	个	3.85	—	—	7.78	—
	镀锌管接头零件 DN50	个	5.76	—	—	—	7.78
	砂轮片 D400	片	19.56	0.023	0.033	0.031	0.090
	锯条	根	0.42	1.33	1.66	1.54	0.79
	机油	kg	7.21	0.088	0.110	0.097	0.119
	聚四氟乙烯生料带 δ20	m	1.15	3.600	4.435	3.600	4.370
	棉纱	kg	16.11	0.041	0.062	0.062	0.082
	镀锌钢丝 D2.8~4.0	kg	6.91	0.05	0.05	0.05	0.05
	洗衣粉	kg	10.47	0.01	0.01	0.01	0.01
机械	管子切断机 D60	台班	16.87	0.005	0.011	0.010	0.023
	管子套丝机 D159	台班	21.98	0.02	0.02	0.02	0.07
	弯管机 D108	台班	78.53	0.03	0.03	0.04	0.04
	电动空气压缩机 6m³	台班	217.48	0.01	0.01	0.01	0.01

2.室内燃气镀锌钢管

工作内容： 打堵洞眼、切管、套丝、上零件、调直、栽管卡及钩钉、管道及管件安装、气压试验。

单位：10m

编 号			8-1132	8-1133	8-1134	8-1135	8-1136	8-1137	8-1138	8-1139	8-1140
项 目			公称直径（mm以内）								
			15	20	25	32	40	50	65	80	100
预算基价	总 价（元）		**281.14**	**284.96**	**339.97**	**363.46**	**449.13**	**485.86**	**636.95**	**706.85**	**968.87**
	人 工 费（元）		249.75	249.75	297.00	297.00	371.25	372.60	459.00	537.30	657.45
	材 料 费（元）		26.07	29.89	40.19	63.29	73.39	107.16	168.22	159.60	216.27
	机 械 费（元）		5.32	5.32	2.78	3.17	4.49	6.10	9.73	9.95	95.15
组 成 内 容	单位	单价	数 量								
人工 综合工	工日	135.00	1.85	1.85	2.20	2.20	2.75	2.76	3.40	3.98	4.87
材料 镀锌钢管	m	—	(10.2)	(10.2)	(10.2)	(10.2)	(10.2)	(10.2)	(10.2)	(10.2)	(10.2)
管卡子（单立管）DN25以内	个	1.64	2.18	3.03	2.98	—	—	—	—	—	—
聚四氟乙烯生料带δ20	m	1.15	2.48	2.77	4.15	4.67	5.48	5.88	7.76	7.65	7.90
硅酸盐水泥42.5级	kg	0.41	3.04	3.04	3.04	3.04	3.04	3.04	3.42	3.42	3.42
砂子	t	87.03	0.011	0.011	0.011	0.011	0.011	0.011	0.013	0.013	0.013
镀锌管接头零件 DN15	个	1.26	9.85	—	—	—	—	—	—	—	—
镀锌管接头零件 DN20	个	1.52	—	9.16	—	—	—	—	—	—	—
镀锌管接头零件 DN25	个	2.48	—	—	8.98	—	—	—	—	—	—
镀锌管接头零件 DN32	个	3.55	—	—	—	8.74	—	—	—	—	—
镀锌管接头零件 DN40	个	4.50	—	—	—	—	8.63	—	—	—	—
镀锌管接头零件 DN50	个	7.10	—	—	—	—	—	8.52	—	—	—
镀锌管接头零件 DN65	个	14.03	—	—	—	—	—	—	8.63	—	—
镀锌管接头零件 DN80	个	18.16	—	—	—	—	—	—	—	5.97	—
镀锌管接头零件 DN100	个	31.08	—	—	—	—	—	—	—	—	5.11
管子托钩 DN15	个	0.22	3.90	—	—	—	—	—	—	—	—

续前

编　号			8-1132	8-1133	8-1134	8-1135	8-1136	8-1137	8-1138	8-1139	8-1140
项　目			公称直径(mm以内)								
			15	20	25	32	40	50	65	80	100
组 成 内 容	单位	单价	数　　量								
材	管子托钩 DN20	个	0.23	—	3.03	—	—	—	—	—	—	—
	管子托钩 DN25	个	0.32	—	—	0.43	—	—	—	—	—	—
	黄干油	kg	15.77	0.010	0.020	0.030	0.040	0.040	0.050	0.070	0.080	0.090
	镀锌钢丝 D2.8～4.0	kg	6.91	0.37	0.37	0.37	0.37	0.37	0.37	0.37	0.37	0.37
	洗衣粉	kg	10.47	0.01	0.01	0.01	0.01	0.01	0.02	0.02	0.03	0.03
	锯条	根	0.42	1.38	1.83	1.94	2.58	3.30	1.77	—	—	—
	机油	kg	7.21	0.06	0.07	0.10	0.11	0.14	0.19	0.08	0.07	—
	棉纱	kg	16.11	0.021	0.041	0.041	0.062	0.062	0.082	0.103	0.124	0.144
	砂轮片 D400	片	19.56	—	—	0.030	0.050	0.070	0.200	0.370	0.360	0.357
	角钢立管卡 DN32～40	副	6.52	—	—	—	2.690	2.760	—	—	—	—
料	角钢立管卡 DN50	副	6.75	—	—	—	—	—	3.970	3.310	—	—
	角钢立管卡 DN75	副	7.91	—	—	—	—	—	—	—	3.310	—
	角钢立管卡 DN100	副	8.84	—	—	—	—	—	—	—	—	3.310
	皂化冷却液	kg	13.54	—	—	—	—	—	—	—	—	0.22
机	电动空气压缩机 6m³	台班	217.48	0.01	0.01	0.01	0.01	0.01	0.01	0.01	0.01	0.01
	弯管机 D108	台班	78.53	0.04	0.04	—	—	—	—	—	—	—
	管子切断机 D60	台班	16.87	—	—	0.01	0.02	0.02	0.05	—	—	—
	管子套丝机 D159	台班	21.98	—	—	0.02	0.03	0.09	0.14	0.22	0.23	—
械	管子切断机 D150	台班	33.97	—	—	—	—	—	—	0.08	0.08	0.08
	普通车床 400×1000	台班	205.13	—	—	—	—	—	—	—	—	0.44

二、室内不锈钢管

1.室内不锈钢管（承插氩弧焊）

工作内容：调直、切管、组对连接、管道及管件安装、气压试验、空气吹扫。

单位：10m

编　号			8-1141	8-1142	8-1143	8-1144	8-1145	8-1146	8-1147
项　目			公称直径（mm以内）						
			25	32	40	50	65	80	100
预算基价	总　　　价（元）		**231.34**	**260.78**	**296.83**	**328.89**	**371.46**	**408.15**	**456.90**
	人　工　费（元）		193.05	213.30	245.70	268.65	294.30	325.35	363.15
	材　料　费（元）		17.26	20.98	20.99	23.76	30.19	31.84	33.12
	机　械　费（元）		21.03	26.50	30.14	36.48	46.97	50.96	60.63
组成内容		单位	单价	数　　量					
人工	综合工	工日	135.00	1.43	1.58	1.82	1.99	2.18	2.41	2.69
材料	薄壁不锈钢管	m	—	(10.010)	(10.010)	(10.010)	(9.920)	(9.920)	(9.920)	(9.920)
	燃气室内薄壁不锈钢管承插氩弧焊管件	个	—	(5.760)	(5.390)	(5.340)	(5.160)	(4.760)	(3.650)	(2.590)
	氩气	m³	18.60	0.168	0.218	0.247	0.283	0.360	0.374	0.393
	铈钨棒	g	16.37	0.336	0.436	0.494	0.566	0.720	0.748	0.786
	树脂砂轮切割片 D400	片	9.69	0.047	0.064	0.073	0.082	0.098	0.105	0.116
	尼龙砂轮片 D100×16×3	片	3.92	0.229	0.292	0.332	0.405	0.517	0.523	0.529
	电	kW·h	0.73	0.230	0.280	0.309	0.394	0.453	0.499	0.606
	镀锌钢丝 D2.8~4.0	kg	6.91	0.048	0.050	0.069	0.075	0.078	0.080	0.083
	丙酮	kg	9.89	0.132	0.175	0.205	0.260	0.337	0.377	0.409
	破布	kg	5.07	0.100	0.110	0.120	0.140	0.160	0.180	0.210
	洗衣粉	kg	10.47	0.013	0.014	0.015	0.016	0.018	0.019	0.021
	螺纹阀门 DN20	个	22.72	0.005	0.005	0.007	0.007	0.007	0.008	0.008

单位：10m

编　号			8-1141	8-1142	8-1143	8-1144	8-1145	8-1146	8-1147
项　目			公称直径(mm以内)						
			25	32	40	50	65	80	100
组 成 内 容	单位	单价	数　量						
材料	焊接钢管 DN20	m	6.32	0.033	0.033	0.041	0.041	0.041	0.049	0.049
	橡胶软管 DN20	m	11.10	0.015	0.015	0.019	0.019	0.019	0.023	0.023
	弹簧压力表 0~1.6MPa	块	48.67	0.005	0.005	0.007	0.007	0.007	0.008	0.008
	压力表弯管 DN15	个	11.36	0.005	0.005	0.007	0.007	0.007	0.008	0.008
	热轧厚钢板 δ8.0~15	kg	5.16	0.086	0.092	0.099	0.104	0.111	0.117	0.123
	石棉橡胶板 低压 δ0.8~6.0	kg	19.35	0.021	0.023	0.024	0.026	0.027	0.029	0.030
	六角螺栓	kg	8.39	0.011	0.012	0.013	0.013	0.014	0.015	0.016
	低碳钢焊条 J422 D3.2	kg	3.60	0.005	0.005	0.007	0.007	0.007	0.008	0.008
	氧气	m³	2.88	0.012	0.012	0.012	0.015	0.015	0.015	0.015
	乙炔气	kg	14.66	0.004	0.004	0.004	0.005	0.005	0.005	0.005
	砂子	t	87.03	0.014	0.014	0.003	0.001	0.006	0.006	0.003
	硅酸盐水泥 42.5级	kg	0.41	4.200	4.500	0.690	0.390	1.430	1.490	0.990
	水	m³	7.62	0.007	0.007	0.001	0.001	0.002	0.002	0.002
机械	载货汽车 5t	台班	443.55	—	—	—	0.003	0.004	0.006	0.013
	吊装机械（综合）	台班	664.97	0.003	0.004	0.005	0.007	0.009	0.012	0.020
	砂轮切割机 D400	台班	32.78	0.017	0.023	0.025	0.028	0.041	0.051	0.059
	电焊机（综合）	台班	74.17	0.004	0.004	0.004	0.004	0.004	0.005	0.005
	氩弧焊机 500A	台班	96.11	0.162	0.210	0.238	0.273	0.357	0.362	0.370
	电动空气压缩机 6m³	台班	217.48	0.012	0.012	0.013	0.014	0.015	0.016	0.017

2.室内不锈钢管（卡套连接）

工作内容：调直、切管、管端处理、组对连接、管道及管件安装、气压试验、空气吹扫。

单位：10m

编　号			8-1148	8-1149	8-1150	8-1151	8-1152	8-1153
项　目			公称直径（mm以内）					
			15	20	25	32	40	50
预算基价	总　　　价（元）		**168.65**	**176.67**	**192.90**	**210.37**	**224.24**	**250.29**
	人　工　费（元）		159.30	166.05	180.90	197.10	211.95	234.90
	材　料　费（元）		4.97	6.17	6.54	6.95	5.02	5.15
	机　械　费（元）		4.38	4.45	5.46	6.32	7.27	10.24
组 成 内 容		单位	单价	数　　　量				
人工	综合工	工日	135.00	1.18	1.23	1.34	1.46	1.57	1.74
材料	薄壁不锈钢管	m	—	（9.940）	（9.940）	（9.980）	（9.980）	（9.980）	（9.980）
	燃气室内薄壁不锈钢管卡套式管件	个	—	（11.730）	（9.260）	（8.410）	（7.740）	（7.300）	（7.170）
	镀锌钢丝 D2.8～4.0	kg	6.91	0.040	0.045	0.048	0.050	0.069	0.075
	树脂砂轮切割片 D400	片	9.69	0.072	0.073	0.075	0.089	0.101	0.120
	破布	kg	5.07	0.080	0.090	0.100	0.110	0.120	0.140
	洗衣粉	kg	10.47	0.011	0.012	0.013	0.014	0.015	0.016
	螺纹阀门 DN20	个	22.72	0.005	0.005	0.005	0.005	0.007	0.007
	焊接钢管 DN20	m	6.32	0.033	0.033	0.033	0.033	0.041	0.041
	橡胶软管 DN20	m	11.10	0.015	0.015	0.015	0.015	0.019	0.019
	弹簧压力表 0～1.6MPa	块	48.67	0.005	0.005	0.005	0.005	0.007	0.007
	压力表弯管 DN15	个	11.36	0.005	0.005	0.005	0.005	0.007	0.007
	热轧厚钢板 δ8.0～15	kg	5.16	0.074	0.080	0.086	0.092	0.099	0.104
	石棉橡胶板 低压 δ0.8～6.0	kg	19.35	0.018	0.020	0.021	0.023	0.024	0.026
	六角螺栓	kg	8.39	0.010	0.010	0.011	0.012	0.013	0.013
	氧气	m³	2.88	0.009	0.012	0.012	0.012	0.012	0.015
	乙炔气	kg	14.66	0.003	0.004	0.004	0.004	0.004	0.005
	低碳钢焊条 J422 D3.2	kg	3.60	0.005	0.005	0.005	0.005	0.007	0.007
	砂子	t	87.03	0.014	0.014	0.014	0.014	0.003	0.001
	硅酸盐水泥 42.5级	kg	0.41	1.340	3.710	4.200	4.500	0.690	0.390
	水	m³	7.62	0.002	0.006	0.007	0.007	0.001	0.001
机械	载货汽车 5t	台班	443.55	—	—	—	—	—	0.003
	吊装机械（综合）	台班	664.97	0.002	0.002	0.003	0.004	0.005	0.007
	砂轮切割机 D400	台班	32.78	0.011	0.013	0.017	0.023	0.025	0.028
	电焊机（综合）	台班	74.17	0.004	0.004	0.004	0.004	0.004	0.004
	电动空气压缩机 6m³	台班	217.48	0.011	0.011	0.012	0.012	0.013	0.014

3.室内不锈钢管（卡压连接）

工作内容： 调直、切管、管端处理、组对连接、管道及管件安装、气压试验、空气吹扫。

单位：10m

编 号			8-1154	8-1155	8-1156	8-1157	8-1158	8-1159
项 目			公称直径（mm以内）					
			15	20	25	32	40	50
预算基价	总 价（元）		**176.75**	**194.22**	**211.80**	**221.17**	**239.09**	**258.39**
	人 工 费（元）		167.40	183.60	199.80	207.90	226.80	243.00
	材 料 费（元）		4.97	6.17	6.54	6.95	5.02	5.15
	机 械 费（元）		4.38	4.45	5.46	6.32	7.27	10.24
组 成 内 容	单位	单价	数 量					
人工 综合工	工日	135.00	1.24	1.36	1.48	1.54	1.68	1.80
薄壁不锈钢管	m	—	(9.940)	(9.940)	(9.980)	(9.980)	(9.980)	(9.980)
燃气室内薄壁不锈钢管卡压式管件	个	—	(11.730)	(9.260)	(8.410)	(7.740)	(7.300)	(7.170)
树脂砂轮切割片 D400	片	9.69	0.072	0.073	0.075	0.089	0.101	0.120
镀锌钢丝 D2.8~4.0	kg	6.91	0.040	0.045	0.048	0.050	0.069	0.075
破布	kg	5.07	0.080	0.090	0.100	0.110	0.120	0.140
洗衣粉	kg	10.47	0.011	0.012	0.013	0.014	0.015	0.016
螺纹阀门 DN20	个	22.72	0.005	0.005	0.005	0.005	0.007	0.007
焊接钢管 DN20	m	6.32	0.033	0.033	0.033	0.033	0.041	0.041
橡胶软管 DN20	m	11.10	0.015	0.015	0.015	0.015	0.019	0.019
弹簧压力表 0~1.6MPa	块	48.67	0.005	0.005	0.005	0.005	0.007	0.007
压力表弯管 DN15	个	11.36	0.005	0.005	0.005	0.005	0.007	0.007
热轧厚钢板 δ8.0~15	kg	5.16	0.074	0.080	0.086	0.092	0.099	0.104
石棉橡胶板 低压 δ0.8~6.0	kg	19.35	0.018	0.020	0.021	0.023	0.024	0.026
六角螺栓	kg	8.39	0.010	0.010	0.011	0.012	0.013	0.013
低碳钢焊条 J422 D3.2	kg	3.60	0.005	0.005	0.005	0.005	0.007	0.007
氧气	m³	2.88	0.009	0.012	0.012	0.012	0.012	0.015
乙炔气	kg	14.66	0.003	0.004	0.004	0.004	0.004	0.005
砂子	t	87.03	0.014	0.014	0.014	0.014	0.003	0.001
硅酸盐水泥 42.5级	kg	0.41	1.340	3.710	4.200	4.500	0.690	0.390
水	m³	7.62	0.002	0.006	0.007	0.007	0.001	0.001
机械 载货汽车 5t	台班	443.55	—	—	—	—	—	0.003
吊装机械（综合）	台班	664.97	0.002	0.002	0.003	0.004	0.005	0.007
砂轮切割机 D400	台班	32.78	0.011	0.013	0.017	0.023	0.025	0.028
电焊机（综合）	台班	74.17	0.004	0.004	0.004	0.004	0.004	0.004
电动空气压缩机 6m³	台班	217.48	0.011	0.011	0.012	0.012	0.013	0.014

三、室外燃气钢管(焊接)

工作内容：切管、坡口、调直、弯管制作、对口、焊接、磨口、管道安装、气压试验。

单位：10m

编　号			8-1160	8-1161	8-1162	8-1163	8-1164	8-1165	8-1166	8-1167
项　目			公称直径(mm以内)							
			15	20	25	32	40	50	65	80
预算基价	总　　　价(元)		**90.99**	**92.43**	**93.87**	**95.72**	**112.95**	**117.69**	**155.69**	**171.13**
	人　工　费(元)		86.40	87.75	89.10	90.45	106.65	108.00	121.50	130.95
	材　料　费(元)		1.71	1.80	1.89	2.15	2.71	6.34	13.82	16.65
	机　械　费(元)		2.88	2.88	2.88	3.12	3.59	3.35	20.37	23.53
组 成 内 容		单位	单价	数　　　量						
人工	综合工	工日	135.00	0.64	0.65	0.66	0.67	0.79	0.80	0.90	0.97
材料	焊接钢管	m	—	(10.15)	(10.15)	(10.15)	(10.15)	(10.15)	(10.15)	(10.15)	(10.15)
	普碳钢板 Q195～Q235 δ3.5～4.0	t	3945.80	0.00009	0.00009	0.00009	0.00009	0.00009	0.00009	0.00010	0.00010
	石棉橡胶板 低压 δ0.8～6.0	kg	19.35	0.01	0.01	0.01	0.01	0.01	0.01	0.01	0.01
	电	kW•h	0.73	0.07	0.10	0.11	0.13	0.20	0.22	0.48	0.80
	砂轮片 D100	片	3.83	0.006	0.007	0.009	0.011	0.036	0.044	0.378	0.453
	砂轮片 D400	片	19.56	—	—	—	—	—	—	0.030	0.050
	锯条	根	0.42	0.092	0.105	0.133	0.169	0.245	0.250	—	—
	气焊条 D<2	kg	7.96	0.004	0.005	0.006	0.009	0.013	0.015	—	—
	氧气	m³	2.88	0.036	0.042	0.050	0.074	0.121	0.123	0.539	0.607
	乙炔气	kg	14.66	0.013	0.015	0.017	0.026	0.041	0.043	0.180	0.204
	铅油	kg	11.17	0.002	0.002	0.002	0.002	0.002	0.002	0.002	0.002
	破布	kg	5.07	0.05	0.05	0.05	0.05	0.05	0.07	0.08	0.09
	镀锌钢丝 D2.8～4.0	kg	6.91	0.05	0.05	0.05	0.05	0.05	0.05	0.08	0.08
	洗衣粉	kg	10.47	0.01	0.01	0.01	0.01	0.01	0.01	0.01	0.01
	压制弯头 D57×5	个	8.36	—	—	—	—	—	0.41	—	—
	压制弯头 DN65	个	11.05	—	—	—	—	—	—	0.22	—
	压制弯头 DN80	个	14.48	—	—	—	—	—	—	—	0.22
	电焊条 E4303 D3.2	kg	7.59	—	—	—	—	—	—	0.414	0.488
机械	弯管机 D108	台班	78.53	0.009	0.009	0.009	0.012	0.018	0.015	0.007	0.009
	电动空气压缩机 6m³	台班	217.48	0.01	0.01	0.01	0.01	0.01	0.01	0.01	0.01
	管子切断机 D150	台班	33.97	—	—	—	—	—	—	0.007	0.008
	直流弧焊机 20kW	台班	75.06	—	—	—	—	—	—	0.224	0.262
	电焊条烘干箱 600×500×750	台班	27.16	—	—	—	—	—	—	0.022	0.026

工作内容：切管、坡口、调直、弯管制作、对口、焊接、磨口、管道安装、气压试验。

单位：10m

编　号			8-1168	8-1169	8-1170	8-1171	8-1172	8-1173	8-1174	8-1175
项　目			公称直径(mm以内)							
			100	125	150	200	250	300	350	400
预算基价	总　　价(元)		**197.49**	**300.52**	**341.99**	**435.88**	**508.83**	**632.59**	**785.66**	**969.06**
	人　工　费(元)		147.15	202.50	216.00	190.35	236.25	271.35	301.05	336.15
	材　料　费(元)		20.64	54.23	74.11	139.47	148.84	215.73	323.55	446.67
	机　械　费(元)		29.70	43.79	51.88	106.06	123.74	145.51	161.06	186.24
组成内容		单位	单价	数　量						
人工	综合工	工日	135.00	1.09	1.50	1.60	1.41	1.75	2.01	2.23	2.49
材料	焊接钢管	m	—	(10.15)	(10.15)	(10.15)	(10.15)	(10.15)	(10.15)	(10.15)	(10.15)
	普碳钢板 Q195～Q235 δ3.5～4.0	t	3945.80	0.00010	0.00014	0.00014	—	—	—	—	—
	石棉橡胶板 低压 δ0.8～6.0	kg	19.35	0.01	0.02	0.02	0.02	0.02	0.03	0.03	0.04
	电	kW·h	0.73	1.00	1.52	2.08	2.47	2.42	3.24	3.68	4.16
	压制弯头 DN100	个	22.53	0.22	—	—	—	—	—	—	—
	压制弯头 DN125	个	39.85	—	0.76	—	—	—	—	—	—
	压制弯头 DN150	个	60.86	—	—	0.76	—	—	—	—	—
	压制弯头 DN200	个	130.76	—	—	—	0.76	—	—	—	—
	压制弯头 DN250	个	295.35	—	—	—	—	0.35	—	—	—
	压制弯头 DN300	个	435.51	—	—	—	—	—	0.35	—	—
	压制弯头 DN350	个	706.45	—	—	—	—	—	—	0.34	—
	压制弯头 DN400	个	1040.24	—	—	—	—	—	—	—	0.34
	砂轮片 D100	片	3.83	0.559	0.934	1.140	1.905	1.717	2.932	4.143	4.608
	砂轮片 D400	片	19.56	0.052	0.066	—	—	—	—	—	—
	氧气	m³	2.88	0.759	1.027	1.286	1.686	1.876	2.347	2.927	3.220
	乙炔气	kg	14.66	0.253	0.342	0.433	0.563	0.626	0.783	0.976	1.074
	铅油	kg	11.17	0.002	0.002	0.002	0.002	0.002	0.002	0.002	0.002
	破布	kg	5.07	0.10	0.11	0.12	0.14	0.16	0.17	0.18	0.19
	镀锌钢丝 D2.8～4.0	kg	6.91	0.08	0.08	0.08	0.08	0.08	0.10	0.10	0.10
	洗衣粉	kg	10.47	0.01	0.01	0.01	0.02	0.02	0.02	0.02	0.02
	电焊条 E4303 D3.2	kg	7.59	0.543	1.030	1.277	2.002	2.603	3.683	5.073	5.688
	普碳钢板 Q195～Q235 δ8～15	t	3827.78	—	—	—	0.00021	0.00021	0.00030	0.00030	0.00038
机械	弯管机 D108	台班	78.53	0.016	—	—	—	—	—	—	—
	电动空气压缩机 6m³	台班	217.48	0.01	0.01	0.01	0.01	0.01	0.01	0.01	0.01
	管子切断机 D150	台班	33.97	0.011	0.016	—	—	—	—	—	—
	直流弧焊机 20kW	台班	75.06	0.333	0.528	0.639	0.827	0.857	1.080	1.280	1.448
	电焊条烘干箱 600×500×750	台班	27.16	0.033	0.053	0.064	0.083	0.086	0.108	0.128	0.145
	汽车式起重机 8t	台班	767.15	—	—	—	0.04	0.06	0.06	0.06	0.07
	载货汽车 5t	台班	443.55	—	—	—	0.02	0.02	0.03	0.03	0.04

253

四、室外承插燃气铸铁管（柔性机械接口）

工作内容：切管、管道及管件安装、挖工作坑、接口、气压试验。

单位：10m

编 号			8-1176	8-1177	8-1178	8-1179	8-1180
项 目			公称直径（mm以内）				
			100	150	200	300	400
预算基价	总 价（元）		**471.15**	**531.46**	**613.83**	**982.03**	**1320.82**
	人 工 费（元）		193.05	211.95	171.45	275.40	430.65
	材 料 费（元）		275.93	315.16	390.80	611.28	778.50
	机 械 费（元）		2.17	4.35	51.58	95.35	111.67
组 成 内 容		单位	单价	数 量			
人工	综合工	工日	135.00	1.43	1.57	1.27	2.04	3.19
材料	活动法兰铸铁管	m	—	(10)	(10)	(10)	(10)	(10)
	压兰	片	—	(4.666)	(3.811)	(3.811)	(4.223)	(3.368)
	橡胶圈 *DN*100	个	36.01	4.666	—	—	—	—
	橡胶圈 *DN*150	个	42.80	—	3.811	—	—	—
	橡胶圈 *DN*200	个	58.62	—	—	3.811	—	—
	橡胶圈 *DN*300	个	85.24	—	—	—	4.223	—
	橡胶圈 *DN*400	个	153.98	—	—	—	—	3.368
	支撑圈 *DN*100	个	9.99	4.666	—	—	—	—
	支撑圈 *DN*150	个	20.46	—	3.811	—	—	—
	支撑圈 *DN*200	个	24.10	—	—	3.811	—	—
	支撑圈 *DN*300	个	33.12	—	—	—	4.223	—
	支撑圈 *DN*400	个	43.63	—	—	—	—	3.368
	六角带帽螺栓 M20×（85～100）	套	2.92	18.7	22.9	22.9	33.8	33.7
	塑料布	m²	1.96	0.240	0.328	0.424	0.664	0.944
	黄干油	kg	15.77	0.254	0.266	0.340	0.545	0.589
	破布	kg	5.07	0.300	0.324	0.340	0.390	0.479
	镀锌钢丝 D2.8～4.0	kg	6.91	0.06	0.06	0.06	0.06	0.06
	钢丝 D0.7	kg	7.42	0.024	0.028	0.034	0.048	0.062
	洗衣粉	kg	10.47	0.01	0.01	0.01	0.01	0.01
机械	电动空气压缩机 6m³	台班	217.48	0.01	0.02	0.02	0.02	0.03
	载货汽车 5t	台班	443.55	—	0.02	0.02	0.03	0.04
	汽车式起重机 8t	台班	767.15	—	—	0.05	—	—
	汽车式起重机 16t	台班	971.12	—	—	—	0.08	0.09

五、燃 气 表

1.民用燃气表

工作内容：连接接表材料、燃气表安装。

单位：块

编　号			8-1181	8-1182	8-1183	8-1184	8-1185
项　目			1.2m³/h	1.5m³/h	2m³/h	3m³/h	
						单表头	双表头
预算基价	总　价(元)		**53.23**	**53.23**	**68.08**	**84.28**	**91.03**
	人 工 费(元)		52.65	52.65	67.50	83.70	90.45
	材 料 费(元)		0.58	0.58	0.58	0.58	0.58
组 成 内 容	单位	单价	数　量				
人工 综合工	工日	135.00	0.39	0.39	0.50	0.62	0.67
材料 燃气计量表	块	—	(1.0)	(1.0)	(1.0)	(1.0)	(1.0)
燃气表接头	套	—	(1.01)	(1.01)	(1.01)	(1.01)	(1.01)
聚四氟乙烯生料带 δ20	m	1.15	0.5	0.5	0.5	0.5	0.5

2.公商用燃气表

工作内容: 连接接表材料、燃气表安装。

单位:块

编 号			8-1186	8-1187	8-1188	8-1189	8-1190
项 目			6m³/h	10m³/h	20m³/h	34m³/h	57m³/h
预算基价	总 价(元)		**114.55**	**137.50**	**167.78**	**220.43**	**281.75**
	人 工 费(元)		113.40	136.35	166.05	218.70	279.45
	材 料 费(元)		1.15	1.15	1.73	1.73	2.30
组 成 内 容	单位	单价	数 量				
人工 综合工	工日	135.00	0.84	1.01	1.23	1.62	2.07
材料 燃气计量表	块	—	(1)	(1)	(1)	(1)	—
燃气表接头	套	—	(1.01)	(1.01)	(1.01)	(1.01)	(1.01)
燃气计算表 57m³/h	块	—	—	—	—	—	(1)
聚四氟乙烯生料带 δ20	m	1.15	1.0	1.0	1.5	1.5	2.0

3.工业用罗茨表

工作内容：下料、法兰焊接、燃气表安装、紧固螺栓。

单位：块

编　号			8-1191	8-1192	8-1193	8-1194	8-1195
项　目			100m³/h	200m³/h	300m³/h	500m³/h	1000m³/h
预算基价	总　价(元)		**453.23**	**574.16**	**758.12**	**949.95**	**1218.51**
	人　工　费(元)		415.80	500.85	568.35	676.35	807.30
	材　料　费(元)		37.43	73.31	170.70	233.25	339.82
	机　械　费(元)		—	—	19.07	40.35	71.39
组　成　内　容	单位	单价	数　　　量				
人工 综合工	工日	135.00	3.08	3.71	4.21	5.01	5.98
工业用罗茨表	块	—	(1)	(1)	(1)	(1)	(1)
螺纹法兰 0.6MPa DN50	个	17.36	2	—	—	—	—
石棉橡胶板 低压 δ0.8～6.0	kg	19.35	0.14	0.35	0.55	0.66	0.73
碳钢法兰 0.6MPa DN100	个	33.27	—	2	—	—	—
碳钢法兰 0.6MPa DN150	个	58.88	—	—	2	—	—
碳钢法兰 0.6MPa DN200	个	86.12	—	—	—	2	—
碳钢法兰 0.6MPa DN250	个	125.88	—	—	—	—	2
六角带帽螺栓 M16×(85～140)	套	2.06	—	—	16.48	16.48	24.72
氧气	m³	2.88	—	—	0.54	0.77	1.08
乙炔气	kg	14.66	—	—	0.21	0.29	0.41
电焊条 E4303 D3.2	kg	7.59	—	—	0.49	1.03	1.83
机械 直流弧焊机 12kW	台班	44.34	—	—	0.43	0.91	1.61

六、附件

1. 调 长 器

工作内容：灌沥青、焊法兰、制垫、加垫、找平、安装、紧固螺栓。

单位：个

编　号			8-1196	8-1197	8-1198	8-1199	8-1200
项　目			管外径（mm以内）				
			100	150	200	300	400
预算基价	总　　价（元）		**302.89**	**408.25**	**556.42**	**980.98**	**1384.34**
	人 工 费（元）		164.70	203.85	261.90	342.90	477.90
	材 料 费（元）		116.02	180.90	267.47	601.72	862.54
	机 械 费（元）		22.17	23.50	27.05	36.36	43.90
组 成 内 容		单位	单价	数　　量			
人工	综合工	工日	135.00	1.22	1.51	1.94	2.54	3.54
材料	调长器	个	—	(1)	(1)	(1)	(1)	(1)
	碳钢法兰 0.6MPa DN100	副	66.42	1	—	—	—	—
	碳钢法兰 0.6MPa DN150	副	108.94	—	1	—	—	—
	碳钢法兰 0.6MPa DN200	副	166.55	—	—	1	—	—
	碳钢法兰 0.6MPa DN300	副	454.90	—	—	—	1	—
	碳钢法兰 0.6MPa DN400	副	665.08	—	—	—	—	1
	石油沥青 10#	kg	4.04	4.82	5.35	5.85	6.95	8.01
	六角带帽螺栓 M16×（65～80）	套	1.71	8.24	16.48	—	—	—
	六角带帽螺栓 M20×（85～100）	套	2.92	—	—	16.48	24.72	32.96
	石棉橡胶板 低压 δ0.8～6.0	kg	19.35	0.34	0.56	0.66	0.84	1.38
	氧气	m³	2.88	0.07	0.10	0.13	0.27	0.34
	乙炔气	kg	14.66	0.03	0.04	0.05	0.10	0.13
	电焊条 E4303 D3.2	kg	7.59	0.58	0.66	1.19	2.83	4.00
	铅油	kg	11.17	0.10	0.10	0.14	0.17	0.30
	机油	kg	7.21	0.10	0.10	0.15	0.15	0.20
	木柴	kg	1.03	2.50	3.50	3.50	3.50	4.00
机械	直流弧焊机 12kW	台班	44.34	0.50	0.53	0.61	0.82	0.99

2.调长器与阀门联装

工作内容：连接阀门、灌沥青、焊法兰、制垫、加垫、找平、找正、安装、紧固螺栓。

单位：个

编　号			8-1201	8-1202	8-1203	8-1204	8-1205
项　　目			管外径(mm以内)				
			100	150	200	300	400
预算基价	总　　价(元)		**403.79**	**543.67**	**797.69**	**1388.66**	**1764.20**
	人　工　费(元)		255.15	310.50	427.95	675.00	780.30
	材　料　费(元)		126.47	209.67	340.03	654.29	916.99
	机　械　费(元)		22.17	23.50	29.71	59.37	66.91
组 成 内 容		单位	单价	数　　　量				
人工	综合工	工日	135.00	1.89	2.30	3.17	5.00	5.78
材料	调长器	个	—	(1)	(1)	(1)	(1)	(1)
	法兰油封旋塞阀	个	—	(1)	(1)	(1)	(1)	(1)
	碳钢法兰 0.6MPa *DN*100	个	33.27	2	—	—	—	—
	碳钢法兰 0.6MPa *DN*150	个	58.88	—	2	—	—	—
	碳钢法兰 0.6MPa *DN*200	个	86.12	—	—	2	—	—
	碳钢法兰 0.6MPa *DN*300	个	213.13	—	—	—	2	—
	碳钢法兰 0.6MPa *DN*400	个	326.75	—	—	—	—	2
	石油沥青 10#	kg	4.04	4.82	5.35	5.85	6.95	8.01
	六角带帽螺栓 M16×(65～80)	套	1.71	12.36	24.72	—	—	—
	六角带帽螺栓 M20×(85～100)	套	2.92	—	—	37.08	49.44	49.44
	石棉橡胶板 低压 δ0.8～6.0	kg	19.35	0.51	0.84	0.99	1.26	2.07
	氧气	m³	2.88	0.07	0.10	0.13	0.27	0.34
	乙炔气	kg	14.66	0.03	0.04	0.05	0.10	0.13
	电焊条 E4303 *D*3.2	kg	7.59	0.58	0.66	1.19	2.83	4.60
	机油	kg	7.21	0.10	0.10	0.15	0.15	0.20
	铅油	kg	11.17	0.10	0.14	0.17	0.25	0.30
	木柴	kg	1.03	2.5	3.5	3.5	3.5	4.0
机械	直流弧焊机 12kW	台班	44.34	0.50	0.53	0.67	0.82	0.99
	汽车式起重机 8t	台班	767.15	—	—	—	0.03	0.03

七、燃气加热设备

1.开水炉、采暖炉

工作内容：1.开水炉:开水炉安装、通气、通水、试火、调试风门。2.采暖炉:炉安装、通气、试火、调试风门。 单位：台

编　号			8-1206	8-1207	8-1208	8-1209	8-1210
项　目			燃气开水炉		燃气采暖炉		
			JL-150	YL-150	箱式	YHRQ型红外线	辐射采暖炉
预算基价	总　价(元)		**159.49**	**159.49**	**91.15**	**114.10**	**137.05**
	人　工　费(元)		159.30	159.30	75.60	98.55	121.50
	材　料　费(元)		0.19	0.19	15.55	15.55	15.55
组　成　内　容		单位	单价		数　量		
人工	综合工	工日	135.00	1.18	1.18	0.56	0.73	0.90
材料	燃气开水炉	台	—	(1)	(1)	—	—	—
	箱式采暖炉	台	—	—	—	(1)	—	—
	红外线采暖炉 YHRQ型	台	—	—	—	—	(1)	—
	辐射采暖炉	台	—	—	—	—	—	(1)
	石棉橡胶板 低压 $\delta0.8\sim6.0$	kg	19.35	0.01	0.01	—	—	—
	耐油胶管 $D9\sim10$	m	15.55	—	—	1	1	1

2.沸水器、消毒器、快速热水器

工作内容：本体安装、通气、通水、试火、调试风门。

单位：台

编　号				8-1211	8-1212	8-1213	8-1214	8-1215	8-1216
项　目				燃气容积式沸水器	燃气自动沸水器	燃气清毒器	燃气快速热水器		
							直排式	平衡式	烟道式
预算基价	总　　　价(元)			**99.25**	**107.97**	**99.25**	**237.45**	**267.15**	**294.15**
	人　工　费(元)			83.70	98.55	83.70	159.30	189.00	216.00
	材　料　费(元)			15.55	9.42	15.55	78.15	78.15	78.15
组 成 内 容		单位	单价	数　　量					
人工	综合工	工日	135.00	0.62	0.73	0.62	1.18	1.40	1.60
材料	容积式沸水器	台	—	(1)	—	—	—	—	—
	自动沸水器	台	—	—	(1)	—	—	—	—
	消毒器	台	—	—	—	(1)	—	—	—
	快速热水器	台	—	—	—	—	(1)	(1)	(1)
	耐油胶管 $D9\sim10$	m	15.55	1.0	—	1.0	—	—	—
	镀锌活接头 $DN15$	个	2.83	—	1.01	—	2.02	2.02	2.02
	镀锌活接头 $DN25$	个	4.71	—	1.01	—	—	—	—
	石棉橡胶板 低压 $\delta0.8\sim6.0$	kg	19.35	—	0.02	—	—	—	—
	聚四氟乙烯生料带 $\delta20$	m	1.15	—	1.23	—	2.21	2.21	2.21
	螺纹闸阀 $Z15W\text{-}10T$ $DN15$	个	19.70	—	—	—	1	1	1
	旋塞阀 $DN15$	个	50.19	—	—	—	1	1	1

八、民用灶具
1.人工煤气灶具

工作内容：灶具安装、通气、试火、调试风门。　　　　　　　　　　　　　　　　　　　　　　　　　单位：台

编　号			8-1217	8-1218	8-1219	8-1220	8-1221
项　目			JZ-1单眼灶	JZ-2双眼灶	JZR-83自动点火灶	SB-2水煤气、半水煤气灶炉	F-1发生炉、燃气灶炉
预算基价	总　　　价(元)		**57.08**	**40.89**	**49.30**	**41.49**	**40.89**
	人　工　费(元)		33.75	37.80	33.75	37.80	37.80
	材　料　费(元)		23.33	3.09	15.55	3.69	3.09
组　成　内　容	单位	单价	数　　量				
人工 综合工	工日	135.00	0.25	0.28	0.25	0.28	0.28
材料 单眼灶 JZ-1	台	—	(1.0)	—	—	—	—
双眼灶 JZ-2	台	—	—	(1.0)	—	—	—
自动点火灶 JZR-83	台	—	—	—	(1.0)	—	—
水煤气、半水煤气灶炉 SB-2	台	—	—	—	—	(1.0)	—
发生炉、燃气灶炉 F-1	台	—	—	—	—	—	(1.0)
耐油胶管 $D9\sim10$	m	15.55	1.5	—	1.0	—	—
聚四氟乙烯生料带 $\delta20$	m	1.15	—	0.20	—	0.25	0.20
镀锌活接头 $DN15$	个	2.83	—	1.01	—	—	1.01
镀锌活接头 $DN20$	个	3.37	—	—	—	1.01	—

2.液化石油气灶具

工作内容: 灶具安装、通气、试火、调试风门。

单位:台

编 号			8-1222	8-1223	8-1224	8-1225	8-1226
项 目			JZY1-W 单眼灶	YZ2 双眼灶	YZ3 三眼灶	JZY2-83 自动点火灶	YZ2A、B 双眼灶
预算基价	总 价(元)		**57.08**	**49.30**	**49.30**	**49.30**	**49.30**
	人 工 费(元)		33.75	33.75	33.75	33.75	33.75
	材 料 费(元)		23.33	15.55	15.55	15.55	15.55
组 成 内 容	单位	单价	数 量				
人工 综合工	工日	135.00	0.25	0.25	0.25	0.25	0.25
材料 液化石油气灶炉	台	—	(2)	(1)	(1)	(1)	(1)
耐油胶管 *D*9~10	m	15.55	1.5	1.0	1.0	1.0	1.0

3.天然气灶具

工作内容：灶具安装、通气、试火、调试风门。

单位：台

编　号			8-1227	8-1228	8-1229	8-1230	8-1231
项　目			JZT2 双眼灶	JZT2-1 双眼灶	JZY2 双眼灶	JZT2-83 自动点火灶	JZT2-85A 双眼灶
预算基价	总　价(元)		**49.30**	**49.30**	**49.30**	**49.30**	**49.30**
	人　工　费(元)		33.75	33.75	33.75	33.75	33.75
	材　料　费(元)		15.55	15.55	15.55	15.55	15.55
组 成 内 容	单位	单价	数　　量				
人工 综合工	工日	135.00	0.25	0.25	0.25	0.25	0.25
材料 天然气灶炉	台	—	(1)	(1)	(1)	(1)	(1)
耐油胶管 D9～10	m	15.55	1	1	1	1	1

九、公用炊事灶具
1.人工煤气灶具

工作内容： 灶具安装、通风、试火、调试风门。

单位：台

编 号				8-1232	8-1233	8-1234	8-1235
项 目				型号			
				MR3-1	MR3-2	MR3-3	MR3-4
预算基价	总 价(元)			**70.84**	**80.14**	**89.34**	**89.34**
	人 工 费(元)			66.15	74.25	81.00	81.00
	材 料 费(元)			4.69	5.89	8.34	8.34
组 成 内 容		单位	单价	数 量			
人工	综合工	工日	135.00	0.49	0.55	0.60	0.60
材料	人工燃气灶炉	台	—	(1)	(1)	(1)	(1)
	镀锌六角外丝 DN15	个	0.84	1.01	—	—	—
	镀锌六角外丝 DN20	个	1.11	—	1.01	—	—
	镀锌六角外丝 DN25	个	1.75	—	—	1.01	1.01
	镀锌活接头 DN15	个	2.83	1.01	—	—	—
	镀锌活接头 DN20	个	3.37	—	1.01	—	—
	镀锌活接头 DN25	个	4.71	—	—	1.01	1.01
	石棉橡胶板 低压 δ0.8～6.0	kg	19.35	0.01	0.02	0.03	0.03
	聚四氟乙烯生料带 δ20	m	1.15	0.69	0.85	1.07	1.07

265

2.液化石油器灶具

工作内容：灶具安装、通风、试火、调试风门。

单位：台

编 号			8-1236	8-1237	8-1238	8-1239	8-1240	8-1241	8-1242	8-1243
项 目			型号							
			YR-2	YR-2.5	YR-4	YR-6	YZT3	YZ-S32	YZ-3	GZY3-W
预算基价	总 价(元)		**50.93**	**59.03**	**68.02**	**76.53**	**52.28**	**52.28**	**52.28**	**52.28**
	人 工 费(元)		47.25	55.35	63.45	70.20	48.60	48.60	48.60	48.60
	材 料 费(元)		3.68	3.68	4.57	6.33	3.68	3.68	3.68	3.68
组 成 内 容	单位	单价	数 量							
人工 综合工	工日	135.00	0.35	0.41	0.47	0.52	0.36	0.36	0.36	0.36
材料 液化石油气灶炉	台	—	(1)	(1)	(1)	(1)	(1)	(1)	(1)	(1)
镀锌活接头 DN15	个	2.83	1.01	1.01	—	—	1.01	1.01	1.01	1.01
镀锌活接头 DN20	个	3.37	—	—	1.01	—	—	—	—	—
镀锌活接头 DN25	个	4.71	—	—	—	1.01	—	—	—	—
石棉橡胶板 低压 $\delta0.8\sim6.0$	kg	19.35	0.01	0.01	0.02	0.03	0.01	0.01	0.01	0.01
聚四氟乙烯生料带 $\delta20$	m	1.15	0.55	0.55	0.68	0.86	0.55	0.55	0.55	0.55

3.天然气灶具

工作内容: 灶具安装、通风、试火、调试风门。

单位: 台

编 号				8-1244	8-1245	8-1246	8-1247
项 目				型号			
				MR3-1	MR3-2	MR3-3	MR3-4
预算基价	总 价(元)			**70.84**	**80.14**	**89.34**	**89.34**
	人 工 费(元)			66.15	74.25	81.00	81.00
	材 料 费(元)			4.69	5.89	8.34	8.34
组 成 内 容		单位	单价	数 量			
人工	综合工	工日	135.00	0.49	0.55	0.60	0.60
材料	天然气灶炉	台	—	(1)	(1)	(1)	(1)
	镀锌活接头 DN15	个	2.83	1.01	—	—	—
	镀锌活接头 DN20	个	3.37	—	1.01	—	—
	镀锌活接头 DN25	个	4.71	—	—	1.01	1.01
	石棉橡胶板 低压 δ0.8~6.0	kg	19.35	0.01	0.02	0.03	0.03
	聚四氟乙烯生料带 δ20	m	1.15	0.69	0.85	1.07	1.07
	镀锌六角外丝 DN15	个	0.84	1.01	—	—	—
	镀锌六角外丝 DN20	个	1.11	—	1.01	—	—
	镀锌六角外丝 DN25	个	1.75	—	—	1.01	1.01

十、气　嘴

工作内容：气嘴研磨、上气嘴。

编　　号			8-1248	8-1249	8-1250	8-1251
项　　目			XW15型		XN15型	
			单嘴外螺纹	双嘴外螺纹	单嘴内螺纹	双嘴内螺纹
预算基价	总　　价(元)		**77.19**	**77.19**	**77.19**	**77.19**
	人　工　费(元)		75.60	75.60	75.60	75.60
	材　料　费(元)		1.59	1.59	1.59	1.59
组　成　内　容	单位	单价	数　　量			
人工　综合工	工日	135.00	0.56	0.56	0.56	0.56
材料　气嘴	个	—	(1)	(1)	(1)	(1)
聚四氟乙烯生料带 $\delta20$	m	1.15	1.38	1.38	1.38	1.38

268

第七章　人防设备安装

说　明

一、本章适用范围：人防工程中的给排水、采暖、燃气工程和其他各类安装工程中的给排水、采暖、燃气工程。

二、金属管道电磁脉冲防护制作、安装按《人防工程大样图集》2002RS-KS-09.10编制,含工程外部的金属法兰短管,镀锌反射钢板和无机玻璃钢短管的制作、安装。接地扁钢、柔性防水套管等另行计算。

三、口部冲洗阀制作、安装按《人防工程大样图集》85RS1编制。内容包括：壁龛(地坑)门框及扇(盖)的制作安装和阀安装、油漆等全部工作。

四、防爆波清扫口盖板制作、安装按《人防工程大样图集》85RS1编制,表面以油漆考虑,如需镀铬,另行计算。

五、排烟穿墙管制作、安装按《人防工程大样图集》85RD02编制,穿墙短管按长度归入烟管安装项目。

工程量计算规则

一、金属管道电磁脉冲防护依据不同的类型、材质、型号、规格,按设计图示数量计算。

二、口部冲洗阀依据不同的类型、材质、型号、规格,按设计图示数量计算。

三、地面扫除口盖板依据不同的材质、型号、规格,按设计图示数量计算。

四、排烟穿墙管按人防工程大样图集和图示数量计算。

一、金属管道电磁脉冲防护制作、安装

工作内容: 切口,坡口,焊接,安装组对,法兰连接,金属法兰短管及镀锌反射钢板制作、安装,无机玻璃钢短管安装。

单位:组

编　号				8-1252	8-1253	8-1254	8-1255	8-1256	8-1257	8-1258	8-1259
项　目				公称直径(mm以内)							
				50	80	100	125	150	200	250	300
预算基价	总　　价(元)			**235.83**	**368.79**	**476.95**	**559.36**	**680.32**	**1114.35**	**1339.36**	**1639.78**
	人　工　费(元)			163.35	238.95	290.25	357.75	418.50	679.05	847.80	1016.55
	材　料　费(元)			46.21	86.31	135.66	149.07	205.52	311.45	367.71	399.55
	机　械　费(元)			26.27	43.53	51.04	52.54	56.30	123.85	123.85	223.68
组　成　内　容		单位	单价	数　　量							
人工	综合工	工日	135.00	1.21	1.77	2.15	2.65	3.10	5.03	6.28	7.53
材料	金属管道	m	—	(0.51)	(0.51)	(0.51)	(0.51)	(0.51)	(0.51)	(0.51)	(0.51)
	无机玻璃钢短管 两端各带法兰1个 L=3.0m	个	—	(1.00)	(1.00)	(1.00)	(1.00)	(1.00)	(1.00)	(1.00)	(1.00)
	镀锌钢板 δ4	m²	—	(0.38)	(0.83)	(1.38)	(2.08)	(3.03)	(5.13)	(7.82)	(11.05)
	碳钢法兰	个	—	(2)	(2)	(2)	(2)	(2)	(2)	(2)	(2)
	铜法兰	个	—	(2.00)	(2.00)	(2.00)	(2.00)	(2.00)	(2.00)	(2.00)	(2.00)
	镀锌精制六角带帽螺栓 M16×(14~60)	套	1.77	12.36	24.72	—	—	—	—	—	—
	镀锌精制六角带帽螺栓 M16×(85~140)	套	3.24	—	—	24.72	24.72	—	—	—	—
	镀锌精制六角带帽螺栓 M20×(85~100)	套	5.00	—	—	—	—	24.72	37.08	—	—
	精制六角带帽螺栓 M22×(90~120)	套	4.85	—	—	—	—	—	—	37.08	37.08
	电焊条 E4303 D3.2	kg	7.59	0.42	0.98	1.18	1.44	1.76	4.70	9.76	11.58
	铜焊条 铜107 D3.2	kg	51.27	0.12	0.22	0.30	0.36	0.42	0.57	0.72	0.87
	氧气	m³	2.88	0.78	1.27	1.56	2.12	2.54	3.53	5.06	5.57
	乙炔气	kg	14.66	0.28	0.45	0.56	0.76	0.91	1.26	1.81	1.99
	石棉橡胶板 低压 δ0.8~6.0	kg	19.35	0.21	0.39	0.51	0.69	0.84	0.99	1.11	1.32
	破布	kg	5.07	0.06	0.06	0.09	0.09	0.09	0.12	0.12	0.12
	棉纱	kg	16.11	0.06	0.06	0.09	0.09	0.09	0.09	0.12	0.15
	铅油	kg	11.17	0.12	0.21	0.33	0.36	0.42	0.60	0.60	0.75
	清油	kg	15.06	0.03	0.06	0.06	0.06	0.09	0.09	0.12	0.12
	机油	kg	7.21	0.21	0.21	0.30	0.30	0.30	0.45	0.45	0.45
机械	直流弧焊机 20kW	台班	75.06	0.35	0.58	0.68	0.70	0.75	1.65	1.65	2.98

二、口部冲洗阀制作、安装

工作内容： 下料、调直、组对、焊接、刷油、找位置、找正、安装、补刷油、切管、套丝、上水嘴、水压试验。

单位：套

编　号			8-1260	8-1261
项　目			壁龛式	地坑式
预算基价	总　　　价(元)		**307.81**	**468.23**
	人　工　费(元)		263.25	399.60
	材　料　费(元)		37.32	57.76
	机　械　费(元)		7.24	10.87
组成内容		单位	单价	数　量	
人工	综合工	工日	135.00	1.95	2.96
材料	皮带水嘴 DN25	个	—	(1.01)	—
	螺纹阀门 DN25	个	—	—	(1.01)
	普碳钢板 Q195~Q235 δ2.0~2.5	t	4001.96	0.00237	0.00002
	普碳钢板 Q195~Q235 δ3.5~4.0	t	3945.80	0.00037	0.00631
	圆钢 D10~14	t	3926.88	0.00086	0.00104
	热轧角钢 ＜60	t	3721.43	0.00417	0.00442
	锯条	根	0.42	1.60	1.60
	电焊条 E4303 D3.2	kg	7.59	0.37	0.57
	醇酸防锈漆 C53-1	kg	13.20	0.16	0.24
	调和漆	kg	14.11	0.11	0.17
	汽油 60#~70#	kg	6.67	0.05	0.08
	焊接钢管 DN25	t	3850.92	—	0.0003
机械	交流弧焊机 21kV·A	台班	60.37	0.12	0.18

274

三、防爆波清扫口盖板制作、安装

工作内容：画线、下料、精加工、刷油、安装。

单位：10个

编 号				8-1262	8-1263
项 目				公称直径(mm)	
				50～80	100～150
预算基价	总 价(元)			**449.17**	**733.16**
	人 工 费(元)			209.25	332.10
	材 料 费(元)			58.16	134.47
	机 械 费(元)			181.76	266.59
组 成 内 容		单位	单价	数 量	
人工	综合工	工日	135.00	1.55	2.46
材料	普碳钢板 Q195～Q235 $\delta4$～10	t	3794.50	0.01036	0.02664
	防锈漆 C53-1	kg	13.20	0.30	0.63
	调和漆	kg	14.11	0.30	0.63
	氧气	m³	2.88	1.28	1.90
	乙炔气	kg	14.66	0.43	0.63
	汽油 60#～70#	kg	6.67	0.10	0.22
机械	普通车床 630×2000	台班	242.35	0.75	1.10

275

四、排烟穿墙管制作、安装

工作内容: 穿墙管制作、敷设、刷油、防腐。

单位:个

编　号				8-1264	8-1265	8-1266	8-1267	8-1268	8-1269
项　目				公称直径(mm以内)					
				80	100	125	150	200	250
预算基价	总　　价(元)			**188.95**	**205.63**	**247.35**	**242.06**	**313.83**	**388.82**
	人　工　费(元)			112.05	116.10	130.95	122.85	166.05	199.80
	材　料　费(元)			73.28	84.10	110.36	113.17	142.95	184.19
	机　械　费(元)			3.62	5.43	6.04	6.04	4.83	4.83
组　成　内　容		单位	单价	数　　量					
人工	综合工	工日	135.00	0.83	0.86	0.97	0.91	1.23	1.48
材料	普碳钢板 Q195～Q235 δ4～10	t	3794.50	0.00342	0.00389	0.00467	0.00523	0.00709	0.00923
	电焊条 E4303 D3.2	kg	7.59	0.16	0.18	0.23	0.28	0.37	0.47
	氧气	m³	2.88	0.24	0.26	0.29	0.32	0.39	0.47
	乙炔气	kg	14.66	0.09	0.10	0.11	0.12	0.15	0.18
	砂轮片 D200	片	5.80	0.01	0.02	0.02	0.02	0.03	0.03
	石棉扭绳 D11～25	kg	15.13	3.74	4.31	5.81	5.81	7.22	9.31
	镀锌钢丝（综合）	kg	7.16	0.06	0.06	0.06	0.07	0.07	0.08
机械	交流弧焊机 21kV·A	台班	60.37	0.06	0.09	0.10	0.10	0.08	0.08

工作内容：穿墙管制作、敷设、刷油、防腐。

单位：个

编　号				8-1270	8-1271	8-1272	8-1273	8-1274
项　目				公称直径（mm以内）				
				300	350	400	450	500
预算基价	总　　价（元）			**436.62**	**520.61**	**606.46**	**655.34**	**745.95**
	人　工　费（元）			220.05	274.05	287.55	302.40	355.05
	材　料　费（元）			211.74	239.32	311.06	345.70	383.05
	机　械　费（元）			4.83	7.24	7.85	7.24	7.85
组 成 内 容		单位	单价	数　　量				
人工	综合工	工日	135.00	1.63	2.03	2.13	2.24	2.63
材料	普碳钢板 Q195～Q235 δ4～10	t	3794.50	0.01123	0.01343	—	—	—
	普碳钢板 Q195～Q235 δ8～20	t	3843.31	—	—	0.02532	0.02947	0.03393
	电焊条 E4303 D3.2	kg	7.59	0.55	0.65	0.73	0.82	0.91
	氧气	m³	2.88	0.53	0.59	0.89	0.98	1.07
	乙炔气	kg	14.66	0.20	0.23	0.34	0.38	0.41
	砂轮片 D200	片	5.80	0.04	0.04	0.04	0.05	0.05
	石棉扭绳 D11～25	kg	15.13	10.55	11.73	13.20	14.33	15.57
	镀锌钢丝（综合）	kg	7.16	0.09	0.09	0.10	0.10	0.11
机械	交流弧焊机 21kV·A	台班	60.37	0.08	0.12	0.13	0.12	0.13

附　　录

附录一 材料价格

说 明

一、本附录材料价格为不含税价格,是确定预算基价子目中材料费的基期价格。

二、材料价格由材料采购价、运杂费、运输损耗费和采购及保管费组成。计算公式如下:

采购价为供货地点交货价格:

$$材料价格=(采购价＋运杂费)×(1＋运输损耗率)×(1＋采购及保管费费率)$$

采购价为施工现场交货价格:

$$材料价格＝采购价×(1＋采购及保管费费率)$$

三、运杂费指材料由供货地点运至工地仓库(或现场指定堆放地点)所发生的全部费用。运输损耗指材料在运输装卸过程中不可避免的损耗,材料损耗率如下表:

材料损耗率表

材 料 类 别	损 耗 率
页岩标砖、空心砖、砂、水泥、陶粒、耐火土、水泥地面砖、白瓷砖、卫生洁具、玻璃灯罩	1.0%
机制瓦、脊瓦、水泥瓦	3.0%
石棉瓦、石子、黄土、耐火砖、玻璃、色石子、大理石板、水磨石板、混凝土管、缸瓦管	0.5%
砌块、白灰	1.5%

注:表中未列的材料类别,不计损耗。

四、采购及保管费是指为组织采购、供应和保管材料、工程设备的过程中所需要的各项费用。采购及保管费费率按0.42％计取。

五、附录中材料价格是编制期天津市建筑材料市场综合取定的施工现场交货价格,并考虑了采购及保管费。

六、采用简易计税方法计取增值税时,材料的含税价格按照税务部门有关规定计算,以"元"为单位的材料费按系数1.1086调整。

材料价格表

序号	材料名称	规格	单位	单价（元）
1	硅酸盐水泥	—	kg	0.39
2	硅酸盐水泥	42.5级	kg	0.41
3	硅酸盐膨胀水泥	—	kg	0.85
4	白水泥	一级	kg	0.64
5	页岩标砖	240×115×53	千块	513.60
6	砂子	—	kg	0.09
7	砂子	—	t	87.03
8	砂子	中砂	m³	89.44
9	碎石	0.5～3.2	t	82.73
10	碎石	20～40	m³	74.53
11	石油沥青	10#	kg	4.04
12	防腐油	—	kg	0.52
13	石棉绒	（综合）	kg	12.32
14	水泥砂浆	1:2.5	m³	323.89
15	水泥砂浆	1:3	m³	308.56
16	白水泥砂浆	1:2	m³	496.52
17	湿拌砌筑砂浆	M10	m³	352.38
18	预拌混凝土	AC20	m³	450.56
19	木材	方木	m³	2716.33
20	木材	一级红松	m³	3862.26
21	道木	—	m³	3660.04
22	道木	250×200×2500	根	452.90
23	杉木枋	30×40	m³	2650.00
24	木模板	—	m³	1982.88
25	钢丝	$D0.7$	kg	7.42
26	钢丝	$D1.2～2.2$	kg	7.13
27	钢丝	$D4.0$	kg	7.08
28	镀锌钢丝	（综合）	kg	7.16
29	镀锌钢丝	$D2.8～4.0$	kg	6.91
30	镀锌钢丝	$D4.0$	kg	7.08

序号	材 料 名 称	规 格	单 位	单 价（元）
31	钢丝绳	$D6$	m	1.66
32	钢丝绳	$D8$	m	1.95
33	圆钢	—	t	3875.42
34	圆钢	$D8\sim14$	t	3911.00
35	圆钢	$D10\sim14$	t	3926.88
36	圆钢	$D15\sim24$	t	3894.21
37	圆钢	$D5.5\sim10$	kg	3.90
38	热轧角钢	—	t	3685.48
39	热轧角钢	<60	t	3721.43
40	热轧角钢	>63	t	3649.53
41	热轧扁钢	<59	t	3665.80
42	热轧扁钢	>60	t	3677.90
43	热轧扁钢	<59	kg	3.66
44	热轧槽钢	$12^{\#}$	t	3609.42
45	型钢	—	t	3699.72
46	普碳钢板	—	t	3696.76
47	普碳钢板	$\delta8\sim20$	t	3684.69
48	普碳钢板	Q195~Q235 $\delta0.7\sim0.9$	t	4087.34
49	普碳钢板	Q195~Q235 $\delta2.0\sim2.5$	t	4001.96
50	普碳钢板	Q195~Q235 $\delta2.6\sim3.2$	t	3953.25
51	普碳钢板	Q195~Q235 $\delta3.5\sim4.0$	t	3945.80
52	普碳钢板	Q195~Q235 $\delta4\sim10$	t	3794.50
53	普碳钢板	Q195~Q235 $\delta4.5\sim7.0$	t	3843.28
54	普碳钢板	Q195~Q235 $\delta8\sim15$	t	3827.78
55	普碳钢板	Q195~Q235 $\delta8\sim20$	t	3843.31
56	普碳钢板	Q195~Q235 $\delta36$	t	4001.15
57	普碳钢板	Q195~Q235 $\delta8\sim12$	kg	3.88
58	镀锌薄钢板	$\delta0.5$	m²	18.42
59	热轧厚钢板	$\delta8.0\sim15$	kg	5.16
60	热轧厚钢板	$\delta12\sim20$	kg	5.04

序号	材 料 名 称	规 格	单 位	单 价 (元)
61	垫铁	—	kg	8.61
62	平垫铁	（综合）	kg	7.42
63	斜垫铁	（综合）	kg	10.34
64	焊接钢管	—	t	4230.02
65	焊接钢管	DN15	m	4.84
66	焊接钢管	DN20	m	6.32
67	焊接钢管	DN25	t	3850.92
68	焊接钢管	DN25	m	9.32
69	焊接钢管	DN32	m	12.02
70	焊接钢管	DN40	m	14.72
71	焊接钢管	DN50	m	18.68
72	焊接钢管	DN65	m	25.35
73	焊接钢管	DN80	m	31.81
74	焊接钢管	DN100	m	41.28
75	焊接钢管	DN125	m	57.70
76	焊接钢管	DN150	m	68.51
77	热轧一般无缝钢管	D22×2	m	5.15
78	热轧一般无缝钢管	D219×6	m	140.36
79	热轧一般无缝钢管	D219×7	m	162.97
80	热轧一般无缝钢管	D273×7	m	213.24
81	热轧一般无缝钢管	D325×8	m	290.24
82	镀锌钢管	DN15	m	6.70
83	镀锌钢管	DN20	m	8.60
84	镀锌钢管	DN25	m	12.56
85	镀锌钢管	DN50	m	24.59
86	焊接钢管接头零件	DN15室外	个	0.79
87	焊接钢管接头零件	DN20室外	个	1.13
88	焊接钢管接头零件	DN25室外	个	1.67
89	焊接钢管接头零件	DN32室外	个	2.43
90	焊接钢管接头零件	DN40室外	个	3.34

序号	材料名称	规格	单位	单价（元）
91	焊接钢管接头零件	DN50室外	个	4.66
92	焊接钢管接头零件	DN65室外	个	8.55
93	焊接钢管接头零件	DN80室外	个	11.65
94	焊接钢管接头零件	DN100室外	个	20.68
95	焊接钢管接头零件	DN125室外	个	32.89
96	焊接钢管接头零件	DN150室外	个	49.83
97	焊接钢管接头零件	DN15室内	个	0.78
98	焊接钢管接头零件	DN20室内	个	1.18
99	焊接钢管接头零件	DN25室内	个	1.76
100	焊接钢管接头零件	DN32室内	个	2.92
101	焊接钢管接头零件	DN40室内	个	3.70
102	焊接钢管接头零件	DN50室内	个	5.45
103	焊接钢管接头零件	DN65室内	个	10.46
104	焊接钢管接头零件	DN80室内	个	13.39
105	焊接钢管接头零件	DN100室内	个	24.41
106	焊接钢管接头零件	DN125室内	个	39.48
107	焊接钢管接头零件	DN150室内	个	57.81
108	铅板	$\delta 2.6 \sim 3.0$	kg	25.95
109	青铅	—	kg	22.81
110	铜丝	—	kg	73.55
111	圆钉	—	kg	6.68
112	塑料卡钉	DN16	个	0.87
113	塑料卡钉	DN20	个	1.30
114	塑料卡钉	DN25	个	1.73
115	镀锌钢丝网	$D3 \times 50 \times 50$	m²	12.98
116	铜焊条	铜107 D3.2	kg	51.27
117	低碳钢焊条	J422 D3.2	kg	3.60
118	不锈钢焊条	（综合）	kg	51.05
119	硬聚氯乙烯焊条	D4	kg	11.23
120	电焊条	E4303（综合）	kg	7.59

序号	材 料 名 称	规 格	单 位	单 价(元)
121	电焊条	E4303 *D*3.2	kg	7.59
122	电焊条	E5015 *D*3.2	kg	9.17
123	气焊条	*D*<2	kg	7.96
124	塑料焊条	—	kg	13.07
125	碳钢气焊条	*D*2以内	kg	15.58
126	碳钢电焊条	E4303 *D*3.2	kg	7.59
127	铜气焊丝	—	kg	46.03
128	焊锡丝	—	kg	60.79
129	铜焊粉	—	kg	40.09
130	焊锡膏	50g瓶装	kg	49.90
131	木螺钉	M(4.5~6)×(15~100)	个	0.14
132	木螺钉	M6×50	个	0.18
133	镀锌木螺钉	M6×100	个	0.33
134	六角螺栓	—	kg	8.39
135	六角带帽螺栓	M6×100	套	0.42
136	六角带帽螺栓	M12×(85~100)	套	0.72
137	六角带帽螺栓	带垫M6×(14~75)	套	0.21
138	六角带帽螺栓	带垫M8×(14~75)	套	0.30
139	六角带帽螺栓	带垫M10×(30~75)	套	0.52
140	六角带帽螺栓	带垫M10×(80~130)	套	0.87
141	六角带帽螺栓	带垫M12×(14~75)	套	0.66
142	六角带帽螺栓	带弹垫M12×(14~75)	套	0.77
143	六角带帽螺栓	带垫M14×(14~75)	套	1.00
144	六角带帽螺栓	带垫M14×90	套	1.58
145	六角带帽螺栓	带垫M16×(65~80)	套	1.71
146	六角带帽螺栓	带垫M16×(85~140)	套	2.06
147	六角带帽螺栓	带垫M20×(85~100)	套	2.92
148	六角带帽螺栓	带垫M22×(90~120)	套	4.42
149	六角带帽螺栓	带垫M24×100	套	5.11
150	六角带帽螺栓	带垫M27×(120~140)	套	8.00

序号	材 料 名 称	规 格	单 位	单价（元）
151	六角带帽螺栓	带垫M30×（130～160）	套	15.69
152	精制六角带帽螺栓	M12×75以内	套	1.04
153	精制六角带帽螺栓	M16×（61～80）	套	1.35
154	精制六角带帽螺栓	带垫M22×（90～120）	套	4.85
155	镀锌精制六角带帽螺栓	带2个垫圈M16×（14～60）	套	1.77
156	镀锌精制六角带帽螺栓	带2个垫圈M16×（85～140）	套	3.24
157	镀锌精制六角带帽螺栓	带2个垫圈M20×（85～100）	套	5.00
158	地脚螺栓	M12×160	套	1.97
159	地脚螺栓	M14×（120～230）	套	2.03
160	地脚螺栓	M16×（120～300）	套	3.14
161	膨胀螺栓	M6	套	0.44
162	膨胀螺栓	M（6～12）×（50～120）	套	0.94
163	膨胀螺栓	M8	套	0.55
164	膨胀螺栓	M8×100	套	0.70
165	膨胀螺栓	M10	套	1.53
166	膨胀螺栓	M12	套	1.75
167	六角螺母	—	kg	8.52
168	六角螺母	M8	个	0.12
169	六角螺母	M10	个	0.17
170	六角螺栓带螺母、垫圈	M16×（65～80）	套	1.38
171	六角螺栓带螺母、垫圈	M16×（85～140）	套	1.64
172	六角螺栓带螺母、垫圈	M22×（90～120）	套	2.28
173	六角螺栓带螺母、垫圈	M20×（85～100）	套	2.14
174	六角螺栓带螺母、垫圈	M12×（14～75）	套	1.51
175	六角螺栓带螺母、垫圈	M27×（120～140）	套	3.46
176	六角螺栓带螺母、垫圈	M30×（130～160）	套	5.19
177	锁紧螺母	DN40	个	0.93
178	垫圈	M2～8	个	0.03
179	垫圈	M16	个	0.10
180	垫圈	DN20	个	0.04

序 号	材 料 名 称	规 格	单 位	单 价 （元）
181	钢垫圈	M8.5	个	0.06
182	钢垫圈	M12	个	0.08
183	钢垫圈	M14	个	0.11
184	钢垫圈	M16	个	0.12
185	钢垫圈	—	kg	3.18
186	塑料胀管	M6~8	个	0.31
187	钻头	D6~13	个	6.78
188	冲击钻头	D8~16	个	6.92
189	冲击钻头	D10	个	7.47
190	冲击钻头	D12	个	8.00
191	冲击钻头	D14	个	8.58
192	冲击钻头	D16	个	9.52
193	冲击钻头	D20	个	10.28
194	合金钢钻头	—	个	25.96
195	锯条	—	根	0.42
196	调和漆	—	kg	14.11
197	清油	—	kg	15.06
198	醇酸防锈漆	C53-1	kg	13.20
199	酚醛防锈漆	各种颜色	kg	17.27
200	防锈漆	C53-1	kg	13.20
201	红丹粉	—	kg	12.42
202	氧气	—	m³	2.88
203	乙炔气	—	m³	16.13
204	乙炔气	—	kg	14.66
205	氩气	—	m³	18.60
206	铅油	—	kg	11.17
207	丙酮	—	kg	9.89
208	白铅油	—	kg	8.16
209	皂化冷却液	—	kg	13.54
210	油灰	—	kg	2.94

序号	材 料 名 称	规 格	单 位	单 价（元）
211	低银铜磷钎料	（BCu91PAg）	kg	14.36
212	异氰酸酯（黑料）	—	kg	1.73
213	组合聚醚（白料）	—	kg	10.82
214	YJ建筑密封胶	—	kg	33.77
215	玻璃胶	310g	支	23.15
216	密封胶	—	支	20.97
217	防水密封胶	—	支	12.98
218	胶粘剂	—	kg	18.17
219	塑料粘胶带	—	盘	2.64
220	YJ-Ⅲ型胶	—	kg	20.97
221	焦炭	—	kg	1.25
222	木柴	—	kg	1.03
223	密封油膏	—	kg	17.99
224	汽油	—	kg	7.74
225	汽油	$60^{\#} \sim 70^{\#}$	kg	6.67
226	汽油	$70^{\#} \sim 90^{\#}$	kg	8.08
227	煤油	—	kg	7.49
228	机油	—	kg	7.21
229	黄干油	—	kg	15.77
230	阻燃防火保温草袋片	—	个	6.00
231	草绳	—	kg	7.12
232	线麻	—	kg	11.36
233	砂纸	—	张	0.87
234	砂布	—	张	0.93
235	铁砂布	—	张	1.56
236	铁砂布	$0^{\#} \sim 2^{\#}$	张	1.15
237	棉纱	—	kg	16.11
238	破布	—	kg	5.07
239	塑料布	—	m^2	1.96
240	塑料薄膜	—	m^2	1.90

序号	材 料 名 称	规 格	单 位	单 价 (元)
241	聚苯乙烯泡沫板	$\delta 30$	m²	17.31
242	聚氨酯泡沫塑料板	—	m³	242.28
243	硬聚氯乙烯管	$D25\times3$	m	4.98
244	聚苯乙烯条	10×180	m	6.06
245	油麻	—	kg	16.48
246	水	—	m³	7.62
247	电	—	kW·h	0.73
248	肥皂	—	块	1.34
249	乒乓球	—	个	1.30
250	漂白粉	—	kg	1.56
251	低温密封膏	—	kg	19.49
252	钢丝刷	—	把	6.20
253	收缩带	—	m²	37.21
254	柔性吊装带	—	kg	69.22
255	砂轮片	$D100$	片	3.83
256	砂轮片	$D200$	片	5.80
257	砂轮片	$D400$	片	19.56
258	尼龙砂轮片	$D100\times16\times3$	片	3.92
259	尼龙砂轮片	$D400$	片	15.64
260	树脂砂轮切割片	$D400$	片	9.69
261	割管刀片	—	片	5.19
262	合金钢切割片	$D300$	片	227.57
263	酸洗膏	—	kg	9.60
264	隔离剂	—	kg	4.20
265	洗衣粉	—	kg	10.47
266	给水铸铁承盘短管	$DN80$	个	49.51
267	给水铸铁承盘短管	$DN100$	个	57.54
268	给水铸铁承盘短管	$DN150$	个	89.68
269	给水铸铁承盘短管	$DN200$	个	120.25
270	给水铸铁承盘短管	$DN250$	个	178.67

序号	材 料 名 称	规 格	单 位	单 价 (元)
271	给水铸铁承盘短管	DN300	个	238.35
272	给水铸铁承盘短管	DN350	个	311.31
273	给水铸铁承盘短管	DN400	个	382.63
274	给水铸铁承盘短管	DN450	个	472.83
275	给水铸铁承盘短管	DN500	个	527.28
276	给水铸铁插盘短管	DN80	个	54.68
277	给水铸铁插盘短管	DN100	个	72.40
278	给水铸铁插盘短管	DN150	个	116.15
279	给水铸铁插盘短管	DN200	个	151.74
280	给水铸铁插盘短管	DN250	个	231.64
281	给水铸铁插盘短管	DN300	个	300.19
282	给水铸铁插盘短管	DN350	个	473.34
283	给水铸铁插盘短管	DN400	个	592.63
284	给水铸铁插盘短管	DN450	个	718.19
285	给水铸铁插盘短管	DN500	个	881.56
286	承插铸铁排水管	DN50	m	28.87
287	排水铸铁接轮	DN50	个	8.21
288	排水铸铁接轮	DN75	个	12.47
289	排水铸铁接轮	DN100	个	14.10
290	排水铸铁接轮	DN125	个	20.55
291	排水铸铁接轮	DN150	个	23.02
292	排水铸铁接轮	DN200	个	43.14
293	镀锌弯头	DN15	个	1.07
294	镀锌弯头	DN20	个	1.54
295	镀锌弯头	DN25	个	2.24
296	镀锌弯头	DN50	个	6.74
297	黑玛钢弯头	DN15	个	0.57
298	黑玛钢弯头	DN20	个	1.07
299	黑玛钢弯头	DN25	个	1.57
300	黑玛钢弯头	DN32	个	2.76

続表

序号	材 料 名 称	规 格	单 位	单 价 (元)
301	黑玛钢弯头	DN40	个	3.45
302	黑玛钢弯头	DN50	个	5.01
303	黑玛钢弯头	DN65	个	9.04
304	黑玛钢弯头	DN80	个	13.43
305	压制弯头	D57×5	个	8.36
306	压制弯头	D89×6	个	14.48
307	压制弯头	D108×7	个	22.53
308	压制弯头	D159×8	个	60.86
309	压制弯头	D219×9	个	130.76
310	压制弯头	D273×8	个	295.35
311	压制弯头	D325×8	个	435.51
312	压制弯头	DN65	个	11.05
313	压制弯头	DN80	个	14.48
314	压制弯头	DN100	个	22.53
315	压制弯头	DN125	个	39.85
316	压制弯头	DN150	个	60.86
317	压制弯头	DN200	个	130.76
318	压制弯头	DN250	个	295.35
319	压制弯头	DN300	个	435.51
320	压制弯头	DN350	个	706.45
321	压制弯头	DN400	个	1040.24
322	镀锌三通	DN15	个	1.30
323	镀锌三通	DN20	个	2.05
324	镀锌三通	DN25	个	3.05
325	黑玛钢三通	DN15	个	0.83
326	黑玛钢三通	DN20	个	1.49
327	黑玛钢三通	DN25	个	2.33
328	黑玛钢三通	DN32	个	3.65
329	黑玛钢三通	DN40	个	4.41
330	黑玛钢三通	DN50	个	6.70

序号	材 料 名 称	规 格	单 位	单 价 （元）
331	黑玛钢三通	DN65	个	13.43
332	黑玛钢三通	DN80	个	18.08
333	黑玛钢三通	DN100	个	30.94
334	黑玛钢三通	DN125	个	51.77
335	黑玛钢三通	DN150	个	78.52
336	镀锌活接头	DN15	个	2.83
337	镀锌活接头	DN20	个	3.37
338	镀锌活接头	DN25	个	4.71
339	镀锌活接头	DN32	个	6.40
340	镀锌活接头	DN40	个	9.16
341	镀锌活接头	DN50	个	12.00
342	黑玛钢活接头	DN15	个	2.23
343	黑玛钢活接头	DN20	个	2.97
344	黑玛钢活接头	DN25	个	4.32
345	黑玛钢活接头	DN32	个	5.63
346	黑玛钢活接头	DN40	个	7.64
347	黑玛钢活接头	DN50	个	11.08
348	黑玛钢活接头	DN65	个	25.69
349	黑玛钢活接头	DN80	个	35.41
350	黑玛钢活接头	DN100	个	56.87
351	镀锌钢管接头零件	DN15室外	个	0.93
352	镀锌钢管接头零件	DN20室外	个	1.35
353	镀锌钢管接头零件	DN25室外	个	1.96
354	镀锌钢管接头零件	DN32室外	个	2.85
355	镀锌钢管接头零件	DN40室外	个	3.92
356	镀锌钢管接头零件	DN50室外	个	5.47
357	镀锌钢管接头零件	DN65室外	个	10.06
358	镀锌钢管接头零件	DN80室外	个	13.69
359	镀锌钢管接头零件	DN100室外	个	24.33
360	镀锌钢管接头零件	DN125室外	个	38.70

序 号	材 料 名 称	规 格	单 位	单 价（元）
361	镀锌钢管接头零件	DN150室外	个	58.61
362	镀锌钢管接头零件	DN15室内	个	1.12
363	镀锌钢管接头零件	DN20室内	个	1.57
364	镀锌钢管接头零件	DN25室内	个	2.26
365	镀锌钢管接头零件	DN32室内	个	3.35
366	镀锌钢管接头零件	DN40室内	个	3.96
367	镀锌钢管接头零件	DN50室内	个	6.42
368	镀锌钢管接头零件	DN65室内	个	12.82
369	镀锌钢管接头零件	DN80室内	个	14.88
370	镀锌钢管接头零件	DN100室内	个	29.56
371	镀锌钢管接头零件	DN125室内	个	40.81
372	镀锌钢管接头零件	DN150室内	个	61.84
373	燃气镀锌管接头零件	DN15室内	个	1.26
374	燃气镀锌管接头零件	DN20室内	个	1.52
375	燃气镀锌管接头零件	DN25室内	个	2.48
376	燃气镀锌管接头零件	DN32室内	个	3.55
377	燃气镀锌管接头零件	DN40室内	个	4.50
378	燃气镀锌管接头零件	DN50室内	个	7.10
379	燃气镀锌管接头零件	DN65室内	个	14.03
380	燃气镀锌管接头零件	DN80室内	个	18.16
381	燃气镀锌管接头零件	DN100室内	个	31.08
382	燃气镀锌管接头零件	DN25室外	个	2.20
383	燃气镀锌管接头零件	DN32室外	个	3.17
384	燃气镀锌管接头零件	DN40室外	个	3.85
385	燃气镀锌管接头零件	DN50室外	个	5.76
386	柔性铸铁管接头零件	DN50室内排水	个	19.92
387	柔性铸铁管接头零件	DN75室内排水	个	32.94
388	柔性铸铁管接头零件	DN100室内排水	个	55.13
389	柔性铸铁管接头零件	DN150室内排水	个	109.31
390	柔性铸铁管接头零件	DN200室内排水	个	180.91

序号	材 料 名 称	规 格	单 位	单 价（元）
391	铸铁管接头零件	DN50室内排水	个	14.12
392	铸铁管接头零件	DN75室内排水	个	17.15
393	铸铁管接头零件	DN100室内排水	个	30.27
394	铸铁管接头零件	DN150室内排水	个	55.22
395	铸铁管接头零件	DN200室内排水	个	98.47
396	铸铁管接头零件	DN250室内排水	个	155.37
397	低碳钢管箍	DN15	个	1.17
398	低碳钢管箍	DN20	个	1.58
399	低碳钢管箍	DN25	个	2.64
400	低碳钢管箍	DN32	个	3.55
401	低碳钢管箍	DN40	个	4.59
402	低碳钢管箍	DN50	个	5.92
403	低碳钢管箍	DN65	个	9.74
404	低碳钢管箍	DN80	个	12.74
405	低碳钢管箍	DN100	个	24.19
406	异径管箍	DN25×20	个	1.95
407	黑玛钢异径管箍	DN80×40	个	10.44
408	黑玛钢异径管箍	DN100×65	个	21.26
409	黑玛钢异径管箍	DN100×80	个	25.41
410	黑玛钢异径管箍	DN125×100	个	43.72
411	黑玛钢异径管箍	DN150×100	个	60.26
412	镀锌管箍	DN15	个	0.81
413	镀锌管箍	DN20	个	1.12
414	镀锌管箍	DN25	个	1.67
415	镀锌管箍	DN40	个	3.14
416	黑玛钢管箍	DN15	个	0.67
417	黑玛钢管箍	DN20	个	0.89
418	黑玛钢管箍	DN25	个	1.23
419	黑玛钢管箍	DN32	个	1.78
420	黑玛钢管箍	DN40	个	2.26

序号	材 料 名 称	规 格	单 位	单 价 （元）
421	黑玛钢管箍	DN50	个	3.32
422	黑玛钢管箍	DN65	个	6.64
423	黑玛钢管箍	DN80	个	9.28
424	黑玛钢管箍	DN100	个	15.99
425	汽包补芯	DN38	个	2.84
426	黑玛钢补芯	DN15×15	个	0.81
427	黑玛钢补芯	DN25×15	个	1.15
428	黑玛钢补芯	DN32×15	个	1.98
429	黑玛钢补芯	DN40×15	个	2.58
430	黑玛钢补芯	DN125×80	个	18.41
431	黑玛钢补芯	DN150×80	个	30.29
432	压制异径管	DN50	个	3.33
433	压制异径管	DN65	个	4.44
434	压制异径管	DN80	个	4.44
435	压制异径管	DN100	个	5.55
436	黑玛钢丝堵堵头	DN15	个	0.60
437	黑玛钢丝堵堵头	DN20	个	0.68
438	黑玛钢丝堵堵头	DN25	个	0.96
439	黑玛钢丝堵堵头	DN32	个	1.47
440	汽包丝堵	DN38	个	2.18
441	镀锌丝堵堵头	DN15	个	0.73
442	镀锌丝堵堵头	DN20	个	0.81
443	镀锌丝堵堵头	DN25	个	1.16
444	汽包对丝	DN38	个	1.30
445	镀锌六角外丝	DN15	个	0.84
446	镀锌六角外丝	DN20	个	1.11
447	镀锌六角外丝	DN25	个	1.75
448	黑玛钢六角外丝	DN15	个	0.49
449	黑玛钢六角外丝	DN20	个	1.15
450	黑玛钢六角外丝	DN25	个	1.84

序号	材 料 名 称	规 格	单 位	单 价 (元)
451	黑玛钢六角外丝	DN32	个	2.64
452	黑玛钢六角外丝	DN40	个	3.24
453	黑玛钢六角外丝	DN50	个	5.06
454	黑玛钢六角外丝	DN65	个	8.82
455	黑玛钢六角外丝	DN80	个	12.76
456	黑玛钢六角外丝	DN100	个	21.41
457	黑玛钢六角外丝	DN125	个	32.10
458	存水弯	DN32塑料	个	7.83
459	存水弯	S形 DN40塑料	个	12.02
460	存水弯	S形 DN50塑料	个	15.11
461	铜截止阀	DN15	个	19.75
462	角式长柄截止阀	DN15	个	38.17
463	角形阀(带铜活)	DN15	个	23.57
464	法兰截止阀	J41T-16 DN20	个	32.57
465	法兰截止阀	J41T-16 DN25	个	45.14
466	法兰截止阀	J41T-16 DN32	个	52.11
467	法兰截止阀	J41T-16 DN40	个	90.28
468	法兰截止阀	J41T-16 DN50	个	108.77
469	法兰截止阀	J41T-16 DN65	个	173.90
470	法兰截止阀	J41T-16 DN80	个	324.47
471	法兰截止阀	J41T-16 DN100	个	363.26
472	法兰截止阀	J41T-16 DN125	个	587.75
473	法兰截止阀	J41T-16 DN150	个	743.77
474	螺纹截止阀	J11T-16 DN15	个	12.12
475	螺纹截止阀	J11T-16 DN20	个	15.30
476	螺纹截止阀	J11T-16 DN25	个	20.30
477	螺纹截止阀	J11T-16 DN32	个	26.66
478	螺纹截止阀	J11T-16 DN40	个	37.11
479	螺纹截止阀	J11T-16 DN50	个	56.65
480	法兰闸阀	Z45T-10 DN50	个	120.42

序号	材 料 名 称	规 格	单 位	单 价（元）
481	法兰闸阀	Z45T-10 DN65	个	158.86
482	法兰闸阀	Z45T-10 DN80	个	195.82
483	法兰闸阀	Z45T-10 DN100	个	240.73
484	法兰闸阀	Z45T-10 DN150	个	490.86
485	法兰闸阀	Z45T-10 DN200	个	765.63
486	法兰闸阀	Z45T-10 DN250	个	1168.32
487	法兰闸阀	Z45T-10 DN300	个	1339.39
488	螺纹闸阀	Z15W-10T DN15	个	19.70
489	螺纹闸阀	Z15T-10 DN20	个	11.42
490	螺纹闸阀	Z15T-10K DN15	个	11.09
491	螺纹闸阀	Z15T-10K DN20	个	14.56
492	螺纹闸阀	Z15T-10K DN25	个	19.54
493	螺纹闸阀	Z15T-10K DN32	个	25.83
494	螺纹闸阀	Z15T-10K DN40	个	34.17
495	螺纹闸阀	Z15T-10K DN50	个	50.24
496	螺纹闸阀	Z15T-10K DN80	个	130.88
497	螺纹闸阀	Z15T-10K DN100	个	191.17
498	螺纹阀门	DN15	个	15.28
499	螺纹阀门	DN20	个	22.72
500	螺纹阀门	DN25	个	30.90
501	螺纹阀门	DN32	个	35.78
502	螺纹阀门	DN40	个	41.81
503	弹簧安全阀	A27W-10 DN20	个	56.96
504	弹簧安全阀	A27W-10 DN25	个	75.14
505	弹簧安全阀	A27W-10 DN32	个	96.34
506	弹簧安全阀	A27W-10 DN40	个	110.34
507	弹簧安全阀	A27W-10 DN50	个	146.88
508	弹簧安全阀	A27W-10 DN65	个	179.96
509	弹簧安全阀	A27W-10 DN80	个	262.37
510	弹簧安全阀	A27W-10 DN100	个	436.95

序号	材 料 名 称	规 格	单 位	单 价（元）
511	法兰止回阀	H44T-10 *DN*50	个	85.43
512	法兰止回阀	H44T-10 *DN*80	个	151.80
513	法兰止回阀	H44T-10 *DN*100	个	175.40
514	法兰止回阀	H44T-10 *DN*150	个	352.81
515	法兰止回阀	H44T-10 *DN*200	个	992.48
516	法兰止回阀	H44T-10 *DN*250	个	1210.34
517	法兰止回阀	H44T-10 *DN*300	个	1694.78
518	螺纹浮球阀	*DN*20	个	33.63
519	管子托钩	*DN*15	个	0.22
520	管子托钩	*DN*20	个	0.23
521	管子托钩	*DN*25	个	0.32
522	管卡子(单立管)	*DN*25以内	个	1.64
523	管卡子(单立管)	*DN*50以内	个	2.60
524	角钢立管卡	*DN*32~40	副	6.52
525	角钢立管卡	*DN*50	副	6.75
526	角钢立管卡	*DN*75	副	7.91
527	角钢立管卡	*DN*100	副	8.84
528	角钢立管卡	*DN*150	副	10.66
529	角钢立管卡	*DN*200	副	12.20
530	角钢立管卡	*DN*250	副	16.00
531	角钢立管卡	*DN*300	副	20.00
532	塑料管卡子	15	个	0.18
533	塑料管卡子	20	个	0.24
534	塑料管卡子	25	个	0.37
535	塑料管卡子	32	个	0.46
536	塑料管卡子	40	个	0.54
537	塑料管卡子	50	个	0.77
538	镀锌压盖	*DN*32	个	0.80
539	平焊法兰	1.6MPa *DN*25	个	11.73
540	平焊法兰	1.6MPa *DN*32	个	15.32

序号	材 料 名 称	规 格	单 位	单 价 (元)
541	平焊法兰	1.6MPa *DN*40	个	17.18
542	平焊法兰	1.6MPa *DN*50	个	22.98
543	平焊法兰	1.6MPa *DN*65	个	32.70
544	平焊法兰	1.6MPa *DN*80	个	36.56
545	平焊法兰	1.6MPa *DN*100	个	48.19
546	平焊法兰	1.6MPa *DN*125	个	62.88
547	平焊法兰	1.6MPa *DN*150	个	79.27
548	平焊法兰	1.6MPa *DN*200	个	119.54
549	平焊法兰	1.6MPa *DN*250	个	246.34
550	平焊法兰	1.6MPa *DN*300	个	365.92
551	平焊法兰	1.6MPa *DN*350	个	487.00
552	平焊法兰	1.6MPa *DN*400	个	689.44
553	钢板平焊法兰	1.6MPa *DN*20	个	9.77
554	钢板平焊法兰	1.6MPa *DN*25	个	11.73
555	钢板平焊法兰	1.6MPa *DN*32	个	15.32
556	钢板平焊法兰	1.6MPa *DN*40	个	17.18
557	钢板平焊法兰	1.6MPa *DN*50	个	22.98
558	钢板平焊法兰	1.6MPa *DN*65	个	32.70
559	钢板平焊法兰	1.6MPa *DN*80	个	36.56
560	钢板平焊法兰	1.6MPa *DN*100	个	48.19
561	钢板平焊法兰	1.6MPa *DN*125	个	62.88
562	钢板平焊法兰	1.6MPa *DN*150	个	79.27
563	钢板平焊法兰	1.6MPa *DN*200	个	119.54
564	钢板平焊法兰	1.6MPa *DN*250	个	246.34
565	钢板平焊法兰	1.6MPa *DN*300	个	365.92
566	钢板平焊法兰	1.6MPa *DN*400	个	689.44
567	钢板平焊法兰	1.6MPa *DN*500	个	1195.37
568	螺纹法兰	0.6MPa *DN*15	个	6.80
569	螺纹法兰	0.6MPa *DN*20	个	8.03
570	螺纹法兰	0.6MPa *DN*25	个	9.18

序号	材 料 名 称	规 格	单 位	单 价 (元)
571	螺纹法兰	0.6MPa *DN*32	个	12.50
572	螺纹法兰	0.6MPa *DN*40	个	14.54
573	螺纹法兰	0.6MPa *DN*50	个	17.36
574	螺纹法兰	0.6MPa *DN*65	个	22.95
575	螺纹法兰	0.6MPa *DN*80	个	25.48
576	螺纹法兰	0.6MPa *DN*100	个	33.16
577	螺纹法兰	0.6MPa *DN*125	个	44.84
578	螺纹法兰	0.6MPa *DN*150	个	55.61
579	碳钢法兰	0.6MPa *DN*100	个	33.27
580	碳钢法兰	0.6MPa *DN*150	个	58.88
581	碳钢法兰	0.6MPa *DN*200	个	86.12
582	碳钢法兰	0.6MPa *DN*250	个	125.88
583	碳钢法兰	0.6MPa *DN*300	个	213.13
584	碳钢法兰	0.6MPa *DN*400	个	326.75
585	碳钢法兰	0.6MPa *DN*100	副	66.42
586	碳钢法兰	0.6MPa *DN*150	副	108.94
587	碳钢法兰	0.6MPa *DN*200	副	166.55
588	碳钢法兰	0.6MPa *DN*300	副	454.90
589	碳钢法兰	0.6MPa *DN*400	副	665.08
590	法兰压盖	*DN*50室内排水	个	6.59
591	法兰压盖	*DN*75室内排水	个	7.95
592	法兰压盖	*DN*100室内排水	个	9.77
593	法兰压盖	*DN*150室内排水	个	23.63
594	法兰压盖	*DN*200室内排水	个	28.63
595	普通水嘴	*DN*15铜	个	10.89
596	立式水嘴	*DN*15	个	22.08
597	木柄铜水嘴	*DN*20	个	18.02
598	喷水鸭嘴	*DN*15	个	18.13
599	喷水鸭嘴	*DN*20	个	26.86
600	单联化验水嘴	*DN*15铜	套	24.17

序号	材 料 名 称	规 格	单 位	单 价 (元)
601	二联化验水嘴	DN15铜	套	101.83
602	三联化验水嘴	DN15铜	套	109.66
603	旋塞阀	DN15	个	50.19
604	角型阀(带铜活)	DN15	个	25.77
605	螺纹旋塞	X13T-10 DN15	个	48.57
606	螺纹旋塞	X13T-10 DN20	个	57.07
607	PE封堵塞	—	个	0.90
608	螺纹管件	DN15	个	5.61
609	透气帽(铅丝球)	DN50	个	4.37
610	透气帽(铅丝球)	DN80	个	5.49
611	透气帽(铅丝球)	DN100	个	6.54
612	透气帽(铅丝球)	DN150	个	7.56
613	罩盖(铜镀铬)	—	个	4.37
614	洗脸盆下水口	DN32铜	个	10.07
615	大便器胶皮碗	—	个	2.51
616	大便器存水弯	DN100瓷	个	43.42
617	小便器存水弯	DN32铸铁	个	12.60
618	小便器存水弯	DN50铜	个	15.17
619	浴盆存水弯	DN50铸铁	个	10.97
620	洗脸盆托架	—	副	11.86
621	化验盆托架	D12	个	16.79
622	洗涤盆托架	40×5	副	21.83
623	莲蓬喷头	100×15铜镀铬	个	16.52
624	散热器托架	D型	个	143.23
625	排水栓(带链堵)	DN50铁	套	13.92
626	排水栓(带链堵)	DN50铝合金	套	13.43
627	小便器角形阀	DN15	个	50.35
628	自闭式冲洗阀	DN20	个	74.57
629	自闭式冲洗阀	DN25	个	80.68
630	便器接头	—	个	16.01

序号	材 料 名 称	规 格	单 位	单 价 （元）
631	压力表弯管	DN15	个	11.36
632	压力表气门	DN15	个	13.39
633	压力表气门及弯管	DN15	套	18.72
634	压力表	0～2.5MPa DN50（带表弯）	个	21.63
635	弹簧压力表	0～1.6MPa	块	48.67
636	水位计（带玻璃管）	DN15	套	47.38
637	温度计	0～120℃	套	18.18
638	油浸石棉绳	—	kg	18.95
639	石棉扭绳	D3 烧失量24％	kg	19.69
640	石棉扭绳	D11～25	kg	15.13
641	石棉松绳	D13～19	kg	14.60
642	油浸石棉盘根	D6～10 250℃扭制	kg	31.14
643	石棉橡胶板	低压 δ0.8～6.0	kg	19.35
644	石棉橡胶板	δ3～6	kg	15.68
645	橡胶圈	DN100给水	个	9.48
646	橡胶圈	DN150给水	个	13.09
647	橡胶圈	DN200给水	个	17.41
648	橡胶圈	DN250给水	个	23.52
649	橡胶圈	DN300给水	个	12.79
650	橡胶圈	DN350给水	个	12.95
651	橡胶圈	DN400给水	个	20.65
652	橡胶圈	DN450给水	个	21.86
653	橡胶圈	DN500给水	个	24.07
654	橡胶圈	DN100燃气	个	36.01
655	橡胶圈	DN150燃气	个	42.80
656	橡胶圈	DN200燃气	个	58.62
657	橡胶圈	DN300燃气	个	85.24
658	橡胶圈	DN400燃气	个	153.98
659	橡胶密封圈	DN50室内排水	个	5.85
660	橡胶密封圈	DN75室内排水	个	8.48

序号	材料名称	规格	单位	单价（元）
661	橡胶密封圈	DN100室内排水	个	11.77
662	橡胶密封圈	DN150室内排水	个	22.55
663	橡胶密封圈	DN200室内排水	个	27.30
664	橡胶密封圈（排水）	DN50	个	5.28
665	橡胶密封圈（排水）	DN75	个	6.13
666	橡胶密封圈（排水）	DN100	个	7.33
667	橡胶密封圈（排水）	DN150	个	18.54
668	橡胶密封圈（排水）	DN200	个	24.38
669	橡胶密封圈（排水）	DN250	个	34.71
670	支撑圈	DN100燃气	个	9.99
671	支撑圈	DN150燃气	个	20.46
672	支撑圈	DN200燃气	个	24.10
673	支撑圈	DN300燃气	个	33.12
674	支撑圈	DN400燃气	个	43.63
675	橡胶板	$\delta 1 \sim 3$	kg	11.26
676	橡胶软管	DN20	m	11.10
677	输水软管	D25	m	6.02
678	耐油胶管	$D9 \sim 10$	m	15.55
679	汽包胶垫	$\delta 3$	个	0.44
680	汽包托钩	—	个	2.44
681	聚四氟乙烯生料带	$\delta 20$	m	1.15
682	柔性塑料套管	DN20	m	3.66
683	柔性塑料套管	DN25	m	5.49
684	柔性塑料套管	DN32	m	7.32
685	金属软管	DN15	根	6.51
686	铈钨棒	—	g	16.37
687	排水接头	DN50	个	18.74
688	大便器排水接头	—	个	5.98
689	铝箔	—	m²	12.80
690	电热熔套卡具	—	套	153.64

附录二　施工机械台班价格

说　　明

一、本附录机械不含税价格是确定预算基价中机械费的基期价格,也可作为确定施工机械台班租赁价格的参考。

二、台班单价按每台班8小时工作制计算。

三、台班单价由折旧费、检修费、维护费、安拆费及场外运费、人工费、燃料动力费和其他费组成。

四、安拆费及场外运费根据施工机械不同分为计入台班单价、单独计算和不计算三种类型。

1.工地间移动较为频繁的小型机械及部分中型机械,其安拆费及场外运费计入台班单价。

2.移动有一定难度的特、大型(包括少数中型)机械,其安拆费及场外运费单独计算。单独计算的安拆费及场外运费除应计算安拆费、场外运费外,还应计算辅助设施(包括基础、底座、固定锚桩、行走轨道枕木等)的折旧、搭设和拆除等费用。

3.不需安装、拆卸且自身能开行的机械和固定在车间不需安装、拆卸及运输的机械,其安拆费及场外运费不计算。

五、采用简易计税方法计取增值税时,机械台班价格应为含税价格,以"元"为单位的机械台班费按系数1.0902调整。

施工机械台班价格表

序号	机 械 名 称	规 格 型 号	台班不含税单价（元）	台班含税单价（元）
1	汽车式起重机	8t	767.15	816.68
2	汽车式起重机	10t	838.68	896.27
3	汽车式起重机	12t	864.36	924.77
4	汽车式起重机	16t	971.12	1043.79
5	吊装机械	（综合）	664.97	705.06
6	载货汽车	2.5t	347.63	370.18
7	载货汽车	5t	443.55	476.28
8	载货汽车	8t	521.59	561.99
9	卷扬机	单筒慢速 30kN	205.84	210.09
10	卷扬机	单筒慢速 50kN	211.29	216.04
11	木工圆锯机	$D500$	26.53	29.21
12	普通车床	400×1000	205.13	208.94
13	普通车床	630×2000	242.35	250.09
14	立式钻床	$D25$	6.78	7.64
15	台式钻床	$D16$	4.27	4.80
16	卷板机	20×2500	273.51	283.68
17	管子切断机	$D60$	16.87	18.09
18	管子切断机	$D150$	33.97	37.00
19	管子切断机	$D250$	43.71	47.94
20	管子切断套丝机	$D159$	21.98	23.95
21	液压断管机	$D500$	109.83	119.74
22	弯管机	$D108$	78.53	87.28
23	砂轮切割机	$D400$	32.78	35.74

序号	机 械 名 称	规 格 型 号	台班不含税单价 （元）	台班含税单价 （元）
24	砂轮切割机	D500	39.52	43.08
25	等离子切割机	400A	229.27	254.98
26	管子套丝机	D159	21.98	23.95
27	电动单级离心清水泵	D100	34.80	38.22
28	试压泵	3MPa	18.08	19.56
29	试压泵	30MPa	23.45	25.66
30	电焊机	（综合）	74.17	82.36
31	氩弧焊机	500A	96.11	105.49
32	交流弧焊机	21kV·A	60.37	66.66
33	交流弧焊机	32kV·A	87.97	98.06
34	直流弧焊机	12kW	44.34	48.42
35	直流弧焊机	20kW	75.06	83.12
36	直流弧焊机	30kW	92.43	102.77
37	热熔对接焊机	160mm	17.71	18.38
38	热熔对接焊机	250mm	20.99	22.05
39	热熔对接焊机	630mm	45.58	49.82
40	电熔焊接机	3.5kW	35.19	38.36
41	电焊条烘干箱	600×500×750	27.16	29.58
42	电动空气压缩机	$0.6m^3/min$	38.51	41.30
43	电动空气压缩机	$1m^3/min$	52.31	56.92
44	电动空气压缩机	$3m^3/min$	123.57	136.82
45	电动空气压缩机	$6m^3/min$	217.48	242.86
46	鼓风机	$18m^3/min$	41.24	44.90
47	电焊条恒温箱	600×500×750	55.04	60.00

附录三 管道接头零件价格取定表

室外镀锌钢管接头零件表

取定单位:10m

材 料 名 称	DN 15			DN 20			DN 25			DN 32			DN 40			DN 50		
	用量	单价	金额	用量	单价	金额	用量	单价	金额	用量	单价	金额	用量	单价	金额	用量	单价	金额
三通	—	—	—	—	—	—	—	—	—	—	—	—	0.20	6.77	1.35	0.18	9.87	1.78
弯头	0.75	1.19	0.89	0.75	1.72	1.29	0.75	2.50	1.88	0.75	3.82	2.87	0.81	4.91	3.98	0.75	7.53	5.65
管箍	1.15	0.91	1.05	1.15	1.25	1.44	1.15	1.86	2.14	1.15	2.39	2.75	0.83	3.51	2.91	0.90	4.46	4.01
补芯	—	—	—	0.02	1.00	0.02	0.02	1.50	0.03	0.02	2.50	0.05	0.02	3.00	0.06	0.02	4.50	0.09
合计	1.90	—	1.94	1.92	—	2.75	1.92	—	4.05	1.92	—	5.67	1.86	—	8.30	1.85	—	11.53
综合单价	—	1.02	—	—	1.43	—	—	2.11	—	—	2.95	—	—	4.46	—	—	6.23	—

续前

材 料 名 称	DN 65			DN 80			DN 100			DN 125			DN 150		
	用量	单价	金额	用量	单价	金额	用量	单价	金额	用量	单价	金额	用量	单价	金额
三通	0.14	25.97	3.64	0.14	33.85	4.74	0.14	59.05	8.27	0.14	16.79	2.35	0.14	226.86	31.76
弯头	0.70	22.01	15.41	0.65	24.35	15.83	0.51	63.02	32.14	0.45	86.40	38.88	0.31	101.30	31.40
管箍	0.90	8.80	7.92	0.90	14.21	12.79	0.95	24.18	22.97	0.95	56.21	53.40	1.00	72.76	72.76
补芯	0.02	8.50	0.17	0.03	12.50	0.38	0.03	15.38	0.46	0.05	17.40	0.87	0.06	27.00	1.62
合计	1.76	—	27.14	1.72	—	33.74	1.63	—	63.84	1.59	—	95.50	1.51	—	137.54
综合单价	—	15.42	—	—	19.62	—	—	39.17	—	—	60.06	—	—	91.09	—

室内镀锌钢管接头零件表

材 料 名 称	DN15			DN20			DN25			DN32			DN40			DN50		
	用量	单价	金额	用量	单价	金额	用量	单价	金额	用量	单价	金额	用量	单价	金额	用量	单价	金额
三通	3.17	1.45	4.60	3.82	2.29	8.75	3.00	3.41	10.23	2.19	5.67	12.42	1.37	6.77	9.27	1.85	9.87	18.26
弯头	11.00	1.19	13.09	3.46	1.72	5.95	3.82	2.50	9.55	3.00	3.82	11.46	2.77	4.91	13.60	3.06	7.53	23.04
补芯	—	—	—	2.77	1.00	2.77	1.51	1.50	2.27	1.28	2.50	3.20	1.40	3.00	4.20	0.59	4.50	2.66
管箍	2.20	0.91	2.00	1.42	1.25	1.78	1.41	1.86	2.62	1.54	2.39	3.68	1.61	3.51	5.65	1.00	4.46	4.46
四通	—	—	—	0.05	2.00	0.10	0.04	3.09	0.12	0.02	4.61	0.09	0.01	5.85	0.06	0.01	8.81	0.09
合计	16.37	—	19.69	11.52	—	19.35	9.78	—	24.79	8.03	—	30.85	7.16	—	32.78	6.51	—	48.51
综合单价	—	1.20	—	—	1.68	—	—	2.53	—	—	3.84	—	—	4.58	—	—	7.45	—

续前

材 料 名 称	DN65			DN80			DN100			DN125			DN150		
	用量	单价	金额	用量	单价	金额	用量	单价	金额	用量	单价	金额	用量	单价	金额
三通	1.62	25.97	42.07	0.71	33.85	24.03	1.00	59.05	59.05	0.40	98.61	39.44	0.40	226.86	90.74
弯头	1.67	22.01	36.76	1.50	24.35	36.53	0.66	63.02	41.59	0.51	86.40	44.06	0.51	101.30	51.66
补芯	0.37	8.50	3.15	0.16	12.50	2.00	0.20	15.38	3.08	0.25	17.40	4.35	0.25	27.00	6.75
管箍	0.59	8.80	5.19	1.54	14.21	21.88	0.81	24.18	19.59	1.14	56.21	64.08	1.14	72.76	82.95
四通	—	—	—	—	—	—	0.01	40.72	0.41	—	—	—	—	—	—
合计	4.25	—	87.17	3.91	—	84.44	2.68	—	123.72	2.30	—	151.93	2.30	—	232.10
综合单价	—	20.51	—	—	21.60	—	—	46.16	—	—	66.06	—	—	100.91	—

室外焊接钢管接头零件表

材料名称	DN15			DN20			DN25			DN32			DN40			DN50		
	用量	单价	金额	用量	单价	金额	用量	单价	金额	用量	单价	金额	用量	单价	金额	用量	单价	金额
三通	—	—	—	—	—	—	—	—	—	—	—	—	0.20	4.93	0.99	0.18	7.48	1.35
弯头	0.75	0.64	0.48	0.75	1.20	0.90	0.75	1.75	1.31	0.75	3.08	2.31	0.81	3.85	3.12	0.75	5.60	4.20
补芯	—	—	—	0.02	0.79	0.02	0.02	1.29	0.03	0.02	2.02	0.04	0.02	2.59	0.05	0.02	3.88	0.08
管箍	1.15	0.75	0.86	1.15	0.99	1.14	1.15	1.37	1.58	1.15	1.99	2.29	0.83	2.53	2.10	0.90	3.71	3.34
合计	1.90	—	1.34	1.92	—	2.06	1.92	—	2.92	1.92	—	4.64	1.86	—	6.26	1.85	—	8.97
综合单价	—	0.71	—	—	1.07	—	—	—	1.52	—	—	2.42	—	—	3.37	—	—	4.85	—

材料名称	DN65			DN80			DN100			DN125			DN150		
	用量	单价	金额	用量	单价	金额	用量	单价	金额	用量	单价	金额	用量	单价	金额
三通	0.14	15.00	2.10	0.14	20.20	2.83	0.14	34.56	4.84	0.14	57.83	8.10	0.14	87.71	12.28
弯头	0.70	10.10	7.07	0.65	15.00	9.75	0.51	27.37	13.96	0.45	45.70	20.57	0.31	69.46	21.53
补芯	0.02	7.33	0.15	0.03	11.03	0.33	0.03	19.56	0.59	0.05	25.00	1.25	0.06	38.00	2.28
管箍	0.90	7.42	6.68	0.90	10.37	9.33	0.95	17.86	16.97	0.95	44.22	42.01	1.00	57.23	57.23
合计	1.76	—	16.00	1.72	—	22.24	1.63	—	36.36	1.59	—	71.93	1.51	—	93.32
综合单价	—	9.09	—	—	12.93	—	—	22.31	—	—	45.24	—	—	61.80	—

材料名称	DN15			DN20			DN25			DN32			DN40			DN50		
	用量	单价	金额	用量	单价	金额	用量	单价	金额	用量	单价	金额	用量	单价	金额	用量	单价	金额
三通	0.83	0.93	0.77	2.50	1.66	4.15	3.29	2.60	8.55	3.14	4.08	12.81	2.14	4.93	10.55	1.58	7.48	11.82
弯头	3.20	0.64	2.05	3.00	1.20	3.60	2.64	1.75	4.62	2.41	3.08	7.42	2.64	3.85	10.16	2.85	5.60	15.96
补芯	—	—	—	0.83	0.79	0.66	2.46	1.29	3.17	2.02	2.02	4.08	0.96	2.59	2.49	0.59	3.88	2.29
四通	—	—	—	0.14	2.94	0.41	0.34	4.03	1.37	0.63	6.38	4.02	0.43	7.92	3.41	0.16	11.12	1.78
管箍	6.40	0.75	4.80	4.90	0.99	4.85	3.39	1.37	4.64	1.91	1.99	3.80	1.67	2.53	4.23	1.03	3.71	3.82
根母	6.26	0.40	2.50	4.76	0.55	2.62	2.95	0.77	2.27	0.77	1.04	0.80	—	—	—	—	—	—
丝堵	0.27	0.67	0.18	0.06	0.76	0.05	0.07	1.07	0.07	—	—	—	—	—	—	—	—	—
合计	16.96	—	10.30	16.19	—	16.34	15.14	—	24.69	10.88	—	32.93	7.84	—	30.84	6.21	—	35.67
综合单价	—	0.61	—	—	1.01	—	—	1.63	—	—	3.03	—	—	3.93	—	—	5.74	—

续前

材料名称	DN65			DN80			DN100			DN125			DN150		
	用量	单价	金额	用量	单价	金额	用量	单价	金额	用量	单价	金额	用量	单价	金额
三通	1.63	15.00	24.45	1.08	20.20	21.82	1.02	34.56	35.25	0.70	57.83	40.48	0.70	87.71	61.40
弯头	1.26	10.10	12.73	0.98	15.00	14.70	1.20	27.37	32.84	0.80	45.70	36.56	0.80	105.18	84.14
补芯	0.58	7.33	4.25	0.45	11.03	4.96	0.33	19.56	6.45	0.20	25.00	5.00	0.20	38.00	7.60
管箍	0.88	7.42	6.53	1.03	10.37	10.68	0.95	17.86	16.97	0.90	44.22	39.80	0.90	57.23	51.51
合计	4.35	—	47.96	3.54	—	52.16	3.50	—	91.51	2.60	—	121.84	2.60	—	204.65
综合单价	—	11.03	—	—	14.73	—	—	26.15	—	—	46.86	—	—	78.71	—

取定单位：10m

材 料 名 称	DN25			DN32		
	用　量	单　价	金　额	用　量	单　价	金　额
三通	2.24	3.41	7.64	2.24	5.67	12.70
弯头	1.12	2.50	2.80	1.12	3.82	4.28
管箍	1.12	1.86	2.08	1.12	2.39	2.68
活接	1.12	5.26	5.89	1.12	7.15	8.01
六角外丝	2.24	1.96	4.39	2.24	2.50	5.60
丝堵	2.24	1.30	2.91	2.24	2.90	6.50
合计	10.08	—	25.71	10.08	—	39.77
综合单价	—	2.55	—	—	3.95	—

续前

材 料 名 称	DN40			DN50		
	用　量	单　价	金　额	用　量	单　价	金　额
三通	1.61	6.77	10.90	1.61	9.87	15.89
弯头	0.84	4.91	4.12	0.84	7.53	6.33
管箍	0.89	3.51	3.12	0.89	4.46	3.97
活接	0.59	10.23	6.04	0.59	13.40	7.91
六角外丝	1.99	3.11	6.19	1.99	5.26	10.47
丝堵	1.86	4.10	7.63	1.86	7.00	13.02
合计	7.78	—	38.00	7.78	—	57.59
综合单价	—	4.88	—	—	7.40	—

室内燃气镀锌钢管接头零件表

材 料 名 称	DN15			DN20			DN25			DN32			DN40		
	用量	单价	金额	用量	单价	金额	用量	单价	金额	用量	单价	金额	用量	单价	金额
四通	—	—	—	0.01	2.00	0.02	—	—	—	—	—	—	0.01	5.85	0.06
三通	0.74	1.45	1.07	1.79	2.29	4.10	2.84	3.41	9.68	3.89	5.67	22.06	3.48	6.77	23.56
弯头	5.65	1.19	6.72	4.61	1.72	7.93	3.58	2.50	8.95	1.03	3.82	3.93	1.68	4.91	8.25
六角外丝	1.97	0.94	1.85	1.29	1.24	1.60	0.64	1.96	1.25	0.97	2.50	2.43	0.59	3.11	1.83
丝堵	—	—	—	1.34	0.90	1.21	0.60	1.30	0.78	0.82	2.90	2.38	0.41	4.10	1.68
管箍	—	—	—	0.05	1.25	0.06	0.29	1.86	0.54	0.33	2.39	0.79	0.33	3.51	1.16
活接	1.49	3.16	4.71	0.07	3.77	0.26	0.76	5.26	4.00	0.40	7.15	2.86	0.56	10.23	5.73
补芯	—	—	—	—	—	—	0.27	1.50	0.41	1.30	2.50	3.25	1.57	3.00	4.71
合计	9.85	—	14.35	9.16	—	15.18	8.98	—	25.61	8.74	—	37.70	8.63	—	46.98
综合单价	—	1.46	—	—	1.66	—	—	2.85	—	—	4.31	—	—	5.44	—

续前

材 料 名 称	DN50			DN65			DN80			DN100		
	用量	单价	金额	用量	单价	金额	用量	单价	金额	用量	单价	金额
四通	0.27	8.81	2.38	0.43	16.61	7.14	0.43	23.57	10.14	0.43	40.72	17.51
三通	3.03	9.87	29.91	3.12	25.97	81.03	2.26	33.85	76.50	1.40	59.05	82.67
弯头	3.07	7.53	23.12	2.07	22.01	45.56	2.07	24.35	50.40	2.07	63.02	130.45
六角外丝	0.39	5.26	2.05	0.30	9.67	2.90	0.30	12.95	3.89	0.30	18.83	5.65
丝堵	0.10	7.00	0.70	0.79	13.30	10.51	0.79	20.00	15.80	0.79	36.00	28.44
管箍	0.44	4.46	1.96	0.09	8.80	0.79	0.09	14.21	1.28	0.09	24.18	2.18
活接	0.48	13.40	6.43	0.01	29.57	0.30	0.01	42.50	0.43	0.01	71.84	0.72
补芯	0.74	4.50	3.33	0.02	8.50	0.17	0.02	12.50	0.25	0.02	15.38	0.31
合计	8.52	—	69.88	6.83	—	148.40	5.97	—	158.69	5.11	—	267.93
综合单价	—	8.20	—	—	21.73	—	—	26.58	—	—	52.43	—

室内排水铸铁管接头零件表

取定单位：10m

材料名称	DN50			DN75			DN100			DN150			DN200			DN250		
	用量	单价	金额	用量	单价	金额	用量	单价	金额	用量	单价	金额	用量	单价	金额	用量	单价	金额
三通	1.09	15.70	17.11	1.85	23.26	43.03	4.27	37.47	160.00	2.36	78.04	184.17	2.04	115.93	236.50	0.50	214.86	107.43
四通	—	—	—	0.13	32.47	4.22	0.24	52.75	12.66	0.17	77.63	13.20	—					
弯头	5.28	13.03	68.80	1.52	17.81	27.07	3.93	29.90	117.51	1.27	54.06	68.66	1.71	86.84	148.50	1.60	160.65	257.04
扫除口	0.20	13.42	2.68	2.66	17.35	46.15	0.77	21.93	16.89	0.01	48.24	0.48	—	—	—	—	—	—
接轮	—	—	—	2.72	10.60	28.83	1.04	12.28	12.77	0.92	21.44	19.72	—	—	—	—	—	—
异径管	—	—	—	0.16	11.00	1.76	0.30	12.87	3.86	0.34	25.00	8.50	—	—	—	—	—	—
合计	6.57	—	88.59	9.04	—	151.06	10.55	—	323.69	5.07	—	294.73	3.75	—	385.00	2.10	—	364.47
综合单价	—	13.48	—	—	16.71	—	—	30.68	—	—	58.13	—	—	102.67	—	—	173.56	—

柔性抗震铸铁排水管接头零件表

取定单位：10m

材料名称	DN50			DN75			DN100			DN150			DN200		
	用量	单价	金额	用量	单价	金额	用量	单价	金额	用量	单价	金额	用量	单价	金额
柔性下水铸铁弯头	5.28	20.48	108.13	1.52	30.81	46.83	3.93	42.86	168.44	1.27	74.01	93.99	1.71	140.50	240.26
柔性下水铸铁三通	1.09	31.25	34.06	1.85	47.47	87.82	4.27	75.91	324.14	2.36	153.76	362.87	2.04	253.72	517.59
柔性下水铸铁四通	—	—	—	0.13	69.03	8.97	0.24	119.68	28.72	0.17	205.20	34.88	—	—	—
柔性下水铸铁接轮	—	—	—	2.72	39.98	108.75	1.04	79.59	82.77	0.92	112.50	103.50	—	—	—
柔性下水铸铁异径管	—	—	—	0.16	23.89	3.82	0.30	33.36	10.01	0.34	67.24	22.86	—	—	—
柔性下水铸铁检查直口	0.20	20.05	4.01	2.66	28.76	76.50	0.77	46.22	35.59	0.01	94.70	0.95	—	—	—
合计	6.57	—	146.20	9.04	—	332.69	10.55	—	649.67	5.07	—	619.05	3.75	—	757.85
综合单价	—	22.25	—	—	36.80	—	—	61.58	—	—	122.10	—	—	202.09	—

材 料 名 称	D50			D75			D110			D160			D200			D250		
	用量	单价	金额	用量	单价	金额	用量	单价	金额	用量	单价	金额	用量	单价	金额	用量	单价	金额
三通	1.09	—	0.00	2.85	—	0.00	4.27	—	0.00	2.36	—	0.00	2.04	—	0.00	0.50	—	0.00
四通	—	—	0.00	0.13	—	0.00	0.24	—	0.00	0.17	—	0.00	0.05	—	0.00	0.02	—	0.00
弯头	5.28	—	0.00	1.52	—	0.00	3.93	—	0.00	1.27	—	0.00	1.71	—	0.00	1.60	—	0.00
管箍	0.07	—	0.00	0.16	—	0.00	0.13	—	0.00	—	—	—	—	—	0.00	—	—	0.00
异径管	—	—	—	0.16	—	0.00	0.30	—	0.00	0.34	—	0.00	0.22	—	0.00	0.18	—	0.00
扫除口	0.20	—	0.00	1.96	—	0.00	0.77	—	0.00	0.21	—	0.00	0.09	—	0.00	—	—	0.00
伸缩节	0.26	—	0.00	2.07	—	0.00	1.92	—	0.00	1.49	—	0.00	0.92	—	0.00	—	—	0.00
合计	6.90	—	0.00	8.85	—	0.00	11.56	—	0.00	5.84	—	0.00	5.03	—	0.00	2.30	—	0.00
综合单价	—	0.00	—	—	0.00	—	—	0.00	—	—	0.00	—	—	0.00	—	—	0.00	—

材 料 名 称	D50			D75			D110			D160			D200			D250		
	用量	单价	金额	用量	单价	金额	用量	单价	金额	用量	单价	金额	用量	单价	金额	用量	单价	金额
三通	1.09	—	0.00	2.85	—	0.00	4.27	—	0.00	2.36	—	0.00	2.04	—	0.00	0.50	—	0.00
四通	—	—	—	0.13	—	0.00	0.24	—	0.00	0.17	—	0.00	0.05	—	0.00	0.02	—	0.00
弯头	5.28	—	0.00	1.52	—	0.00	3.93	—	0.00	1.27	—	0.00	1.71	—	0.00	1.60	—	0.00
管箍	0.07	—	0.00	0.16	—	0.00	0.13	—	0.00	0.11	—	0.00	0.08	—	0.00	0.05	—	0.00
异径管	—	—	—	0.16	—	0.00	0.30	—	0.00	0.34	—	0.00	0.22	—	0.00	0.18	—	0.00
扫除口	0.20	—	0.00	1.96	—	0.00	0.77	—	0.00	0.21	—	0.00	0.09	—	0.00	—	—	0.00
伸缩节	0.26	—	0.00	2.07	—	0.00	1.92	—	0.00	1.49	—	0.00	0.92	—	0.00	—	—	0.00
合计	6.90	—	0.00	8.85	—	0.00	11.56	—	0.00	5.95	—	0.00	5.11	—	0.00	2.35	—	0.00
综合单价	—	0.00	—	—	0.00	—	—	0.00	—	—	0.00	—	—	0.00	—	—	0.00	—

附录四 成品管卡用量参考表

成品管卡用量参考表

单位：个/10m

序号	公 称 直 径 (mm以内)	给水、采暖、空调水管道									排 水 管 道	
		钢 管		铜 管		不 锈 钢 管		塑料管及复合管			塑 料 管	
		保温管	不保温管	垂直管	水平管	垂直管	水平管	立管	水平管		立管	横管
									冷水管	热水管		
1	15	5.00	4.00	5.56	8.33	6.67	10.00	11.11	16.67	33.33	—	—
2	20	4.00	3.33	4.17	5.56	5.00	6.67	10.00	14.29	28.57	—	—
3	25	4.00	2.86	4.17	5.56	5.00	6.67	9.09	12.50	25.00	—	—
4	32	4.00	2.50	3.33	4.17	4.00	5.00	7.69	11.11	20.00	—	—
5	40	3.33	2.22	3.33	4.17	4.00	5.00	6.25	10.00	16.67	8.33	25.00
6	50	3.33	2.00	3.33	4.17	3.33	4.00	5.56	9.09	14.29	8.33	20.00
7	65	2.50	1.67	2.86	3.33	3.33	4.00	5.00	8.33	12.50	6.67	13.33
8	80	2.50	1.67	2.86	3.33	2.86	3.33	4.55	7.41	—	5.88	11.11
9	100	2.22	1.54	2.86	3.33	2.86	3.33	4.17	6.45	—	5.00	9.09
10	125	1.67	1.43	2.86	3.33	2.86	3.33	—	—	—	5.00	7.69
11	150	1.43	1.25	2.50	2.86	2.50	2.86	—	—	—	5.00	6.25

序号	公 称 直 径 (mm以内)	燃 气 管 道							
		钢 管		铜 管		不 锈 钢 管		塑料管及复合管	
		垂直管	水平管	垂直管	水平管	垂直管	水平管	垂直管	水平管
1	15	4.00	4.00	5.56	8.33	5.00	5.56	6.67	8.33
2	20	3.33	3.33	4.17	5.56	5.00	5.00	4.00	5.56
3	25	2.86	2.86	4.17	5.56	4.00	4.00	4.00	5.56
4	32	2.50	2.50	3.33	4.17	4.00	4.00	3.33	5.00
5	40	2.22	2.22	3.33	4.17	3.33	3.33	3.33	4.17
6	50	2.00	2.00	3.33	4.17	3.33	3.33	2.86	4.17
7	65	1.67	1.67	—	—	3.33	3.33	—	—
8	80	1.54	1.54	—	—	3.33	3.33	—	—
9	100	1.43	1.43	—	—	2.86	2.86	—	—
10	125	1.25	1.25	—	—	—	—	—	—
11	150	1.00	1.00	—	—	—	—	—	—

附录五　管道安装工程主材、辅材损耗率表

管道安装工程主材、辅材损耗率表

序号	材 料 名 称	取定数（%）	序号	材 料 名 称	取定数（%）	序号	材 料 名 称	取定数（%）
1	室外钢管（丝接、焊接）	1.5	23	普通水嘴	1	45	铅油	2.5
2	室内钢管（丝接）	2	24	丝扣阀门	1	46	清油	2
3	室内钢管（焊接）	2	25	法兰阀门	1	47	机油	3
4	室内煤气用钢管（丝接）	2	26	化验盆	1	48	沥青油	2
5	室外排水铸铁管	3	27	大便器	1	49	橡胶石棉板	15
6	室内排水铸铁管	7	28	瓷高低水箱	1	50	橡胶板	15
7	室内塑料管	2	29	存水弯	0.5	51	石棉绳	4
8	铸铁散热器	1	30	小便器	1	52	石棉	10
9	光排管散热器制作用钢管	3	31	小便槽冲洗管	2	53	青铅	8
10	散热器对丝及托钩	5	32	喷水鸭嘴	1	54	铜丝	1
11	散热器补芯	4	33	立式小便器配件	1	55	锁紧螺母	6
12	散热器丝堵	4	34	水箱进水嘴	1	56	压盖	6
13	散热器胶垫	10	35	高低水箱配件	1	57	焦炭	5
14	净身盆	1	36	冲洗管配件	1	58	木柴	5
15	洗脸盆	1	37	钢管接头零件	1	59	红砖	4
16	洗手盆	1	38	型钢	5	60	水泥	10
17	洗涤盆	1	39	单管卡子	6	61	砂子	10
18	立式洗脸盆铜活	1	40	带帽螺栓	3	62	胶皮碗	10
19	理发用洗脸盆铜活	1	41	木螺钉	4	63	油麻	5
20	脸盆架	1	42	锯条	5	64	线麻	5
21	浴盆排水配件	1	43	氧气	17	65	漂白粉	5
22	浴盆水嘴	1	44	乙炔气	17	66	油灰	4